高等职业教育新形态一体化教材

ZHIWU SHENGZHANG HUANJING

植物生长环境

主编　宋志伟　杨净云

高等教育出版社·北京

内容简介

本书是高等职业教育新形态一体化教材。

本书阐述植物生长的土壤、水分、光照、温度、气候、营养等环境因素，以及各环境因素与植物生长的关系。目的是通过合理调控植物的生长发育，获得优质高产。

本书内容设计为8个项目：植物的生长环境、土壤环境与植物生长、水分环境与植物生长、光环境与植物生长、温度环境与植物生长、气候环境与植物生长、营养环境与植物生长、科学施肥新技术应用。全书按照"项目—任务"体例进行编写，每一项目包括项目导读、项目内容、项目拓展、考证提示等栏目，每一任务包括任务目标、知识学习、技能训练、任务巩固等栏目，突出岗位职业技能训练，注重体现工学结合、校企合作教学需要。

本书可作为高职高专院校农业技术类、林业技术类、生态环境类等专业的教材，五年制高职、继续教育、中职适用，亦可作为相关专业的农技推广人员、工程技术人员的参考用书。

图书在版编目（CIP）数据

植物生长环境 / 宋志伟，杨净云主编． -- 北京：
高等教育出版社，2020.8
ISBN 978-7-04-053966-0

Ⅰ．①植… Ⅱ．①宋… ②杨… Ⅲ．①植物生长 - 高
等职业教育 - 教材 Ⅳ．①Q945.3

中国版本图书馆CIP数据核字(2020)第055669号

策划编辑　张庆波　　责任编辑　张庆波　　　　封面设计　王　洋　　版式设计　张　杰
插图绘制　李沛蓉　　责任校对　任　纳　陈　杨　　责任印制　赵义民

出版发行	高等教育出版社	网　址	http://www.hep.edu.cn
社　址	北京市西城区德外大街4号		http://www.hep.com.cn
邮政编码	100120	网上订购	http://www.hepmall.com.cn
印　刷	大厂益利印刷有限公司		http://www.hepmall.com
开　本	787 mm×1092 mm 1/16		http://www.hepmall.cn
印　张	15.25		
字　数	340 千字	版　次	2020 年 8 月第 1 版
购书热线	010-58581118	印　次	2020 年 8 月第 1 次印刷
咨询电话	400-810-0598	定　价	32.00 元

本书如有缺页、倒页、脱页等质量问题，请到所购图书销售部门联系调换
版权所有　侵权必究
物 料 号　53966-00

前　言

　　根据国务院《国家职业教育改革实施方案》、教育部《关于在院校实施"学历证书＋若干职业技能等级证书"制度试点方案》《高等职业学校专业教学标准(农林牧渔大类)》等文件有关精神,借鉴高等职业教育近年来工学结合的实践性成果,充分吸收土壤肥料、农业气象等领域的新知识、新技术、新成果、新工艺,我们编写了《植物生长环境》教材。

　　教材编写体现了现代职业教育体系最新教学改革精神,突出"专业与产业、职业岗位对接,专业课程内容与职业标准对接,教学过程与生产过程对接,学历证书与职业资格证书对接,职业教育与终身教育学习对接"五个对接。每一任务的技能训练按照工作任务的环节或流程进行编写和训练,突出操作环节和质量要求,体现教学与职业岗位的"零距离对接"。

　　在教材编写中及时吸纳新知识、新技术、新成果,使教材内容体现新颖性,并增加了实用性。根据现代农业的现实,较原来传统教材:光、温、水等环境调控增加了"设施条件下调控技术";化学肥料增加了"中量元素肥料",微生物肥料增加了"功能性微生物菌剂、复合微生物肥料、生物有机肥、有机物料腐熟剂";将"水溶肥料"增设为一个任务;增加"科学施肥新技术应用"为一个项目,重点介绍"作物测土配方施肥技术、作物水肥一体化技术、化肥减量增效技术"等新技术,并增加具体应用案例,起到引领示范作用。

　　本教材由河南农业职业学院宋志伟、云南农业职业技术学院杨净云担任主编,河南农业职业学院杨首乐、河南省获嘉县农业技术推广中心王庆安、山西林业职业技术学院王亚英担任副主编。参加编写的人员有:北京城市经典园林绿化有限公司范志江、河北旅游职业学院郭淑云、河南农业职业学院李平、云南农业职业技术学院罗瑞芳。全书由宋志伟统稿。在编写过程中,得到高等教育出版社、河南农业职业学院、云南农业职业技术学院、山西林业职业技术学院、河北旅游职业学院等单位大力支持,在此一并表示感谢。

　　由于编写者水平有限,加之编写时间仓促,错误和疏漏之处在所难免,恩请各学校师生批评指正,以便今后修改完善。对本教材有疑惑或修改建议者,可与主编联系,主编信箱:szw326135085@qq.com。

编　　者

2020 年 3 月

目　录

项目一　植物的生长环境

项目导读

　　植物生长具有周期性,表现为生长大周期、昼夜周期性和季节周期性。植物生长也具有一定的相关性,主要有地上部与地下部的相关性、主茎与侧枝生长的相关性、营养生长与生殖生长的相关性等。植物生长环境包括自然环境、半自然环境和人工环境,对植物起直接作用的环境因素有光、温度、水、土壤、大气、生物、养分等。植物为了生存,常常表现出对所在环境的适应性。

任务 1.1　植物生长发育的认知

任务目标

- 知识目标:了解植物生长、分化和发育概念;认识植物生长周期性和相关性规律。
- 能力目标:能合理调节植物的根冠比、利用植物的顶端优势、营养生长和生殖生长的调控。

知识学习

　　地球上的生命诞生至今,经历了近 35 亿年漫长的发展和进化过程,形成了约 200 万种现存生物,其中植物有 50 余万种。

　　1. 植物的生长发育

　　绝大多数植物具有共同的基本特征:具有细胞壁;能进行光合作用;具有无限生长的特性,大多数植物从胚胎发生到成熟的过程中,能不断产生新的器官或新的组织结构;体细胞具有全能性,即在适宜的条件下,一个体细胞经过生长和分化,可成为一个完整的植物体。

　　(1) 生长　在植物的生命周期中,植物的细胞、组织和器官的数目、体积或干重的不可逆增加过程称为生长。它是通过原生质的增加、细胞分裂和细胞体积的扩大来实现的,如根、茎、叶、花、果实和种子的体积扩大或干重的增加都是典型的生长现象。

　　通常将营养器官(根、茎、叶)的生长称为营养生长;生殖器官(花、果实、种子)的生长称为生殖生长。当植物的营养生长进行到一定程度后,就会进入生殖生长阶段。花芽开始分化是生殖生长开始的标志。在植物生长发育进程中,营养生长和生殖生长是两个不同阶段,但二者相互重叠,不能截然分开,它们之间往往有一个过渡时期,即营养生长和生殖生长并进期。

(2)分化　从一种同质的细胞类型转变成形态、结构和功能与原来不相同的异质细胞类型的过程称为分化。它可在细胞、组织、器官等不同水平上表现出来。如从生长点转变成叶原基、花原基;从形成层转变为输导组织、机械组织、保护组织等。

(3)发育　在植物生命周期中,植物的组织、器官或整体在形态结构和功能上有序变化的过程称为发育。如从叶原基的分化到长成一片成熟叶片的过程是叶的发育;从根原基的发生到形成完整根系的过程是根的发育;由茎端的分生组织形成花原基,再由花原基转变成花蕾以及花蕾长大开花,就是花的发育;受精的子房膨大、果实形成和成熟则是果实的发育。

生长、分化和发育之间关系密切,有时交叉或重叠在一起。生长是量变、是基础,分化是质变,而发育则是器官或整体有序的一系列的量变与质变。一般认为发育包含了生长和分化。

2. 植物生长的周期性

植物生长的周期性是指植株或器官生长速率随昼夜或季节变化发生有规律变化的现象。植物生长的周期性主要包括生长大周期、昼夜周期、季节周期等。

(1)植物生长的大周期　在植物生命周期中,植物器官或整株植物的生长全过程称为生长大周期。如果以植物(或器官)的体积对生长时间作图,可得到植物的生长曲线。生长曲线表示植物在生命周期中的生长变化趋势。典型的有限生长曲线呈"S"形,表现出"慢—快—慢"的规律(图1-1)。农业生产要求做到"不误农时"就是这个道理。如在果树、茶树育苗的时候,要使树苗生长健壮,必须在其生长前期加强肥水管理,使其早生快发,形成大量的枝叶,积累较多的光合产物,使树苗生长良好。

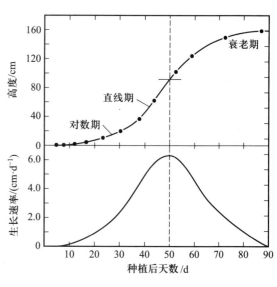

图1-1　玉米生长曲线

(2)植物生长的昼夜周期性　在自然条件下,温度变化表现出日温较高、夜温较低的周期性。因此,植物的生长速率随昼夜温度变化而发生有规律变化的现象称为植物生长的昼夜周期性或温周期性。一般来说,在夏季,植物生长速率一般白天生长较慢,夜间生长较快;而在冬季,植物生长速率则白天生长较快,夜间生长较慢。

(3)植物生长的季节周期性　季节周期性是指植物生长在一年四季中随季节的变化而呈现一定的周期性规律。这是因为一年四季中,光照、温度、水分等因素发生有规律的变化。如温带树木的生长,随着季节的更替表现出明显的季节性。一般春季和初夏生长快,盛夏时节生长慢甚至停止生长,秋季生长速度又有所加快,冬季停止生长或进入休眠期。

3. 植物生长的相关性

植物各部分之间相互联系、相互制约、协调发展的现象称为植物生长的相关性,主要有地上部与地下部的相关性、主茎与侧枝生长的相关性、营养生长与生殖生长的相关性等。

(1) 地上部与地下部的相关性 对于地上部分与地下部分的相关性常用根冠比(R/T)来衡量。根冠比是指植物地下部分与地上部分干重或鲜重的比值,它能反映植物的生长状况,以及环境条件对地上部与地下部生长的不同影响。不同物种有不同的根冠比,同一物种在不同的生育期根冠比也有变化。多年生植物的根冠比还有明显的季节变化。

一是根和地上部相互促进。根的生长有赖于叶子的同化物质,尤其是糖类的供给;而地上部的生长,有赖于根所吸收的水分及矿物质营养的供给。在生产上,当幼苗移栽时,如果进行摘叶,或子叶受到损害,就会减少根的生长量,延迟缓苗。番茄采取晚打杈的办法,可促进刚定植幼苗扩大根系范围。

二是根和地上部相互抑制。土壤水分不足,根系抑制地上部分生长;反之,土壤水分稍多,减少土壤通气而限制根系活动,地上部水分供应充足,生长过旺。蹲苗的措施,主要是创造根系生长的有利条件,使地上部的生长受到抑制。在生产上,果菜类蔬菜生育前期,应注意施用氮肥(发棵肥),土壤水分充足;后期氮肥减少,地上部生长缓慢,并增施磷、钾肥,促进果实糖分积累,可提高产量与品质。

(2) 主茎与侧枝生长的相关性 主要表现为顶端优势。顶端优势是指由于植物的顶端生长占优势而抑制侧枝或侧根生长的现象。草本植物,如向日葵、麻类、玉米、高粱、甘蔗等顶端优势非常明显;木本植物,如杉树、桧柏等顶端优势也较明显;水稻、小麦等植物顶端优势较弱或没有。在生产上,有时需保持和利用顶端优势,如桧柏、松树、杉树等用材树,麻类、烟草、玉米、甘蔗、高粱等作物;有时则需要打破顶端优势,促进侧枝发育,如果树的整形修剪、棉花的摘心整枝、番茄的打顶、香椿与茶树的去顶等。

(3) 营养生长与生殖生长的相关性 营养生长与生殖生长的关系主要表现为以下两方面:一是依赖关系。生殖生长需要以营养生长为基础。花芽必须在一定的营养生长的基础上才能分化。生殖器官生长所需的养料,大部分是由营养器官供应的,营养器官生长不好,生殖器官的发育自然也不会好。二是对立关系。营养器官生长过旺,会影响到生殖器官的形成和发育;生殖生长抑制营养生长。一次开花植物开花后,营养生长基本结束;多次开花植物虽然营养生长和生殖生长并存,但在生殖生长期间,营养生长明显减弱。

技能训练

根据当地实际情况,实施案例中有关内容。

1. 植物根冠比调控

生产中植物生长存在着很多植物生长相关性,如何合理调节根冠比等,直接影响到植物的产量和品质。我们可以到田间调查大田作物、果树、蔬菜等作物生长中地上部分与地下部分生长存在抑制的现象。如在日光温室番茄种植过程中,水肥等措施调控不当就会造成地上部分与地下部分生长比例失调。图 1-2 由于菜农在番茄定植后盲目增加肥水,造成营养生长过旺,生殖生长受到了严重抑制;本该第一、二穗果坐住,第三穗花开的时期,却出现了惊人的空秧现象,损失巨大。图1-3 在果菜类生产中,结实数量的多少,直接影响着营养生长。如前期番茄留果过多,果实也会向根部争夺养分,而影响根系的生长,从而抑制茎叶的生长,会导致植株卷叶,早衰。所以结实多的丰产田,更应注意肥水的供应。

图1-2 日光温室番茄旺长现象　　　　　图1-3 日光温室番茄留果过多早衰现象

生产中主要通过以下措施来调控根冠比,保持地上部分与地下部分生长协调。

(1) 土壤水分　土壤中常有一定的可用水,所以根系相对不易缺水。而地上部分则依靠根系供给水分,又因枝叶大量蒸腾,所以地上部水分容易亏缺。因而土壤水分不足对地上部分的影响比对根系的影响更大,使根冠比增大。反之,若土壤水分过多,氧气含量减少,则不利于根系的活动与生长,使根冠比减少。水稻栽培中的落干烤田以及旱田雨后的排水松土,由于能降低地下水位,增加土壤中含氧量而有利于根系生长,因而能提高根冠比。

(2) 光照　在一定范围内,光照度提高则光合产物增多,对根与冠的生长都有利。光照过强,空气中相对湿度下降,植株地上部蒸腾增加,组织中水势下降,茎叶的生长易受到抑制,因而使根冠比增大;光照不足时,向下输送的光合产物减少,影响根部生长,而对地上部分的生长相对影响较小,所以根冠比降低。

(3) 矿质营养　不同营养元素或不同的营养水平,对根冠比的影响有所不同。氮素少时,首先满足根的生长,运到冠部的氮素就少,使根冠比增大;氮素充足时,大部分氮素与光合产物用于枝叶生长,供应根部的数量相对较少,根冠比降低。磷、钾肥有调节糖类转化和运输的作用,可促进光合产物向根和贮藏器官的转移,通常能增加根冠比。

(4) 温度　通常根部的活动与生长所需要的温度比地上部分低些,故在气温低的秋末至早春,植物地上部分的生长处于停滞期时,根系仍有生长,根冠比因而加大;但当气温升高,地上部分生长加快时,根冠比就下降。

(5) 修剪与整枝　修剪与整枝去除了部分枝叶和芽,暂时增加了根冠比,后效应是减少根冠比。这是因为修剪和整枝刺激了侧芽和侧枝的生长,使大部分光合产物或贮藏物用于新梢生长,削弱了对根系的供应。

(6) 中耕与移栽　中耕引起部分断根,降低了根冠比,并暂时抑制了地上部分的生长。但断根后地上部分对根系的供应相对增加,土壤又疏松通气,这样为根系生长创造了良好的条件,促进了侧根与新根的生长。因此,其后效应是增加根冠比。苗木、蔬菜移栽时也有暂时伤根,以后有促进发根的类似情况。

(7) 生长调节剂　三碘苯甲酸、整形素、矮壮素、缩节胺等生长抑制剂或生长延缓剂对茎的顶端或亚顶端分生组织的细胞分裂和伸长有抑制作用,使节间变短,可增大植物的根冠比。赤霉素、油菜素内酯等生长促进剂,能促进叶菜类如芹菜、菠菜、苋菜等茎叶的生长,降低根冠比而提高产量。

农业生产经常通过肥水来调控根冠比,对于甘薯、胡萝卜、甜菜(含马铃薯)等这类以收获地下部分为主的作物,在生长前期应注意氮肥和水分的供应,以增加光合面积,多制造光合产物,中后期则要施用磷、钾肥,并适当控制氮素和水分的供应,以促进光合产物向地下部分的运输和积累。

2. 植物顶端优势应用

大多数植物都有顶端优势现象,但表现的形式和程度因植物种类而异。顶端优势强的植物,几乎不生分枝,如向日葵的许多品种。番茄等植物顶端优势弱,能长出许多分枝。灌木顶端优势极弱,几乎没有主茎与分枝的区别。多数植物属中间类型,如稻、麦等。农业生产常用消除或维持顶端优势的方法(如修剪、打顶整枝、使用植物生长调节剂等)控制大田作物、果树和花木的生长,以达到增产和控制花木株型的目的。这里举例如下:

(1) 茶叶生产　茶树有顶端生长优势的特性,在生产中通过剪去顶端,解除顶端优势,从而去掉顶芽对侧芽的抑制作用。当侧芽解除了来自顶芽的高浓度生长素抑制后,细胞就开始分裂分化,维管束逐渐形成,营养物质的供应也随之增加。这样剪口下面的侧芽就能迅速萌发生长。一般来说,对修剪反映最敏锐的部位是在剪口附近,常常是第一个芽最强,依次递减。例如幼年茶树的定型修剪,一般刺激剪口以下第1~3个侧芽萌发生长而形成侧枝,其结果是分枝增加,促进了骨干枝和树冠的形成,使分枝增多,扩大采摘面。而衰老茶树采用台刈剪掉了地上部枝条以后,解除了顶端优势,使根部的潜伏芽得以萌发生长,重新形成生活力旺盛的新树冠,最终达到全株更新的目的。

(2) 葡萄生产　葡萄的修剪主要是冬夏两季。葡萄的夏季修剪,更为繁重而严格,项目也较多,摘心剪梢就是其中重要的一项。将新梢顶端摘去(一般长3~5 cm)阻止顶芽产生的生长素向下运输,促使夏芽萌发,抽生夏芽副梢。葡萄枝蔓生长旺盛,副梢萌发次数多,花序原始体形成容易。因此,生产实践中常保留结果枝花序以上的1~2个夏芽副梢,其余全部抹除,以提高坐果率,并对此副梢也进行摘心,解除其下部侧芽所受的抑制作用。同时对发育枝和徒长枝进行重摘心,调节养分流向,促使夏芽副梢出现二次花序,培养二次结果,甚至三次结果,创造一年多次结果的良好条件,达到增产的目的。

(3) 棉花生产　在棉花生产中,适当利用根系顶端优势,能改善根形态建成和分布,提高根系整体活力和作物生产力。如育苗移栽时,常要"搬钵",就是要切断主根以促进侧根的发生和壮苗。另外叶枝在出生伸长阶段,对主茎有较强的无机营养竞争吸收优势;在叶枝打顶后,竞争吸收优势被解除;在叶枝结铃、棉株生长发育后期,留叶枝棉株对无机营养(N)的吸收利用强于去叶枝棉株。阐明了棉株主茎和叶枝在叶枝生长发育不同阶段对无机营养(N)的吸收变化关系,对于指导棉花生产充分合理利用叶枝有一定的理论意义。

(4) 桃生产 在桃树定植后的当年,距地面 65~80 cm 处摘心或剪截,叫定干。使下部侧芽萌发,并把剪口下 20~40 cm 一段选作整形带,其上选育 3 个生长健壮、分布均匀、开张角度适当的新梢作为第一层主枝,以后通过各种不同程度的短截逐步培养副主枝和结果枝组,逐步"造成一定形状的树冠"(即生产中普遍采用的自然开心形树形)。其他落叶果树的修剪整形,方法与桃树大同小异,即运用顶端优势的原理,通过修剪来调节果树器官的数量、质量、性质及其在树冠内的分布,调节生殖与生长的关系,维持丰产树形。

(5) 花卉生产 "菊不盈尺",是对菊花株高的严格要求,也是评品菊花观赏价值的重要条件之一。而要做到"菊不盈尺"主要靠摘心,一般须 2~3 次。摘心方法,即先摘顶心,以后分批抹去全部腋芽、侧枝,养根护叶,逼地下茎萌发脚芽,最后齐土面剪除老茎,这样从上到下逐层摘心除枝,诱导脚芽早出土并苗壮生长,最终开出硕大花朵,培育成矮壮型菊花,效果更好。花卉的修剪造型,原理和方法也基本相同。如月季,萌芽力虽强,花开在当年生新梢顶端,不修剪腋芽不易萌发,枝条又瘦又长,呈藤本状。因此,除冬季休眠期重剪外,在生长期,当花将凋谢时,一般在残花第三个复叶以下及时进行轻度短剪,以促使下部腋芽萌发,不断开出硕大艳丽的花朵。又如一串红、杜鹃等,通过分别对主茎和侧枝摘顶,抑制顶端优势,促使腋芽萌发,控制植株朝纵、横方向生长,达到株形矮壮、侧枝丛生、繁花满枝的理想效果。

3. 植物营养生长与生殖生长调控

这里以瓜果类蔬菜为例来说明对营养生长与生殖生长的合理调控。

(1) 合理留果 瓜果类蔬菜初果期应少留果,避免果多坠棵。番茄一般第一穗果宜留 2~3 个;茄子一般从对茄开始留果,留 2 个比较合适;黄瓜一般不留根瓜,结瓜初期以 4 至 5 片叶结一支瓜为宜。当然,蔬菜长势较旺时,也可采取早留果以果控棵,但千万要把握好度,达到目的后立即疏除,切忌贪图小利,留果上市,影响了植株生长。

(2) 科学吊枝 现在,吊枝的目的已不仅仅是将棵子吊住,使其不歪倒。很多菜农发现,吊枝也是一项控制蔬菜生长势的方法。如菜农在辣椒吊枝时,常通过吊绳的松紧来控制植株的长势。在一般情况下,结果初期为促棵子,都是将枝条向上吊紧,使其保证旺盛的生长势。生长过旺时,通过松绳或调整吊绳拉枝角度,将枝条拉斜或拉平,来抑制植株生长势。

(3) 严格控温 在蔬菜生产中,要想使营养生长与生殖生长保持平衡,温度的调控是非常重要的。对于结果初期的茄果类蔬菜来说,棵子还未长成,要保持棚内温度适宜,促进营养生长加快进行。若棵子较旺,则要降低夜温,拉大昼夜温差,促其转壮。对于一些旺长严重的植株,可适当用助壮素控制。

(4) 及时水肥管理 番茄定植后要浇足定植水,如果定植水不均匀或水量小要及时补浇缓苗水。番茄第一穗果长至核桃大小前,一般情况下不浇水,以中耕松土为主,控制地上部生长,促进地下部生长,使得地上部叶片厚、叶色绿,茎节短而粗,花蕾多而大,植株的尺寸宽大于高,地下部有足够的根量。形成生长稳健、后劲十足的生长态势,为番茄开花、结果期打下了一个良好的基础。而结果初期重要的是平衡营养生长和生殖生长,要重点调土养根,根系是所有产量的关键,调土养根膨果同时进行,以达到促根壮棵高产的目的,延长植株采摘期,花多、果多,产量高。

任务巩固

1. 简单说明植物生长的周期性。
2. 植物生长的相关性表现在哪些方面?
3. 举例说明如何调控植物的根冠比、营养生长和生殖生长的关系。
4. 举例说明在生产中如何合理利用植物的顶端优势?

任务 1.2 植物生长的环境条件

任务目标

■ 知识目标:了解植物环境,熟悉植物生长的自然环境条件;熟悉植物对环境的适应有关知识。

■ 能力目标:能进行当地植物生长的自然环境条件现状调查。

知识学习

对植物而言,其生存地点周围空间的一切因素,如气候、土壤、生物等就是植物的环境。构成环境的各个因素称为环境因子。环境因子不一定对植物都有作用,而对植物的生长、发育和分布产生直接或间接作用的环境因子常称为生态因子。对植物起直接作用的生态因子有光、温度、水、土壤、大气、生物 6 大因子。

1. 植物环境

植物环境包括自然环境、半自然环境和人工环境。植物生长离不开所处的自然环境,根据其范围由大到小可分为宇宙环境、地球环境、区域环境、生境、小环境和体内环境(表 1-1)。

表 1-1　自然环境的类型

类型	内容
宇宙环境	包括地球在内的整个宇宙空间。目前宇宙空间内仅有地球存在生命
地球环境	以生物圈为中心,包括与之相互作用、紧密联系的大气圈、水圈、岩石圈、土壤圈共 5 个圈层
区域环境	在地区不同区域,生物圈、大气圈、水圈、岩石圈、土壤圈 5 大圈层交叉组合形成不同的环境。如海洋(沿岸带、半深海带、深海带和深渊带)和陆地(高山、高原、平原、丘陵、江河、湖泊等)
生境	又称为栖息地,是生物生活空间和其中全部生态因素的综合体
小环境	指对生物有着直接影响的邻接环境,如接近植物个体表面的大气环境、植物根系接触的土壤环境等
体内环境	指植物体各个组成部分,如叶片、茎干、根系等的内部结构

半自然环境是指通过人工调控管理自然环境,使其更好地发挥其作用的环境,包括人工草地环境、人工林地环境、农田环境、人为开发管理的自然风景区、人工建造的园林生态环境等。

人工环境是指人类创建并受人类强烈干预的环境。如温室、无土栽培液、人工照射条件、温控条件、湿控条件等。

2. 自然环境条件

植物生长的自然环境指直接决定植物生长发育的要素,缺少其中一个,植物就不能生存,其组成要素有:生物、光、热、水、空气、养分、土壤。

(1)生物 生物包括植物、动物和微生物。动物对植物的生长既有利又有害,有些动物对植物生长具有破坏作用,如践踏、吃食、为害植物等,造成植物减产甚至绝收;而有些动物对植物生长具有益处,可消灭害虫、松动土壤等促进植物生长。微生物可通过促进团粒结构形成、影响土壤养分转化、提高土壤有机质含量、生物固氮、降解毒性等改善植物生长的土壤条件而促进植物生长发育。植物是农业生产与经营活动的主体,是农业要素的本体;但杂草影响农作物、果树、蔬菜、园林植物的正常生长。

(2)光 光是绿色植物进行光合作用不可缺少的能量来源。只有在光照条件下,植物才能正常生长、开花和结实;同时光也影响植物的形态建成和地理分布。植物开花与光照时间长短有关,这种不同长短的昼夜交替对植物开花结实的影响称为光周期现象。植物开花要求一定的日照长度,这种特征与其在原产地生长季节的日照长度有关。短日照植物均起源于低纬度地区;长日照植物则起源于高纬度地区;在中纬度地区,各种光周期类型的植物均可生长,只是开花季节不同而已。

(3)热 热量是指因温度差别而转移的能量,一般用温度表示。温度不仅影响植物的生长发育,也影响植物的分布和数量。主要体现在积温、极端温度、最适温度和节律性变温上。植物的生长发育与有效积温有极大的关系。当植物正常发育所需的有效积温不能满足时,它们就不能发育成熟,甚至导致植物的死亡。超过极端温度植物就会死亡,包括最高温度和最低温度。不同植物所能忍受的高温、低温的极限是不同的。每种植物都有自己生长的适宜温度。在适宜温度条件下植物生长发育较为迅速、生命力较强。一年内有四季温度变化,一天内昼夜温度也不一样,自然界中这种有规律性的温度变化称为节律性变温。各种植物长期适应这种节律性变温而能协调地生活着。

(4)水分 植物只有在一定的细胞水分状况下才能生长发育,细胞的分裂和增加大都受水分亏缺的抑制。水对植物的生态作用是通过不同形态、数量和持续时间三个方面的变化而起作用的。不同形态水是指固、液、气三态;数量是指降水特征量(降水量、强度和变率等)和大气湿度高低;持续时间是指降水、干旱、淹水等的持续日数。以上三方面的变化都能对植物的生长发育产生重要的生态作用,进而影响植物的产量和品质。降水量或降水特征既影响植物生长发育、产量品质而起直接作用,又能引起光、热、土壤等生态因子的变化而产生间接作用。空气湿度,特别是空气相对湿度对植物的生长发育有重要作用。如空气相对湿度降低时,蒸腾和蒸发作用增强,甚至可引起气孔关闭,降低光合效率。

(5)空气 空气中某些成分量的变化(如二氧化碳和氧等浓度的增减)和质的改变(如有毒气体、挥发性物质的增多和水汽的增减等)都能直接影响植物的生长生育。

大气、土壤、空气和水中的氧气是植物地上部和根系进行呼吸不可少的成分。空气中氧是植物的光合作用过程中释放的,是植物呼吸和代谢必不可少的。植物呼吸时吸收氧气,放出二氧化碳,把复杂的有机物分解,最后成为二氧化碳,同时释放贮藏的能量,以满足植物生命活动的需要。氧在植物环境中还参与土壤母质、土壤、水所发生的各种氧化反应,从而影响植物。大气含氧量相当稳定,植物的地上部通常无缺氧之虑,但土壤在过分板结或含水太多时,常因不能供应足够的氧气,成为种子、根系和土壤微生物代谢作用的限制因子。如土壤缺氧,将影响微生物活动,妨碍植物根系对水分和养分的吸收,根系无法深入土中生长,甚至坏死。豆科植物根系入土深而具根瘤,对下层土壤通气不良缺氧更为敏感。土壤长期缺氧还会形成一些有毒物质,从而影响植物的生长发育。

二氧化碳是植物光合作用最主要的原料,它对光合作用速率有较大影响。大气中二氧化碳含量对植物光合作用是不充分的,特别是高产田更感不足,已成为增产的主要矛盾。研究发现,当太阳辐射强度是全太阳辐射强度的 30% 时,大气中二氧化碳的平均浓度,对植物光合作用强度的提高已成为限制因子。因此人为提高空气中二氧化碳浓度,常能显著促进植物生长。在通气不良的土壤中,因根部呼吸引起的二氧化碳大量积聚,不利于根系生长。

(6) 土壤　土壤在植物生长和农业生产中有以下不可替代的重要作用:一是营养库作用。植物需要的氮、磷、钾及中量、微量元素主要来自土壤。二是养分转化和循环作用。在地球表层系统中,通过土壤养分元素的复杂转化过程,实现着营养元素与生物之间的循环周转,保持了生物生命周期生长与繁衍。三是雨水涵养作用。土壤是地球陆地表面具有生物活性和多孔结构的介质,具有很强的吸水和持水能力,可接纳或截留雨水。四是生物的支撑作用。绿色植物通过根系在土壤中伸展和穿插,获得土壤的机械支撑,稳定地站立于大自然之中;土壤中还拥有种类繁多、数量巨大的生物群。五是稳定和缓冲环境变化的作用。土壤处于大气圈、水圈、岩石圈及生物圈的交界面,这种特殊的空间位置,使得土壤具有抗外界温度、湿度、酸碱性、氧化还原性变化的缓冲能力;对进入土壤的污染物能通过土壤生物的代谢、降解、转化、消除或降低毒性,起着"过滤器"和"净化器"的作用。

(7) 养分　养分是指植物生长发育所必需的化学营养元素,主要有大量元素(碳、氢、氧、氮、磷、钾、硫、钙、镁)和微量元素(铁、锰、锌、铜、钼、硼、氯)。土壤中的养分数量有限,不能完全满足植物生长需要,要想达到高产优质的目的,必须投入人工养分,即肥料。肥料是植物的粮食,是土壤养分的主要来源,是重要的农业生产物资,在植物生产中起着重要作用:改良土壤,提高土壤肥力。肥料不仅可以促进植物整株生长,也可促进植株某一部位生长。据联合国粮农组织统计表明,肥料在提高植物产量方面的贡献额为 40%~60%。肥料还在改善植物的商业品质、营养品质和观赏品质等方面有着重要意义。

3. 植物生长对环境的适应

所有植物,既需要能适应物理环境,也需要能适应生物环境,如果它们不适应,就不能生存。如落叶树的季节性落叶,就是植物对环境季节性变化适应的一种生理调节机制。

(1) 植物的生活型　不同种植物长期生活在同一区域或相似区域,由于对该地区环境的共同适应,从外貌上反映出来的植物类型,都属于同一生活型。如在荒漠地区,植物种类少,对该环境的适应结果是形成了相同的生活型;而在复杂的森林群落内,由于环境复杂,植物对该环境的适应形成不同的生活型,表现为成层现象。Raunkiaer 把高等植物划分为高位芽植物、地上芽植物、地面芽植物、地下芽植物和一年生植物 5 大生活型(图 1-4)。其中,高位芽植物的更新芽位于距地表 25 cm 以上,如乔木、灌木和一些生长在热带潮湿气候条件下的草本等;地上芽植物的更新芽一般不高出地表 25 cm,多为小灌木、半灌木(茎仅下部木质化)或草本;地面芽植物在生长不利季节,地上部分全部死亡,更新芽位于地面,被土壤或残落物保护;地下芽植物的更新芽埋在地表以下或位于水体中;一年生植物在不良季节,地上、地下器官全部死亡,以种子形式度过不良季节。

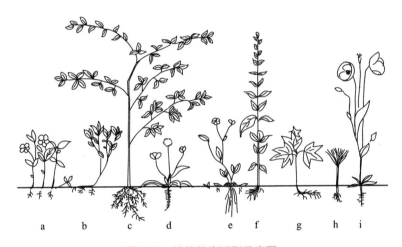

图 1-4　植物的生活型示意图

a. 高位芽植物　b、c. 地上芽植物　d、e、f. 地面芽植物　g、h. 隐芽植物　i. 一年生植物

(2) 植物的生态型　同种植物的不同种群由于长期分布在不同环境中,在生态适应过程中发生变异与分化,形成不同的形态、生理和生态特征,并通过遗传固定下来,从而分化为不同的种群类型,即生态型(图 1-5)。生态型的形成有许多因素,通常按照形成生态型的主导

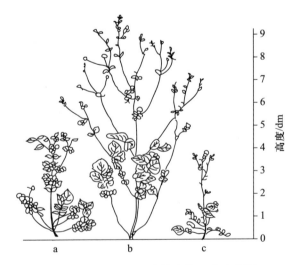

图 1-5　生长在同一生境中的 3 个生态型

a. 海岸生境　b. 中山生境　c. 高山生境

因素将其划分为气候生态型、土壤生态型、生物生态型和人为生态型 4 类(表 1-2)。

表 1-2　植物的 4 类生态型

类型	特征
气候生态型	是植物长期受气候因素影响所形成的生态型,表现为形态上的差异、生理上的差异或二者兼而有之
土壤生态型	是由于长期受不同土壤条件的作用而产生的生态型,如河洼地和碎石堆上的牧草鸭茅,由于土壤水分差异而形成两个生态型:河洼地上的生长旺盛、高大、叶厚、色绿、产量高;而碎石堆上的植株矮小、叶小、色淡、萌发力极弱、产量低
生物生态型	主要由于种间竞争、动物的传媒以及生物生殖等因素的作用所产生的生态型
人为生态型	人类利用杂交、嫁接、基因重组、组织培养等技术培育筛选的生态型

(3) 植物适应环境的方式　植物对环境的适应取决于植物所处的环境条件以及与其他生物之间的关系,常表现为:一般环境的适应组合、极端环境的休眠及随环境变化而变化的驯化。

① 适应组合。在一般环境条件下,植物对环境的适应往往表现为一组或一整套彼此相互关联的适应方式,甚至存在协同和增效作用。这一整套协同的适应方式就是适应组合。如沙漠植物为适应环境,不但形成了如表皮增厚、气孔减少、叶片卷曲,而且有的植物还形成了贮水组织等特性。

② 休眠。在极端环境条件下,植物常采用一个共同的适应方式——休眠。休眠是植物抵御暂时不利环境条件的一种非常有效的生理机制。如热带、亚热带树木在干旱季节脱落叶片进入短暂的休眠期,温带阔叶树则在冬季来临前落叶以避免干旱与低温的威胁等。

③ 驯化。驯化是指植物对某一环境条件的适应是随着环境变化而不断变化的,表现为生长范围的扩大、缩小和移动。植物驯化分为自然驯化和人工驯化。自然驯化往往是由于植物所处的环境条件发生明显变化而引起的,被保留下来的植物往往能更好地适应新的环境条件。人工驯化是在人类作用下使植物的适应方式改变或适应范围改变的过程,是植物引种和改良的重要方式。如将不耐寒的南方植物经低温驯化引种到北方。

技能训练

植物生长自然环境条件调查

在查阅资料的基础上,进一步通过走访群众、农业生产部门技术人员等,完成表 1-3 内容。用不少于 800 字写出你所了解的某村植物生产的自然要素基本情况,并在教师的组织下与同学们交流。

表 1-3　某村植物生产自然要素基本情况

自然要素	基本情况	生产优势	存在问题
土壤			
养分			

自然要素	基本情况	生产优势	存在问题
生物			
光			
热			
水			
空气			

任务巩固

1. 植物环境主要包括哪几类?

2. 简单说明植物的自然环境。

3. 简单说明植物对环境的适应。

项目拓展

如果同学们想了解更多的知识,可以通过下面渠道进行学习:

1. 阅读杂志:

(1)《植物学报》

(2)《中国土壤与肥料》

(3)《中国农业气象》

2. 浏览网站:

(1) 中国气象台　http://www.nmc.cn/

(2) 中国农业经济信息网　http://www.agrice.cn/

3. 通过本校图书馆借阅有关土壤肥料、农业气象方面的书籍。

考证提示

获得农业技术员、农作物植保员等中级资格证书,需具备以下知识和能力:

1. 植物生长周期性和相关性规律;

2. 植物生长的自然环境条件;

3. 植物生长相关性的生产应用。

项目二 土壤环境与植物生长

项目导读

　　土壤由固相(包括矿物质、有机质及土壤生物)、液相(水分)和气相(空气)三相物质组成;土壤质地有沙土、壤土和黏土,肥力特性和生产性状也不相同;植物生长需要适宜的土壤孔隙度、良好的土壤结构、适宜的土壤耕性;土壤吸收性能决定植物对养分的需求状况,不同类型的土壤生长着不同种类的植物,过酸过碱都不适宜植物生长。我国各地分布着不同的土壤类型,合理利用和改良土壤,是增加作物产量的基础。

任务 2.1　土壤环境的认知

任务目标

　　■ 知识目标:认识土壤矿物质、有机质和生物等固相组成特点,了解土壤空气和水分组成特点。

　　■ 能力目标:能熟练进行土壤样品的采集和制备;熟练进行土壤有机质含量的测定。

知识学习

　　土壤是指发育于地球陆地表面能够生长绿色植物的疏松多孔表层。土壤是由岩石风化后再经成土作用形成的,是生物、气候、母质、地形、时间等自然因素和人类活动综合作用下的产物,其最基本的特性是具有肥力。土壤肥力是土壤能适时供给并协调植物生长所需的水分、养分、空气、热量和其他条件的能力。

　　土壤由固相、液相和气相三相物质组成。固相物质是土壤矿物质、土壤有机质及土壤生物,而分布于土壤的大小孔隙中的成分为土壤液相(土壤水分)和土壤气相(土壤空气)。

1. 土壤矿物质

　　土壤中所有无机物质的总和称为土壤矿物质,主要来自于岩石与矿物的风化物。一切自然产生的化合物或单质称为矿物,例如,石英、白云母、黑云母、长石、金刚石、蒙脱石、伊利石、高岭石等。

土壤矿物
种类

　　土壤矿物质按产生方式不同可分为原生矿物和次生矿物。原生矿物是指岩浆冷凝后留在地壳上没有改变化学组成和结晶结构的一类矿物,如长石、石英、云母、角闪石、辉石、橄榄石等。原生矿物经过风化作用使其组成和性质发生变化而新形成的矿物称为次生矿物,主要有蒙脱石、伊利石、高岭石等。土壤中常见矿物的组成和风化特点如表2-1。

表2-1 土壤中常见矿物的性质

名称	化学成分	物理性质	风化特点和分解产物
石英	SiO_2	无色、乳白色或灰色,硬度大	不易风化,是沙粒的主要来源
正长石	$KAlSi_3O_8$	正长石呈肉红色,斜长石为灰色或乳白色,硬度次于石英	较易风化,风化产物主要是高岭土、二氧化硅和无机盐,是土壤钾素、黏粒及的主要来源
斜长石	$nNaAlSi_3O_8 \cdot m\,CaAl_2Si_2O_8$		
白云母	$KAl_2(AlSi_3O_{10})(OH)_2$	白云母无色或浅黄色,黑云母黑色或黑褐色。均呈片状,有弹性,硬度低	白云母不易风化,黑云母易风化,是钾素和黏粒的重要来源
黑云母	$K(Mg,Fe)_2(AlSi_3O_{10})(OH \cdot F)_2$		
角闪石	$Ca_2Na(Mg,Fe)_4(Al,Fe)_4(Si,Al)_4O_{11}(OH)_2$	黑色、墨绿色或棕色,硬度仅次于长石。角闪石为长柱状,辉石为短柱状	易风化,风化后产生含水氧化铁、含水氧化硅及黏粒,并释放少量钙、镁等
辉石	$Ca(Mg,Fe,Al)(Si \cdot Al)_2O_6$		
橄榄石	$(Mg,Fe)_2(SiO_4)$	含有铁、镁硅酸盐,颜色黄绿	易风化,风化后形成褐铁矿、二氧化硅以及蛇纹石等
高岭石	$Al_4(Si_4O_{10})(OH)_8$	均为细小片状结晶,易粉碎,干时为粉状,滑腻,易吸水呈糊状	是长石、云母风化形成的次生矿物,颗粒细小,土壤黏粒的主要来源
蒙脱石	$Al_4(Si_8O_{20})(OH)_4 \cdot nH_2O$		
伊利石	$K_2(Al \cdot Fe \cdot Mg)_4(SiAl)_8O_{20}(OH)_4 \cdot nH_2O$		

2. 土壤生物与土壤有机质

土壤生物是指全部或部分生命周期在土壤中生活的那些生物。土壤有机质是存在于土壤中所有含碳有机化合物的总称,包括土壤中各种动、植物微生物残体、土壤生物的分泌物与排泄物,及这些有机物质分解和转化后的物质。土壤生物在土壤有机质转化中具有重要地位。

(1) 土壤生物 土壤生物主要包括动物、植物、微生物等。土壤动物种类繁多,包括众多的脊椎动物、软体动物、节肢动物、螨类、线虫和原生动物等,如蚯蚓、线虫、蚂蚁、蜗牛、螨类等,一般为土壤生物量的10%~20%。土壤微生物占生物绝大多数,种类多、数量大,是土壤生物中最活跃的部分;土壤微生物包括细菌、真菌、放线菌、藻类和原生动物等类群,其中细菌数量最多,放线菌、真菌次之,藻类和原生动物数量最少。土壤植物是土壤的重要组成部分,就高等植物而言,主要是指高等植物地下部分,包括植物根系、地下块茎(如甘薯、马铃薯等)。越是靠近根系的土壤,其微生物数量也越大。通常把受到根系明显影响的土壤范围称为根际,一般距根表2 mm范围内的土壤属于根际。

土壤生物的功能主要有:一是影响土壤结构的形成与土壤养分的循环,如微生物的分泌物可促进土壤团粒结构的形成,也可分解植物残体释放碳、氮、磷、硫等养分;二是影响土壤无机物质的转化,如微生物及其生物分泌物可将土壤中难溶性磷、铁、钾等养分转化为有效养分;三是固持土壤有机质,提高土壤有机质含量;四是通过生物固氮,改善植物氮素营养;五是可以分解转化农药、激素等在土壤中的残留物质,降解毒性、净化土壤。

(2) 土壤有机质 自然土壤中有机质主要来源于生长在土壤上的高等绿色植物,其次是生活在土壤中的动物和微生物;农业土壤中有机质的重要来源是每年施用的有机肥料、作物残茬和根系及分泌物、工农业副产品的下脚料、城市垃圾、污水等。我国大部分农田土壤有机质变动在 10~40 g/kg。

土壤有机质主要由腐殖质和非腐殖质组成,其中腐殖物质占 60%~80%。非腐殖物质主要是一些较简单、易被微生物分解的糖类、有机酸、氨基酸、氨基糖、木质素、蛋白质、纤维素、半纤维素、脂肪等高分子物质。腐殖物质是一类在土壤微生物作用下,酚类和醌类物质经过聚合形成的由芳环状结构和含氮化合物、糖类组成的复杂多聚体,是性质稳定、新形成的深色高分子化合物。

土壤有机物质在土壤生物,特别是土壤微生物的作用下所发生的分解与合成作用为土壤有机质的转化,有矿质化和腐殖化两种类型(图 2-1)。矿质化过程是指有机质在土壤生物,特别是在土壤微生物的作用下所发生的分解作用;腐殖化过程是指土壤有机质在土壤微生物的作用下转化为土壤腐殖质的过程。

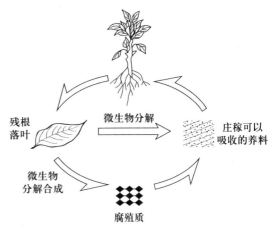

图 2-1 土壤有机质转化示意

土壤有机质具有重要作用:第一,提供作物所需的养分。土壤有机质不仅能提供植物所需的养分,而且能促进土壤其他矿质养分的转化。第二,提高土壤的保肥性和供肥能力。有机质是一种两性胶体、络合物或螯合物,可提高土壤保肥和供肥能力;同时有机质又是一种缓冲体系,增强土壤的缓冲性。第三,改善土壤物理性质。有机质通过促进大小适中、紧实度适合的良好土壤结构的形成,改善土壤孔隙状况,协调土壤通气透水性与保水性之间的矛盾;由于降低了黏粒之间的团聚力,降低了土壤耕作阻力,改善了土壤的耕性。第四,其他方面的作用,如能够促进微生物的活动,微生物的活性越强。部分小分子量的腐殖酸具有一定的生理活性,能够促进种子发芽、增强根系活力,促进作物生长。有机质在环境学上有重要意义。

3. 土壤水分与土壤空气

土壤水分和空气存在于土壤孔隙中,二者彼此消长,即水多气少,水少气多。土壤水分和空气是土壤的重要组成物质,也是土壤肥力的重要因素,是植物赖以生存的生活条件。土壤水并不是纯水,而是含有多种无机盐与有机物的稀薄溶液,是植物吸水的最主要来源,也是自然界水循环的一个重要环节,处于不断的变化和运动中,它是土壤表现出各种性质和进行各种过程不可缺少的条件。具体内容水分环境中有详细阐述。

（1）土壤空气组成与特点　土壤空气来自大气,但在土壤内,由于根系和微生物等的活动,以及土壤空气与大气的交换受到土壤孔隙性质的影响,使得土壤空气的成分与大气有一定的差别(表2-2)。

表2-2　土壤空气与大气的体积组成(体积分数)　　　　　　　%

气体类型	氮气(N_2)	氧气(O_2)	二氧化碳(CO_2)	其他气体
土壤空气	78.8~80.24	18.00~20.03	0.15~0.65	1
大气	78.05	20.99	0.03	1

与大气相比,土壤空气的组成特点如下:土壤空气中的二氧化碳含量高于大气;土壤空气中的氧气含量低于大气;土壤空气的相对湿度比大气高;土壤空气中有时像甲烷等还原性气体的含量远高于大气;土壤空气各成分的浓度在不同季节和不同土壤深度内变化很大。

（2）土壤通气性　土壤空气与大气的交换能力或速率称为土壤通气性。如交换速度快,则土壤的通气性好;反之,土壤的通气性差。土壤空气与大气之间的交换机理为:一是土壤空气的整体交换。土壤空气在一定的条件下整体或全部移出土壤或大气以同样的方式进入土壤称为土壤空气的整体交换。二是土壤空气的扩散。一般情况下土壤空气扩散的方向是:氧气从大气向土壤、二氧化碳从土壤向大气、还原性气体从土壤向大气、水汽从土壤向大气。

（3）土壤空气与作物生长　土壤空气状况是土壤肥力的重要因素之一,不仅影响植物生长发育,还影响土壤肥力状况。第一,影响种子萌发。对于一般作物种子,土壤空气中的氧气体积分数大于10%则可满足种子萌发需要;如果小于5%种子萌发将受到抑制。第二,影响根系生长和吸收功能。所有植物根系均为有氧呼吸,氧气体积分数低于12%才会明显抑制根系的生长。植物根系的生长状况自然影响根系对水分和养分的吸收。第三,影响土壤微生物活动。在水分含量较高的土壤中,微生物以厌氧活动为主,反之,微生物以好气呼吸为主。第四,影响植物生长的土壤环境状况。通气良好时,有利于有机质矿化和土壤养分释放;通气不良时,有机质分解不彻底,可能产生还原性有毒气体。

技能训练

1. 土壤样品的采集与制备

（1）基本原理　通过多点采集,使土样具有代表性;根据农化分析样品的要求,将采集的代表土样磨成一定的细度,以保证分析结果的可比性。四分法以保证样品制备和取舍时的代表性。

（2）材料与用具　取土钻或小铁铲、布袋(塑料袋)、标签、铅笔、钢卷尺、制样板、木棍、镊子、土壤筛(18目、60目)、广口瓶、研钵、样品盘等。

（3）训练规程　为使采集的土样具有最大的代表性,在采集与制备样品的过程中,按"随机""多点"和"均匀"的方法进行操作。

① 采样路线。采样时必须按照一定的采样路线进行。采样点的分布尽量做到"均匀"和"随机";布点的形式以蛇形为好,在地块面积小,地势平坦,肥力均匀的情况下,方可采用对角线采样路线(图2-2)。

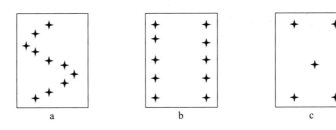

图 2-2　采样点分布法
a.蛇形采样　b.错误方法　c.对角线采样

② 采样深度。采样深度一般为 0~20 cm。土壤硝态氮或无机氮含量测定,采样深度应根据不同作物、不同生育期的主要根系分布深度确定。

③ 采样时间。一般在作物收获后或播种施肥前采集,多在秋后;进行氮肥追肥推荐时,应在追肥前或作物生长的关键时期采集。

④ 采样方法。按采样路线,每个采样点的取土深度及采样量应均匀一致,土样上层与下层的比例要相同,取样器应垂直于地面入土,深度相同。用取土铲取样应先铲出一个耕层断面,再平行于断面下铲取土。测定微量元素的样品必须用不锈钢取土器采样。

如土样过多,则充分混匀,采用四分法。将各点采集的土样捏碎混匀,铺成四方形或圆形,划分对角线分成四份,然后按对角线去掉两份(占二分之一),或去掉四堆中的一堆(占四分之一)。可反复进行类似的操作,直至数量符合要求(图 2-3)。将制备的土样充分捏碎,铺在实验台上或在晾土盘中充分晾干。

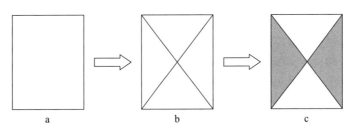

图 2-3　四分法取舍样品示意
a.将土壤摊平　b.划对角线　c.去除阴影部分

⑤ 样品制备。将完全风干的土样平铺在木板、塑料盘上,用木棒先行碾碎。如果是常规分析用,则可进一步用电动粉碎机将土样磨细,注意不能用太细的筛子。经初步磨细的土样,用 1 mm 筛孔(18 目)的筛子过筛,不能通过筛分的,则用研钵继续研磨,直到全部通过 1 mm 筛孔(18 目)为止。少量石砾和石块可弃去,多量时,应称其重量,计算质量分数。

过 18 目筛后的土样经充分混匀后,用四分法分成 2 份,一份约四分之三装瓶供 pH、速效养分等测定用,装入具有磨口塞的广口瓶中,称为 1 mm 土样或 18 目样。

剩余的约四分之一土样,则继续用研钵研磨,至全部通过 0.25 mm(60 目)筛,按四分法取出 200 g 左右供有机质、全氮测定之用。将土样装瓶,称为 60 目样。

⑥ 装瓶贮存。装样后的广口瓶中,内外各附标签(表 2-3)一张,标签上写明土壤样品编号、采样地点、土壤名称、深度、筛孔号、采集人及日期等。在保存期间应避免日光、高温、潮

湿及酸碱气体的影响或污染,有效期 1 年左右。

表 2-3　常用土样标签样式

采样地点		采样人	
采样时间		筛孔号 土样编号	

2. 土壤有机质的测定

(1) 基本原理　在加热条件下,用稍过量的标准重铬酸钾 – 硫酸溶液,氧化土壤有机碳,剩余的重铬酸钾用标准硫酸亚铁(或硫酸亚铁铵)滴定,由土样和空白样所消耗标准硫酸亚铁的量差值可以计算出有机碳量,进一步可计算土壤有机质的含量,其反应式如下:

$$2K_2Cr_2O_7 + 3C + 8H_2SO_4 \rightarrow 2K_2SO_4 + 2Cr_2(SO_4)_3 + 3CO_2 \uparrow + 8H_2O$$

$$K_2Cr_2O_7 + 6FeSO_4 + 7H_2SO_4 \rightarrow K_2SO_4 + Cr_2(SO_4)_3 + Fe_2(SO_4)_3 + 7H_2O$$

用 Fe^{2+} 滴定剩余的 $Cr_2O_7^{2-}$ 时,以邻啡罗啉($C_{12}H_8N_2$)为氧化还原指示剂。在滴定过程中指示剂的变色过程如下:开始时溶液以重铬酸钾的橙色为主,此时指示剂在氧化条件下,呈淡蓝色被重铬酸钾的橙色掩盖,滴定过程中溶液逐渐呈绿色(Cr^{3+}),至接近终点时变为灰绿色。当 Fe^{2+} 溶液过量半滴时,溶液则变成棕红色,表示颜色已达终点。

(2) 材料和用具　准备以下材料和用具:硬质试管(Φ18 mm × 180 mm)、油浴锅或远红外消解炉、铁丝笼、温度计(300℃)、分析天平(感量 0.000 1 g)、电炉、滴定管(25 mL)、弯颈小漏斗、三角瓶(250 mL)、量筒(10 mL、100 mL)、移液管(10 mL)。并提前进行下列试剂配制:

① 0.4 mol/L 重铬酸钾 – 硫酸溶液。称取 40.0 g 重铬酸钾溶于 600~800 mL 水中,用滤纸过滤到 1 L 量筒内,用水洗涤滤纸,并加水至 1 L。将此溶液转移至 3 L 大烧杯中;另取密度为 1.84 g/L 的化学纯浓硫酸 1 L,慢慢倒入重铬酸钾溶液内,并不断搅拌。每加约 100 mL 浓硫酸后稍停片刻,待冷却后再加另一份浓硫酸,直至全部加完。此溶液可长期保存。

② 0.2 mol/L 硫酸亚铁溶液。称取化学纯硫酸亚铁 55.60 g 溶于 600~800 mL 蒸馏水中,加化学纯浓硫酸 20 mL,搅拌均匀,加水定容至 1 000 mL,贮于棕色瓶中保存备用。

③ 0.2 mol/L 重铬酸钾标准溶液。称取经 130℃烘 1.5 h 以上的分析纯重铬酸钾 9.807 g,先用少量水溶解,然后无损地移入 1 L 容量瓶中,加水定容。

④ 硫酸亚铁溶液的标定。准确吸取 3 份 0.2 mol/L $K_2Cr_2O_7$ 标准溶液各 20 mL 于 250 mL 三角瓶中,加入浓硫酸 3~5 mL 和邻菲罗啉指示剂 3~5 滴,然后用 0.2 mol/L $FeSO_4$ 溶液滴定至棕红色为止,其浓度计算为:

$$c = (6 \times 0.200\ 0 \times 20) \div V$$

式中:c 表示硫酸亚铁溶液浓度(mol/L);V 为滴定用去硫酸亚铁溶液体积(mL);6 为 6 mol $FeSO_4$ 与 1 mol $K_2Cr_2O_7$ 完全反应的摩尔系数比值。

⑤ 邻菲罗啉指示剂。称取化学纯硫酸亚铁 0.695 g 和分析纯邻菲罗啉 1.485 g 溶于 100 mL 蒸馏水中,贮于棕色滴瓶中备用。

⑥ 其他试剂。石蜡(固体)或磷酸或植物油 2.5 kg;浓 H_2SO_4(化学纯,密度 1.84 g/L)。

（3）训练规程

① 称样。用分析天平准确称取通过 60 目筛的风干土样 0.3×××~0.5×××
g（称量多少依有机质含量而定，其中 × 表示任意数字），放入干燥的硬质试管
中，记下土样重量。

土壤有机质
含量测定

② 加氧化剂。用移液管准确加入 0.067 mol/L 重铬酸钾和 9 mol/L 硫酸混合
溶液 10 mL，小心将土样摇散，贴上标签，将试管插入铁丝笼中待加热。

③ 加热氧化。将铁丝笼放入预先加热至 185~190℃ 的油浴锅中，此时温度控制在
170~180℃，自试管内大量出现气泡开始计时，保持溶液沸腾 5 min，取出铁丝笼，待试管稍冷
后，用卷纸或废报纸擦净试管外部油液，冷却至室温。

④ 溶液转移。将试管内容物用蒸馏水少量多次洗入 250 mL 的三角瓶中，使溶液的总
体积达 60~80 mL，酸度为 2~3 mol/L，加入邻啡罗啉指示剂 3~5 滴摇匀。

⑤ 滴定。用标准的硫酸亚铁溶液滴定 250 mL 三角瓶的内容物。溶液颜色由橙色（或
黄绿）经绿色、灰绿色变到棕红色即为终点。

⑥ 空白试验。在滴定样品的同时，必须做两个空白试验，取其平均值，空白试验用石英
沙或灼烧的土代替土样，其余步骤同上。

（4）结果记录　将训练过程中有关数据记录到表 2-4。

表 2-4　有机质测定时数据记录

土样号	土样重 /g	初读数 /mL	终读数 /mL	净体积 /mL	有机质质量 分数 /%	平均质量 分数 /%
空白 1						
空白 2						

（5）结果计算

$$土壤有机质含量 = \frac{(V_0-V) \times c \times 0.003 \times 1.724 \times 1.1}{m} \times 100\%$$

式中：V_0 为滴定空白时消耗的硫酸亚铁溶液体积（mL）；V 为滴定样品时消耗的硫酸亚铁
溶液体积（mL）；c 为硫酸亚铁溶液的浓度（mol/L）；0.003 为 1/4 碳原子的摩尔质量（kg/mol）；
1.724 为由有机碳换算为有机质的系数；1.1 为校正系数，因为此法有机碳的氧化率只有
90%；m 为烘干土样重（g）。

（6）注意事项

① 称样量：一般有机质质量分数 <20 g/kg，称量 0.4~0.5 g；20~70 g/kg，称量 0.2~0.3 g；
70~100 g/kg，称量 0.1 g；100~150 g/kg，称量 0.05 g

② 平行测定结果允许相差：有机质质量分数 <10 g/kg，允许绝对相差≤0.5 g/kg；有机质
质量分数 10~40 g/kg，允许绝对相差≤1.0 g/kg；有机质质量分数 40~70 g/kg，允许绝对相

差≤3.0 g/kg;有机质质量分数>100 g/kg,允许绝对相差≤5.0 g/kg

任务巩固

1. 简述土壤的基本组成。
2. 土壤有机质对土壤肥力有哪些作用？
3. 土壤通气性对植物生长有哪些影响？

任务 2.2　土壤质地及改良

任务目标

- 知识目标:了解土壤质地分类;熟悉土壤质地对植物生长发育的影响。
- 能力目标:能熟练应用简易比重计法和手测法判断当地土壤质地类型,为耕作、播种、灌溉等提供依据。

知识学习

1. 土壤粒级

土壤是由各种大小不同的矿质土粒组成的,他们单独或相互团聚成土粒聚合体存在于土壤中,前者的土粒称为单粒,后者称为复粒。国际上土壤粒级的分级标准有很多,但一般将土粒由粗到细分成石砾、沙粒、粉沙粒和黏粒4组,表2-5中列出了国内常用的粒级分级标准。卡庆斯基制中将小于1 mm,但大于0.01 mm的那部分土粒称为物理性沙粒,而将粒径小于0.01 mm的那部分土粒称为物理性黏粒,这种分级方法在生产上使用较为方便。不同粒级土粒中的矿物类型相差很大,沙粒和粉沙粒主要是由石英和其他原生矿物组成,而黏粒绝大部分矿物是次生矿物。

表2-5　常用土粒分级标准

国际粒级制		粒径/mm	卡庆斯基制		粒径/mm
粒级名称		粒径/mm	粒级名称		粒径/mm
石砾		>2	石块		>3
			石砾		3~1
沙粒	粗沙粒	2~0.2	物理性沙粒	粗沙粒	1~0.5
	细沙粒	0.2~0.02		沙粒 中沙粒	0.5~0.25
				细沙粒	0.25~0.05
粉沙粒		0.02~0.002	粉粒	粗粉粒	0.05~0.01
				中粉粒	0.01~0.005
				细粉粒	0.005~0.001
黏粒		<0.002	物理性黏粒	粗黏粒	0.001~0.000 5
				黏粒 中黏粒	0.000 5~0.000 1
				细黏粒	<0.000 1

2. 土壤质地分类

土壤质地是指土壤中各粒级土粒质量分数的组合，又称为土壤机械组成，是最基本物理性质之一。土壤质地分类是根据土壤的粒级组成对土壤颗粒组成状况进行的类别划分，土壤质地分类制主要有国际制、卡庆斯基制、美国制和中国制，生产实际中以卡庆斯基制使用较为方便。

卡庆斯基土壤质地分类制是依据物理性黏粒或物理性沙粒的含量，并参考土壤类型，将土壤质地分成沙土类、壤土类和黏土类；然后再根据各粒级含量的变化进一步细分（表2-6）。对我国而言，一般土壤可选用草原土及红黄壤类的分类级别。

表2-6　卡庆斯基制质地分级制　　　　　　　　　　　　　　　　　　　　%

质地分类		物理性黏粒质量分数			物理性沙粒质量分数		
类别	名称	灰化土类	草原土类及红黄壤类	碱化及强碱化土类	灰化土类	草原土类及红黄壤类	碱化及强碱化土类
沙土	松沙土	0~5	0~5	0~5	100~95	100~95	100~95
沙土	紧沙土	5~10	5~10	5~10	95~90	95~90	95~90
壤土	沙壤土	10~20	10~20	10~15	90~80	90~80	90~85
壤土	轻壤土	20~30	20~30	15~20	80~70	80~70	85~80
壤土	中壤土	30~40	30~45	20~30	70~60	70~55	80~70
壤土	重壤土	40~50	45~60	30~40	60~50	55~40	70~60
黏土	轻黏土	50~65	60~75	40~50	50~35	40~25	60~50
黏土	中黏土	65~80	75~85	50~65	35~20	25~15	50~35
黏土	重黏土	>80	>85	>65	<20	<15	<35

3. 土壤质地的肥力特性与生产性状

土壤质地对土壤的许多性质和过程均有显著影响，首先是土壤的孔隙状况和表面性质受土壤质地的控制，而这些性质又影响土壤的通气与排水、有机物质的降解速率、土壤溶质的运移、水分渗漏、植物养分供应、根系生长、出苗、耕作质量等。沙质土、壤质土和黏质土在上述各方面都有明显差异（表2-7）。

表2-7　土壤质地对土壤性质和过程的影响

性质	沙质土	壤质土	黏质土
保水性	低	中~高	高
毛管上升高度	低	高	中
通气性	好	较好	不好
排水速度	快	较慢	慢或很慢
有机质含量	低	中	高
有机质降解速率	快	中	慢

性质	沙质土	壤质土	黏质土
养分含量	低	中等	高
供肥能力	弱	中等	强
污染物淋洗	允许	中等阻力	阻止
防渗能力	差	中等	好或很好
胀缩性	小或无	中等	大
可塑性	无	较低	强或很强
升温性	易升温	中等	较慢
耕性	好	好或较好	较差或恶劣
有毒物质	无	较低	较高

土壤质地不同,对土壤的各种性状影响也不同,因此其农业生产性状(如肥力状况、耕作性状、植物反应等)也不相同(表 2-8)。

表 2-8　不同质地土壤的生产性状

生产性状	沙质土	壤质土	黏质土
通透性	颗粒粗,大孔隙多,通气性好	良好	颗粒细,大孔隙少,通气性不良
保水性	饱和导水率高,排水快,保水性差	良好	饱和导水率低,保水性强,易内涝
肥力状况	养分含量少,分解快	良好	养分多,分解慢,易积累
热状况	热容量小,易升温,昼夜温差大	适中	热容量大,升温慢,昼夜温差小
耕性好坏	耕作阻力小,宜耕期长,耕性好	良好	耕作阻力大,宜耕期短,耕性差
有毒物质	对有毒物质富集弱	中等	对有毒物质富集强
植物生长状况	出苗齐,发小苗,易早衰	良好	出苗难,易缺苗,贪青晚熟

4. 土壤质地利用与改良

(1) 因地制宜,合理利用　不同作物对土壤质地有一定的适应性(表 2-9),大部分农作物对质地的适应范围较广,但部分园艺作物,特别是部分花卉作物对质地的适应范围较窄。桑树、竹类、水稻等植物相对喜欢黏性土壤,而花生、土豆等作物比较适应质地较粗的土壤。大部分灌木类园艺作物也适应质地较粗的土壤。对于一些深根系植物,则质地对其生长的影响不是很大。

(2) 增施有机肥,改良土性　由于有机质对土粒的黏结力比沙粒大,而弱于黏粒,施用有机肥后,可以促进沙粒的团聚,而降低黏粒的黏结力,从而使原先松散的无结构的沙质土壤黏结成团聚体,或者使结构紧实和较大的黏质土壤碎裂成大小和松紧度适中的土壤结构,达到改善土壤结构的目的。

(3) 掺沙掺黏,客土调剂　若沙地附近有黏土、胶泥土、河泥等,可采用搬黏掺沙的办法;若黏土附近有沙土、河沙等,可采取搬沙压淤的办法,逐年客土改良,使之达到三泥七沙或四泥六沙的壤土质地范围。

表 2-9 主要植物对质地的适应性

作物种类	土壤质地	作物种类	土壤质地
水稻	黏土、黏壤土	大豆	黏壤土
大麦	黏壤土、壤土	豌豆、蚕豆	黏土、黏壤土
小麦	壤土、黏壤土	油菜	黏壤土
粟	沙壤土	花生	沙壤土
玉米	黏壤土	甘蔗	黏壤土、壤土
黄麻	沙壤土~黏壤土	西瓜	沙壤土
棉花	沙壤土、壤土	柑橘	沙壤土~黏壤土
烟草	沙土壤	梨	壤土、黏壤土
甘薯、茄子	沙壤土、壤土	枇杷	黏壤土、黏土
马铃薯	沙壤土、壤土	葡萄	沙壤土、砾质壤土
萝卜	沙壤土	苹果	壤土、黏壤土
莴苣	轻壤土~黏壤土	桃	沙壤土~黏壤土
甘蓝	沙壤土~黏壤土	茶	砾质黏壤土、壤土
白菜	黏壤土、壤土	桑	壤土、黏壤土

(4) 引洪漫淤,引洪漫沙　对于沿江沿河的沙质土壤,采用引洪漫淤方法,在丰水期有目的地将富含黏粒的河水或江水有控制地引入农田,使黏粒沉积于沙质土壤中,可以达到改良沙质土壤质地的目的。对于黏质土壤,采用引洪漫沙方法,方法是漫沙将畦口开低,每次不超过 10 cm,逐年进行,可使大面积黏质土壤得到改良。

(5) 翻淤压沙,翻沙压淤　在具有"上沙下黏"或"上黏下沙"质地层次的土壤中,可以通过耕翻法,将上下层的沙粒与黏粒充分混合,可以起到改善土壤质地的作用。

(6) 种树种草,培肥改土　在过沙过黏不良质地土壤上,种植豆科绿肥作物,增加土壤有机质含量和氮素含量,促进团粒结构形成,从而改良质地。

(7) 因土制宜,加强管理　如对于大面积过沙土壤,首先营造防护林,种树种草,防风固沙;其次选择宜种作物;三是加强管理。如采取平畦宽垄,播种宜深,播后镇压,早施肥、勤施肥,勤浇水,水肥宜少量多次等措施。对于大面积过黏土壤,根据水源条件种植水稻或水旱轮作等。

技能训练

1. 土壤质地测定(简易比重计法)

(1) 基本原理　土样经物理化学方法分散为单粒后,将其制成一定的容积的悬浊液,使分散的土粒在悬浊液中自由沉降。悬浊液中粒径愈大的颗粒、温度越高时,自由沉降的速率越快。根据司笃克斯定律计算在一定温度下,某一粒级土粒下沉所需时间。经过沉降时间后,可用特制的甲种比重计测得土壤悬液中所含小于某一粒级土粒的数量,经换算后可得出该粒级土粒在土壤中的质量分数,然后查表确定质地名称。

(2) 材料和用具　准备以下材料和用具:量筒(1 000 mL、100 mL)、特制搅拌棒、甲种比重计(鲍氏比重计)、温度计(100℃)、带橡皮头玻璃棒、烧杯(50 mL)、天平(感量0.01 g)、角匙、称样纸、500 mL 三角瓶、电热板、滴管、表面皿等。沙土、壤土、黏土等已知质地名称土壤样本和待测土壤样本。并提前进行下列试剂配制:

① 0.5 mol/L 氢氧化钠溶液。称取 20 g 化学纯氢氧化钠,加蒸馏水溶解后,定容至 1 000 mL,摇匀。

② 0.25 mol/L 草酸钠溶液。称取 33.5 g 化学纯草酸钠,加蒸馏水溶解后,定容到 1 000 mL,摇匀。

③ 0.5 mol/L 六偏磷酸钠溶液。称取化学纯六偏磷酸钠 51 g,加蒸馏水溶解后,定容到 1 000 mL,摇匀。

④ 2% 碳酸钠溶液。称取 20 g 化学纯碳酸钠溶于 1 000 mL 的蒸馏水中。

⑤ 异戊醇。$(CH_3)_2CHCH_2CH_2OH$,化学纯。

⑥ 软水的制备。将 200 mL 2% 碳酸钠溶液加入到 15 000 mL 自来水中,静置过夜,上清液即为软水。

(3) 训练规程

土壤质地
测定

① 称样。称取通过 1 mm 筛孔的风干土样 50 g(精确到 0.01 g),置于 500 mL 三角瓶,供分散处理用。

② 土样分散处理。土样通常是有几个土粒团聚在一起以复粒的形式存在,所以质地分析的第一步是对土样进行分散处理。处理方法一般是物理与化学相结合的方法。

化学分散步骤:即在土样中加入一定量的化学试剂作为分散剂。根据土壤酸碱度不同,选择加入相应的分散剂,石灰性土壤用 0.5 mol/L 六偏磷酸钠 60 mL;中性土壤用 0.25 mol/L 草酸钠 20 mL,酸性土壤用 0.5 mol/L NaOH 40 mL。加入分散剂后,用带橡皮头的玻璃棒充分搅拌至少 5 min,再静止 0.5 h 以上。本书中以加草酸钠的中性土壤为例。

物理分散步骤:在上述化学分散结束的土样中加入 100~150 mL 软水,用玻璃棒搅匀。将三角瓶放在铺上沙子的电热板上加热,在加热过程中不断小心搅拌。保持沸腾 0.5 h 以上,然后取下冷却待用。

③ 悬浊液制备。将冷却后的土壤悬浊液用软水无损地洗入 1 000 mL 量筒中至刻度,该量筒作为沉降筒之用。用温度计测量沉降筒内悬浊液温度,并记录。

④ 自由沉降。用搅拌棒在沉降筒内沿上下方向充分搅拌土壤悬浊液 2 min 以上。搅拌结束后计时,让土粒在沉降筒内自由沉降。

⑤ 相对密度测量。根据表 2-10 和悬浊液温度查到待测土粒所需的沉降时间,提前半分钟小心将甲种比重计放入沉降筒内,如沉降筒内泡沫较多,可加入几滴异戊醇消泡。沉降时间到则读数,并记下读数。然后小心取出比重计,让土粒继续自由沉降,供下一级别粒级测定用。

表 2-10　小于某粒径土粒的沉降时间

温度/℃	<0.05 mm			<0.01 mm			<0.005 mm			<0.001 mm		
	时	分	秒	时	分	秒	时	分	秒	时	分	秒
7		1	23		38		2	45		48		
8		1	20		37		2	40		48		
9		1	18		36		2	30		48		
10		1	18		35		2	25		48		
11		1	15		34		2	25		48		
12		1	12		33		2	20		48		
13		1	10		32		2	15		48		
14		1	10		31		2	15		48		
15		1	8		30		2	15		48		
16		1	6		29		2	5		48		
17		1	5		28		2	0		48		
18		1	2		27	30	1	55		48		
19		1	0		27		1	55		48		
20			58		26		1	50		48		
21			56		26		1	50		48		
22			55		25		1	50		48		
23			54		24	30	1	45		48		
24			54		24		1	45		48		
25			53		23	30	1	40		48		
26			51		23		1	35		48		
27			50		22		1	30		48		
28			48		21	30	1	30		48		
29			46		21		1	30		48		
30			45		20		1	28		48		
31			45		19	30	1	25		48		
32			45		19		1	25		48		
33			44		19		1	20		48		
34			44		18	30	1	20		48		
35			42		18		1	20		48		

（4）结果记录　将训练过程中有关数据记录于表 2-11 中。

表 2-11 简易比重计法质地测定数据记录表

土样号	分散剂种类	温度	<0.01 mm读数	<0.005 mm读数	<0.001 mm读数	质地名称	质地分级标准

(5) 结果计算

① 将风干土样重换算成烘干土样重：

$$烘干土重 = \frac{风干土重}{吸湿水质量分数 + 1}$$

② 对比重计读数进行校正：

校正值 = 分散剂校正值 + 温度校正值

校正后读数 = 比重计读数 − 校正值

上式中：

分散剂校正值 = 分散剂毫升数 × 分散剂浓度 × 分散剂相对分子质量

温度校正值可从表 2-12 查到。

表 2-12 甲种比重计温度校正值

温度 /℃	校正值	温度 /℃	校正值	温度 /℃	校正值
6.0~8.5	−2.2	18.5	−0.4	26.5	+2.2
9.0~9.5	−2.1	19.0	−0.3	27.0	+2.5
10.0~10.5	−2.0	19.5	−0.1	27.5	+2.6
11.0	−1.9	20.0	0	28.0	+2.9
11.5~12.0	−1.8	20.5	+0.15	28.5	+3.1
12.5	−1.7	21.0	+0.3	29.0	+3.3
13.0	−1.6	21.5	+0.45	29.5	+3.5
13.5	−1.5	22.0	+0.6	30.0	+3.7
14.0~14.5	−1.4	22.5	+0.8	30.5	+3.8
15.0	−1.2	23.0	+0.9	31.0	+4.0
15.5	−1.1	23.5	+1.1	31.5	+4.2
16.0	−1.0	24.0	+1.3	32.0	+4.6
16.5	−0.9	24.5	+1.5	32.5	+4.9
17.0	−0.8	25.0	+1.7	33.0	+5.2
17.5	−0.7	25.5	+1.9	33.5	+5.5
18.0	−0.5	26.0	+2.1	34.0	+5.8

③ 小于某粒径土粒含量

$$小于某粒径土粒含量 = \frac{校正后读数}{烘干土样重} \times 100\%$$

④ 某两粒径范围内土粒含量:将相邻两粒径土粒含量相减即可。

⑤ 查相应的土壤质地分级表,得到质地名称。

平行测定结果允许绝对相差:黏粒级≤3%;粉(沙)粒级≤4%。

2. 土壤质地测定(手测法)

手测法分成干测法和湿测法两种,无论是何种方法,均为经验方法。

(1) 干测法　取玉米粒大小的干土块,放在拇指与食指间使之破碎,并在手指间摩擦,根据指压时间大小和摩擦时感觉来判断(表2-13)。

表2-13　土壤质地手测法判断标准(干测法)

质地名称	干燥状态下在手指间挤压或摩擦的感觉	在湿润条件下揉搓塑型时的表现
沙土	几乎由沙粒组成,感觉粗糙,研磨时沙沙作响	不能成球形,用手捏成团,但一解即散,不能成片
沙壤土	沙粒为主,混有少量黏粒,很粗糙,研磨时有响声,干土块用小力即可捏碎	勉强可成厚而极短的片状,能搓成表面不光滑的小球,不能搓成条
轻壤土	干土块稍用力挤压即碎,手捻有粗糙感	片长不超过1 cm,片面较平整,可成直径约3 mm的土条,但提起后易断裂
中壤土	干土块用较大力才能挤碎,为粗细不一的粉末,沙粒和黏粒的含量大致相同,稍感粗糙	可成较长的薄片,片面平整,但无反光,可以搓成直径约3 mm的小土条,弯成2~3 cm的圆形时会断裂
重壤土	干土块用大力才能破碎成为粗细不一的粉末,黏粒的含量较多,略有粗糙感	可成较长的薄片,片面光滑,有弱反光,可以搓成直径约2 mm的小土条,能弯成2~3 cm的圆形,压扁时有裂缝
黏土	干土块很硬,用力不能压碎,细而均一,有滑腻感	可成较长的薄片,片面光滑,有强反光,可以搓成直径约2 mm的细条,能弯成2~3 cm的圆形,且压扁时无裂缝

(2) 湿测法　取一小块土,除去石砾和根系,放在手中捏碎,加入少许水,以土粒充分浸润为度(水分过多过少均不适宜),根据能否搓成球、条及弯曲时断裂等情况加以判断(表2-14)。

表2-14　土壤质地野外手感鉴定分级标准(湿测法)

质地名称		手捏	手刮	手挤
卡庆斯基制	国际制			
沙土	沙土	不管含水量为多少,都不能搓成球	不能成薄片,刮面全部为粗沙粒	不能挤成扁条
壤沙土	沙壤土	能搓成不稳定的土球,但搓不成条	不能成薄片,刮面留下很多细沙粒	不能挤成扁条

质地名称		手捏	手刮	手挤
卡庆斯基制	国际制			
轻壤	壤土	能搓成直径 3~5 mm 粗的小土条,拿起时摇动即断	较难成薄片,刮面粗糙似鱼鳞状	能勉强挤成扁条,但边缘缺裂大,易断
中壤	黏壤土	小土条弯曲成圆环时有裂痕	能成薄片,刮面稍粗糙,边缘有少量裂痕	能挤成扁条,摇动易断
重壤	壤黏土	小土条弯曲成圆环时无裂痕,压扁时产生裂痕	能成薄片,刮面较细腻,边缘有少量裂痕,刮面有弱反光	能挤成扁条,摇动不易断
黏土	黏土	小土条弯曲成圆环时无裂痕,压扁时也无裂痕	能成薄片,刮面细腻平滑,无裂痕,发光亮	能挤成卷曲扁条,摇动不易断

任务巩固

1. 简述不同土壤质地的肥力特性与生产性状。
2. 当地怎样因地制宜地改良不良质地?

任务 2.3 土壤孔隙及调节

任务目标

- 知识目标:了解土壤容重的概念与用途;熟悉土壤孔隙度对植物生长发育的影响。
- 能力目标:能熟练准确测定当地土壤容重,并能计算土壤孔隙度,判断土壤孔隙状况,为土壤管理提供依据。

知识学习

土壤中土粒或团聚体之间以及团聚体内部的空隙称为土壤孔隙。土壤孔隙性,也称为土壤孔性,是指土壤孔隙的数量、大小、比例和性质的总称。通常是用间接的方法,测定土壤密度、容重后计算出来的。

1. 土壤密度和容重

(1)土壤密度 土壤密度是指单位体积土粒(不包括粒间孔隙)的烘干土重量,单位是 g/cm^3 或 t/m^3。其大小与土壤矿物质组成、有机质含量有关,因此,土壤的固相组成不同,其密度值不同(表 2–15)。

表 2–15 中多数矿物的密度在 2.6~2.7 g/cm^3,有机质的密度为 1.4~1.8 g/cm^3。土壤有机质含量并不多,所以在一般情况下,土壤密度常以 2.65 g/cm^3 表示。如果有特殊要求则可以单独测定。

表2-15 土壤中常见矿物和腐殖质的密度

成分	密度/(g·cm⁻³)	成分	密度/(g·cm⁻³)
蒙脱石	2.53~2.74	黑云母	2.80~3.20
正长石	2.54~2.58	白云石	2.80~2.90
高岭石	2.60~2.65	角闪石、辉石	2.90~3.60
石英	2.60~2.70	褐铁矿	3.60~4.00
斜长石	2.67~2.76	赤铁矿	4.90~5.30
方解石	2.71~2.90	伊利石	2.60~2.90
白云母	2.76~3.10	腐殖质	1.40~1.80

（2）土壤容重 土壤容重是指在田间自然状态下，单位体积土壤（包括粒间孔隙）的烘干土重量，单位也是 g/cm³ 或 t/m³。其大小随土壤三相组成的变化而变化，多数土壤容重在 1.0~1.8 g/cm³，沙质土多在 1.4~1.7 g/cm³，黏质土一般在 1.1~1.6 g/cm³，壤质土介于二者之间。土壤密度与土壤容重的区别如图 2-4。

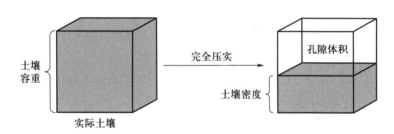

图 2-4 土壤密度与土壤容重的关系

土壤容重是一个十分重要的基本数据，主要应用在：

① 计算土壤质量。利用土壤容重可以计算单位面积土壤的质量。如，土壤容重为 1.20 g/cm³，求 1 hm²（1 hm²=10 000 m²）耕层土壤（深度为 20 cm）的质量为多少？

$$m=1.20 \times 10\ 000 \times 0.2\ t=2\ 400\ t$$

另外，根据以上计算，可知一定面积土壤上填土或挖土的实际土方量，可作为土石方工程设计及预算的依据。

② 计算土壤组分储量。根据 1 hm² 耕层土壤质量可计算单位面积土壤中水分、有机质、养分、盐分等重量。例如，上例中测得土壤有机质质量分数为 15 g/kg，则求 1 hm² 耕层土壤（深度为 20 cm）的有机质的储量为：

$$m_o=2\ 400 \times 15 \div 1\ 000\ t =36\ t$$

③ 计算灌水（或排水）定额。如测得土壤实际含水量为 10%，要求灌水后达到 20%，则 1 hm² 耕层土壤（深度为 20 cm）的灌水量为：

$$m_w=2\ 400 \times（20\%-10\%）t =240\ t$$

④ 判断土壤的松紧程度。对于大多数土壤来讲，含有机质多而结构好的耕作层土壤宜在 1.1~1.3 g/cm³，在此范围内，有利于幼苗的出土和根系的生长（表 2-16）。另外水田土壤的

容重（称为浸水容重）宜在 0.5~0.6 g/cm³，如果大于 0.6 g/cm³，水田会出现淀浆板结；如小于 0.5 g/cm³，则易起浆，水层混浊。

表 2-16　旱地土壤容重、孔隙度和松紧状况的关系

土壤容重 /(g·cm⁻³)	<1.00	1.00~1.14	1.14~1.26	1.26~1.30	>1.30
孔隙度 /%	>60	60~55	55~52	52~50	<50
松紧状况	极松	疏松	适度	稍紧	紧密

对于质地相同的土壤来说，容重过小则表明土壤处于疏松状态，容重值过大则表明土壤处于紧实状态；对于植物生长发育来说，土壤过松过紧都不适宜，过松则通气透水性强，易漏风跑墒，过紧则通气透水性差，妨碍根系延伸。

2. 土壤孔隙度

土壤孔隙数量常以孔隙度来表示。土壤孔隙度是指在自然状况下，单位体积土壤中孔隙体积占土壤总体积的百分数。在实际工作中，可根据土壤密度和容重计算得出。

$$土壤孔隙度（体积分数）=\left(1-\frac{土壤容重}{土壤密度}\right)\times100\%$$

根据土壤孔隙的通透性和持水能力，将其分为三种类型，如表 2-17 所示。

表 2-17　土壤孔隙类型及性质

孔隙类型	通气孔隙	毛管孔隙	无效孔隙（非活性孔隙）
当量孔径	>0.02 mm	0.02~0.002 mm	<0.002 mm
土壤水吸力	<15 kPa	15~150 kPa	>150 kPa
主要作用	起通气透水作用，常被空气占据	水分受毛管力影响，能够移动，可被植物吸收利用，起到保水蓄水作用	水分移动困难，不能被植物吸收利用，空气及根系不能进入

土壤孔隙度的体积分数变幅一般在 30%~60%，适宜植物生长发育的土壤孔隙度指标是：耕层的总孔隙度体积分数为 50%~56%，通气孔隙度体积分数在 10% 以上，如能达到 15%~20% 更好。土体内孔隙垂直分布为"上虚下实"，耕层上部（0~15 cm）的总孔隙度体积分数为 55% 左右，通气孔隙度体积分数为 10%~15% 左右；下部（15~30 cm）的总孔隙度体积分数为 50% 左右，通气孔隙度体积分数为 10% 左右。"上虚"有利于通气透水和种子发芽、破土；"下实"则有利于保水和扎稳根系。

3. 土壤孔隙度调节

土壤孔隙度的适当调节，有利于创造松紧适宜的土壤环境，对于种子出苗、扎根都有非常重要的作用。

（1）防止土壤压实　土壤压实是指在播种、田间管理和收获等作业过程中，因农机具的碾压和人畜践踏而造成的土壤由松变紧的现象。因此，首先应在宜耕的水分条件下进行田间作业；其次应尽量实行农机具联合作业，降低作业成本；第三是尽量采用免耕或少耕，减少农机具压实。

（2）合理轮作和增施有机肥　实行粮肥轮作、水旱轮作，增施有机肥料，可以改善土壤孔隙状况，提高土壤通气透水性能。

（3）合理耕作　深耕结合施用有机肥料，再配合耙耱、中耕、镇压等措施，可使过紧或过松土壤达到适宜的松紧范围。

（4）工程措施　采用工程措施改造或改良铁盘、砂姜、漏沙、黏土等障碍土层，创造一个深厚疏松的根系发育土层，对果树、园林树木等深根植物尤其重要。

技能训练

土壤容重与孔隙度测定（环刀法）

（1）基本原理　采用重量法原理。先称出已知容积的环刀重，然后带环刀到田间取原状土，立即称重并测定其自然含水量，通过前后差值换算出环刀内的烘干土重，求得容重值，再利用公式计算出土壤孔隙度。

（2）材料和用具　环刀（容积 100 cm^3）、天平（感量 0.01 g 和 0.1 g）、恒温干燥箱、削土刀、小铁铲、铝盒、酒精、草纸、剪刀、滤纸等。

土壤容重测定及孔隙度测定

（3）训练规程

① 称重。检查环刀与上下盖和环刀托是否配套（环刀构造及采样见图 2-5），用草纸擦净环刀的油污，记下环刀编号，并称重（准确至 0.1 g）。同时，将事先洗净、烘干的铝盒称重、编号，带上环刀、铝盒、削土刀、小铁铲到田间取样。

② 田间取样。在田间选择有代表性的地点，先用铁铲铲平，将环刀托套在环刀无刃口一端，把环刀垂直压入土中，至整个环刀全部充满土壤为止（注意保持土样的自然状态）。用铁铲将环刀周围的土壤挖去，在环刀下方切断，取出环刀，使环刀两端均留有多余的土壤。擦去环刀周围的土，并用小刀细心地沿环刀边缘分别将两端多余的土壤削去，使土样与环刀容积相同，立即盖上环刀盖，以免水分蒸发影响测定结果，立即带回室内称重。

③ 测定水分含量。在田间进行环刀取样的同时，在同层采样处取 20 g 左右的土样放入已知质量的铝盒中，用酒精燃烧法测定土壤含水量（或直接从称重后的环刀内取土 20 g 测定土壤含水量，图 2-5）。

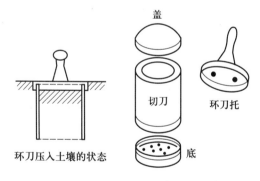

环刀压入土壤的状态

图 2-5　环刀示意图

（4）结果记录　将训练过程中有关试验数据记录于表 2-18 中。

表 2-18　土壤容重测定记录表

土样编号	环刀重 G/g	（环刀+湿土）重 M/g	铝盒重 W_1/g	（铝盒+湿土）重 W_2/g	（铝盒+干土）重 W_3/g	含水量 /%	容重/ $(g \cdot cm^{-3})$	孔隙度 /%

(5) 结果计算

$$土壤含水量(W)=\frac{W_2-W_3}{W_3-W_1}\times100\%$$

$$土壤容重(d)=\frac{(M-G)\times100}{V\times(100+W)}$$

式中：M 为环刀及湿土重(g)；G 为环刀重(g)；V 为环刀容积(cm^3)；W 为土壤含水量(%)。

此法测定应不少于三次重复，允许绝对误差 $<0.03g/cm^3$，取算术平均值。

$$土壤总孔隙度(P_1)=\left(1-\frac{容重}{密度}\right)\times100\%$$

$$土壤毛管孔隙度(P_2)=土壤田间持水量(水重)\times\ 土壤容重$$

$$土壤非管孔隙度(P_3)=(P_1-P_2)\times100\%$$

任务巩固

1. 土壤容重有哪些应用？
2. 植物生长适宜的土壤孔隙度指标是什么？
3. 生产上怎样调控土壤孔隙度？

任务 2.4 土壤结构及改良

任务目标

■ 知识目标：了解土壤结构有关概念，熟悉常见土壤结构体及对土壤肥力的影响。

■ 能力目标：根据当地土壤情况，能正确判断各类土壤结构体，并提出改良不良结构体的建议。

知识学习

土壤结构包含土壤结构体和土壤结构性。土壤结构体是指土壤颗粒(单粒)团聚形成的具有不同形状和大小的土团和土块。土壤结构性是指土壤结构体的类型、数量、稳定性以及土壤的孔隙状况。

1. 土壤结构体

按照土壤结构体的大小、形状和发育程度可分为团粒结构、粒状结构、块状结构、核状结构、柱状结构、棱柱状结构、片状结构等，各种结构体的特点如图 2-6 和表 2-19。

2. 土壤结构与土壤肥力

(1) 团粒结构与土壤肥力　团粒结构是良好的土壤结构体，具体表现在：土壤孔隙度大小适中，持水孔隙与通气孔隙并存，并有适当的数量和比例，使土壤中的固相、液相和气相相互处于协调状态。因此，团粒结构多是土壤肥沃的标志之一。

(2) 块状结构与土壤肥力　块状结构体间孔隙过大，不利于蓄水保水，易透风跑墒，出苗

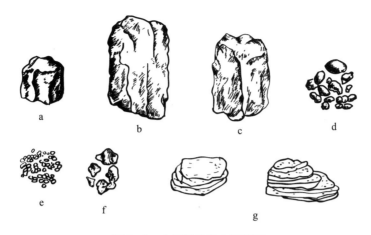

图 2-6　土壤结构的主要类型

a. 块状结构　b. 柱状结构　c. 棱柱状结构　d. 团粒结构
e. 微团粒结构　f. 核状结构　g. 片状结构

表 2-19　各种土壤结构体的特点

名称	俗称	产生条件	特点
团粒结构	蚂蚁蛋、米糁子	有机质含量较高、质地适中的土壤	近似球形且直径大小在 0.25~10 mm 的土壤结构体;是农业生产中最理想的结构体
粒状结构		有机质含量不高、质地偏沙的耕作层土壤	土粒团聚成棱角比较明显,水稳性与机械稳定性较差,大小与团粒结构相似的土团
块状结构	坷垃	有机质含量较低或黏重的土壤	结构体呈不规则的块体,长、宽、高大致相近,边面不明显,结构体内部较紧实
核状结构	蒜瓣土	黏土和缺乏有机质的心土层和底土层	外形与块状结构体相似,体积较小,但棱角、边、面比较明显,内部紧实坚硬,泡水不散
柱状结构	立土	水田土壤、典型碱土、黄土母质的下层	结构体呈立柱状,纵轴大于横轴,比较紧实,孔隙少
棱柱状结构		质地黏重而水分又经常变化的下层土壤	外形与柱状结构体很相似,但棱角、边、面比较明显,结构体表面覆盖有胶膜物质
片状结构	卧土	表层遇雨或灌溉后出现的结皮、犁底层	结构体形状偏平、成层排列,呈片状或板状

难;出苗后易出现"吊根"现象,影响水肥吸收;耕层下部的暗坷垃因其内部紧实,还会影响扎根,而使根系发育不良。

(3) 核状结构与土壤肥力　核状结构具有较强的水稳性和力稳性,但因其内部紧实,小孔隙多,大小孔隙不协调,土性不好。

(4) 片状结构与土壤肥力　片状结构多在土壤表层形成板结,不仅影响耕作与播种质量,而且影响土壤与大气的气体交换,阻碍水分运动。犁底层的片状结构不利于植物根系下扎,限制养分吸收。

(5) 柱状、棱柱状结构与土壤肥力　柱状、棱柱状结构内部甚为坚硬,孔隙小而多,通气不良,根系难以深入;干旱时结构体收缩,之间形成较大的垂直裂缝,成为水肥下渗通道,造成跑水跑肥。

3. 土壤结构改良

改良不良结构,促进土壤团粒结构形成的措施主要有:

(1) 增施有机肥料　有机质是良好的土壤胶结剂,是团粒结构形成不可缺少的物质。我国土壤由于有机质含量低,缺少水稳性团粒结构,因此,需增施优质有机肥来增加土壤有机质,促进土壤团粒结构的形成。

(2) 调节土壤酸碱度　土壤中丰富的钙是创造土壤良好结构的必要条件。因此,对酸性土壤施用石灰,碱性土壤施用石膏,在调节土壤酸碱度的同时,增加了钙离子,促进良好结构的形成。

(3) 合理耕作　合理的精耕细作(适时深耕、耙耱、镇压、中耕等)有利于破除土壤板结,破碎块状与核状结构,疏松土壤,加厚耕作层,增加非水稳性团粒结构体。

(4) 合理轮作　合理轮作包括两方面的含义:一是用地植物和养地植物轮作,如粮食作物与绿肥或牧草作物轮作;二是在同一地块不能长期连作,通常每隔3~4年就要更换一次植物品种或植物类型。否则容易造成土壤养分不平衡,降低土壤肥力,植物容易感染病害。

(5) 合理灌溉、晒垡、冻垡　灌溉中应注意以下几点:一是避免大水漫灌;二是灌后要及时疏松表土,防止板结,恢复土壤结构;三是有条件地区采用沟灌、喷灌或地下灌溉为好。另外,在休闲季节采用晒垡或冻垡,利用干湿交替、冻融交替使黏重土壤变得酥脆,促进良好结构的形成。

(6) 施用土壤结构改良剂　土壤结构改良剂基本有两种类型:一是从植物遗体、泥炭、褐煤或腐殖质中提取的腐殖酸,制成天然土壤结构改良剂,施入土壤中成为团聚土粒的胶结剂。其缺点是成本高、用量大,难以在生产中广泛应用。二是人工合成结构改良剂,常用的为水解聚丙烯腈钠盐和乙酸乙烯酯等,具有较强的黏结力,能使分散的土粒形成稳定的团粒,形成的团粒具有较高的水稳性、力稳性和微生物降解性,同时能创造适宜的团粒孔隙。用量一般只占耕层土重0.01%~0.1%,使用时要求土壤含水量在田间持水量的70%~90%时效果最好,喷施或干粉撒施,然后耙耱均匀即可,创造的团粒结构能保持2~3年。

技能训练

土壤结构体观察

(1) 基本原理　根据土壤结构类型手测法判别标准,从形状、直径或厚度等方面进行综合判别。

(2) 材料用具　铁锹、镊子、纸盒、放大镜等。

(3) 训练规程　可通过已有土壤结构体样本,或在野外观察土壤结构时,必须挖出一大块土体,用手顺其结构之间的裂隙轻轻掰开,或轻轻摔于地上,使结构体自然散开,然后观察结构体的形状、大小,与表2-20对照,确定结构体类型。再用放大镜观察结构体表面有无黏粒或铁锰淀积形成的胶膜,并观察结构体的聚集形态和孔隙状况。观察完后用手指轻压结构体,看其散开后的内部形状或压碎的难易,也可将结构体浸泡于水中,观察其散碎的难易和散碎的时间,以了解结构体的水稳性。

表 2-20　常见土壤结构类型手测法判别标准

结构类型			结构形状	直径(厚度)/cm	结构名称
团聚体类型	立方体状	裂面和棱角不明显	形状不规则,表面不平整	>100	大块状
				50~100	块状
				5~50	碎块状
		裂面和棱角明显	形状较规则,表面较平整,棱角尖锐	>5	核状
			近圆形,表面粗糙或平滑	<5	粒状
		形状近浑圆,表面平滑,大小均匀		1~10	团粒状
	柱状	裂面和棱角不明显	表面不平滑,棱角浑圆,形状不规则	30~50	拟柱状
				>50	大拟柱状
		裂面和棱角明显	形状规则,侧面光滑,顶底面平行	30~50	柱状
				>50	大柱状
			形状规则,表面平滑,棱角尖锐	30~50	棱柱状
				>50	大棱柱状
	板状	呈水平层状		>5	板状
				<5	片状
	微团聚体			<0.25	微团聚体
单粒类型		土粒不胶结,呈分散单粒状			单粒

任务巩固

1. 常见的土壤结构体有哪些?
2. 不同土壤结构体对土壤肥力有哪些影响?
3. 怎样培育良好的土壤结构体?

任务 2.5　土壤耕性及改善

任务目标

- 知识目标:了解土壤物理机械性有关概念,熟悉常见土壤耕性类型。
- 能力目标:根据当地土壤类型和植物种植情况,能正确判断土壤耕性好坏。

知识学习

土壤耕性是指耕作土壤中土壤所表现的各种性质以及在耕作后土壤的生产性能。它是土壤各种理化性质,特别是物理机械性在耕作时的表现;同时也反映土壤的熟化程度。

1. 土壤物理机械性

包括土壤的黏结性、黏着性、可塑性、胀缩性等。土壤黏结性是指土壤颗粒之间由于黏结力作用而相互黏结在一起的性能。土壤的黏着性是指在一定含水量范围内,土壤黏附于外物上的性能。土壤可塑性是指在一定含水量范围内可以被塑造成任意形状,并且在干燥或者外力解除后仍能保持所获得形状的能力。土壤胀缩性是指土壤含水量发生变化而引起的或者在含有水分情况下因温度变化而发生的土壤体积变化。

土壤水分含量影响到土壤物理机械性,从而影响土壤耕性(表2-21)。土壤质地与耕性的关系也很密切,黏重土壤的黏结性、黏着性和可塑性都比较强,干时表现极强黏结性,水分稍多时又表现黏着性和可塑性,因而宜耕范围窄。

表2-21 土壤湿度与耕性的关系

土壤湿度	干燥	湿润	潮湿	泞湿	多水	极多水
土壤状况	坚硬	酥软	可塑	黏韧	浓浆	稀浆
土壤特征	固态,黏结性强,无黏着性和可塑性	酥松,黏结性弱,无黏着性和可塑性,易散碎	有可塑性,黏结性和黏着性极弱	有可塑性和黏着性,黏结性极弱	可塑性消失,但有黏着性,黏结性极弱	易流动,可塑性、黏结性、黏着性消失
耕作阻力	大	小	大	大	大	小
耕作质量	成硬土块不散碎	易散碎,成小土块	不散碎,成大土块	不散碎,成大土块,易黏农具	泥泞状的浓泥浆	成稀泥浆
宜耕性	不宜	宜旱地耕作	不宜	不宜	不宜	宜水田耕作

2. 土壤耕性类型

在生产实践中,常把旱作土壤的耕性称为"口性",一般分为五级:一是口紧。土壤质地多为中壤至重壤,较坚实,黏性强,耕作费劲,干耕起块,湿时成泥条。宜耕期很短,一般只有3~7 d。二是口松。土壤质地为轻壤偏沙,易耕作,耕时不沾农具,耕后松而不结块,宜耕期长20 d左右。三是口合适。土壤质地为轻壤偏中,是耕作上最理想的口性,干湿都好耕,耕后土活而不松散,也不起块,耕作省劲,宜耕期长10~15 d。四是口太紧。土壤质地为黏土,土壤坚实,耕作困难,耕作后成大块,耕作质量极差。宜耕期极短,只有2~3 d。五是口太松。土壤质地为沙壤偏沙至沙土,耕时很省劲,耕后不起块,但过于松散以至不能起垅。宜耕期极长。

3. 土壤耕性判断

农民在长期实践中衡量土壤耕性的好坏标准是:

第一,耕作的难易程度。指耕作时土壤对农机具产生的阻力大小,它影响耕种作业和能源的消耗。农民常将省工省劲易耕的土壤称为"土轻""口松""绵软",而将费工费劲难耕的土壤称为"土重""口紧""僵硬"。

第二,耕作质量的好坏。指耕作后所表现的状况及其对植物的影响。耕性良好的土壤,耕作时阻力小,耕后疏松、细碎、平整,有利于植物的出苗和根系的发育;耕性不良的土壤,耕作费力,耕后起大坷垃,不易破碎,会影响播种质量、种子发芽和根系生长。

第三,宜耕期的长短。宜耕期是指保持适宜耕作的土壤含水量的时间。如沙质土宜耕期长,表现为"干好耕,湿好耕,不干不湿更好耕";黏质土则相反,宜耕期很短,表现为"早上软,晌午硬,到了下午锄不动"。

4. 土壤耕性改善

改善土壤耕性可以从掌握耕作时土壤适宜含水量,改良土壤质地、结构,提高土壤有机质含量等方面着手。

(1) 增施有机肥料　增施有机肥料可提高土壤有机质含量,从而促进有机无机复合胶体与团粒结构的形成,降低黏质土壤的黏结性、黏着性,增强沙质土的黏结性、黏着性,并使土壤疏松多孔,因而改善土壤耕性。

(2) 改良土壤质地　黏土掺沙,可减弱黏重土壤的黏结性、黏着性、可塑性和起浆性;沙土掺黏,可增加土壤的黏结性,并减弱土壤的淀浆板结性。

(3) 创造良好的土壤结构性　良好的土壤结构,如团粒结构,其土壤的黏结性、黏着性、可塑性减弱,松紧适度,通气透水,耕性良好。

(4) 少耕和免耕　少耕是指对耕翻次数或强度比常规耕翻少的土壤耕作方式。免耕是指基本上不对土壤进行耕翻,而直接播种作物的土壤利用方式。二者也称为保护性耕作,是近年来国内外发展较快的一种土壤耕作方式。

技能训练

土壤耕性判断

(1) 基本原理　通过犁试及犁后土垡等情况,判断耕作阻力及耕作质量好坏;根据耕作时土壤适宜水分状况判断土壤宜耕期。

(2) 材料用具　犁、铁锨等。

(3) 训练规程

① 耕作阻力。选取即将耕翻的地块,进行试犁,主要根据土壤质地、土壤墒情进行综合判断,要求易耕作、阻力小,判断耕作难易程度。

② 耕作质量。根据试犁后土垡松散情况、坷垃大小进行综合判断。耕作质量好的土壤,耕后土垡松散容易耙碎、不成坷垃、土壤疏松,孔隙状况良好。

③ 宜耕期判断。通过眼看、犁试、手感等方法,来判断适宜耕作的时间。我国农民在长期的生产实践中总结出许多确定适耕期的简便方法,如北方旱地土壤宜耕状态是:一是眼看,雨后和灌溉后,地表呈"喜鹊斑",即外白里湿,黑白相间,出现"鸡爪裂纹"或"麻丝裂纹",半干半湿状态是土壤的宜耕状态。二是犁试,用犁试耕后,土垡能被抛散而不黏附农具,在出现"犁花"时,即为宜耕状态。三是手感,扒开二指表土,取一把土能握紧成团,且在 1 m 高处松手,落地后散碎成小土块的,表示土壤处于宜耕状态,应及时耕作。

任务巩固

1. 土壤物理机械性有哪些? 土壤水分对土壤耕性有哪些影响?

2. 土壤耕性有哪些表现? 怎样判断土壤耕性好坏?

3. 怎样结合当地情况,改善土壤耕性?

任务 2.6　土壤吸收性能及调节

任务目标

■ 知识目标：了解土壤胶体的组成、类型及特点；熟悉土壤吸收性类型及阳离子交换作用。

■ 能力目标：根据当地土壤类型和植物种植情况，提出土壤吸收性能调节的方案。

知识学习

1. 土壤胶体

土壤胶体是指 1~1 000 nm（长、宽、高三个方向上至少有一个方向在此范围内）的土壤颗粒。土壤胶体分散系统是由胶体微粒（分散相）和微粒间溶液（分散介质）两大部分构成，在构造上从内到外可分为微粒核、决定电位离子层、补偿离子层 3 部分（图 2-7）。

微粒核（胶核）是土壤胶体微粒的核心部分，由黏粒矿物或腐殖质等物质组成。根据微粒核的物质种类可以对土壤胶体分类。在微粒核表面由于分子的解离而产生带有某种电荷的离子，该离子层称为决定电位离子层。由于决定电位离子层的存在，必然要吸附分散介质中与其电荷相反的离子以达到平衡，该相反的离子层称为补偿离子层。

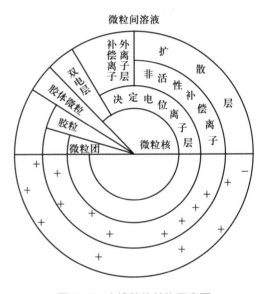

图 2-7　土壤胶体结构示意图

（1）土壤胶体种类　根据微粒核的组成物质不同，可以将土壤胶体分为 3 类：一是无机胶体。微粒核的物质是无机物质，主要包括成分复杂的各种次生铝硅酸盐黏粒矿物和成分简单的氧化物及含水氧化物。二是有机胶体。微粒核的物质是有机质。三是有机–无机复合胶体。微粒核的组成物质是土壤矿物质和有机质的结合体。

（2）土壤胶体特性　土壤胶体是土壤固相中最活跃的部分，对土壤理化性质和肥力状况产生巨大影响，这是因为土壤胶体具有以下 3 个主要特性：

① 有巨大的比表面和表面能。土壤胶体的比表面越大，表面能就越大，对分子和离子产生较大的吸引力，吸附能力就越强。因此，质地越黏重的土壤，其保肥能力越强，反之，越弱。

② 带有一定的电荷。根据电荷产生机制不同，可将土壤胶体产生电荷分为永久电荷和可变电荷。

③ 具有一定的凝聚性和分散性。土壤胶体有两种存在状态，一是胶体微粒分散在介质

中形成胶体溶液,称为溶胶;另外一种是胶体微粒相互团聚在一起而呈絮状沉淀,称为凝胶。胶体的两种存在状态在一定条件下可以进行转化。生产上采取耕翻晒垡、烤田、冻垡等措施,提高土壤溶液中的电解质浓度,促使土壤胶体的凝聚和团粒结构的形成。当土壤胶体处于凝胶状态时,有助于团粒结构的形成;而当土壤胶体处于溶胶状态时不利于良好结构的形成,通气透水性能受到影响。

2. 土壤吸收性能

土壤吸收性能是指土壤能吸收和保持土壤溶液中的分子、离子、悬浮颗粒、气体(CO_2、O_2)以及微生物的能力。土壤吸收性能是土壤的重要性质之一,能保存施入土壤中的肥料,并持续地供应植物需要;同时影响土壤的酸碱度、缓冲能力,以及土壤的结构性、耕性、水热状况。根据土壤对不同形态物质吸收、保持方式的不同,可分为 5 种类型:

(1)机械吸收   机械吸收是指土壤对进入土体的固体颗粒的机械阻留作用。土壤是多孔体系,可将不溶于水中的一些物质阻留在一定的土层中,起到保肥作用。这些物质中所含的养分在一定条件下可以转化为植物吸收利用的养分。

(2)物理吸收   物理吸收是指土壤对分子态物质的吸附保持作用。土壤利用分子引力吸附一些分子态物质,如有机肥中的分子态物质(尿酸、氨基酸、醇类、生物碱)、铵态氮肥中的氨气分子(NH_3)及大气中的二氧化碳(CO_2)等。物理吸收保蓄的养分能被植物吸收利用。

(3)化学吸收   化学吸收是指易溶性盐在土壤中转变为难溶性盐而保存在土壤中的过程,也称之为化学固定。如把过磷酸钙肥料施入石灰性土壤中,有一部分磷酸一钙会与土壤中的钙离子发生反应,生成难溶性的磷酸三钙、磷酸八钙等物质,不能被植物吸收利用。

(4)离子交换吸收   离子交换吸收作用是指土壤溶液中的阳离子或阴离子与土壤胶粒表面扩散层中的阳离子或阴离子进行交换后而保存在土壤中的作用,又称物理化学吸收作用。这种吸收作用是土壤胶体所特有的性质,由于土壤胶粒主要带有负电荷,因此绝大部分土壤发生的是阳离子交换吸收作用。该作用是土壤保肥供肥最重要的方式。

(5)生物吸收   生物吸收是指土壤中的微生物、植物根系以及一些小动物可将土壤中的速效养分吸收保留在体内的过程。生物吸收的养分可以通过其残体重新回到土壤中,且经土壤微生物的作用,转化为植物可吸收利用的养分。因此这部分养分是缓效性的。

3. 土壤阳离子交换作用

阳离子交换作用是指土壤溶液中的阳离子与土壤胶粒表面扩散层中的阳离子相互交换后而保存在土壤中的作用。由于土壤胶粒主要带有负电荷,因此绝大部分土壤发生的是阳离子交换吸收作用。土壤中常见的交换性阳离子有 Fe^{3+}、Al^{3+}、H^+、Ca^{2+}、Mg^{2+}、NH_4^+、K^+、Na^+ 等。阳离子交换作用的特点如下:

(1)可逆反应   也就是吸附过程和解吸过程同时进行,一般能迅速达到动态平衡,但是当溶液的浓度和组成发生改变时,则会打破这种平衡,继续发生吸附和解吸过程,建立新的平衡。例如,土壤溶液又增加了 Fe^{3+},则 Fe^{3+} 会进入土壤胶粒的扩散层中,而土壤胶粒扩散层中的其他离子被代换下来。

（2）等电荷交换　即以相等单价电荷摩尔数进行交换。例如，1 mol K^+ 可以交换 1 mol 的 NH_4^+ 或 Na^+，1 mol 的 Ca^{2+} 可以交换 2 mol 的 NH_4^+ 或 Na^+。

（3）反应迅速　离子交换的速度迅速，在土壤水分能使补偿离子充分水化的情况下，一般需要几秒钟即可完成；若水分短缺到不能使补偿离子充分水化的程度则交换较慢。

（4）受质量作用定律支配　价数较低交换力弱的离子，若提高其在土壤溶液中的离子浓度，也可交换出价数高、交换力强的离子。

各种阳离子交换能力的大小顺序为：$Fe^{3+} > Al^{3+} > H^+ > Ca^{2+} > Mg^{2+} > NH_4^+ > K^+ > Na^+$，这个顺序与阳离子对胶体的凝聚力顺序是一致的。

阳离子交换量是指在中性条件下，每千克烘干土所吸附的全部交换性阳离子的厘摩尔数，单位为 cmol（+）/kg。阳离子交换量的大小反映了土壤保肥能力的大小，阳离子交换量越大，则土壤的保肥性越强；反之，相反。一般认为，阳离子交换量大于 20 cmol（+）/kg，土壤保肥能力强；10~20 cmol（+）/kg，保肥能力中等；小于 10 cmol（+）/kg，保肥能力弱。

技能训练

土壤吸收性调节

结合当地情况，选择以下措施进行调节。

（1）改良土壤质地　通过增施有机肥料、黏土掺沙或沙土掺黏，来改良土壤质地，增加土壤的吸收性能。

（2）增施有机肥料　增施有机肥、秸秆还田、种植绿肥等，提高土壤有机质含量，改善土壤保肥性能和供肥性能。

（3）合理施用化肥　在施用有机肥料基础上，合理施用化肥，可以起到"以无机（化肥）促有机（增加有机胶体）"作用，改善土壤供肥性能。

（4）合理耕作　适当地翻耕和中耕可改善土壤通气性和蓄水能力，促进微生物活动，加速有机质及养分转化，增加有效养分。

（5）合理灌排　施肥结合灌水，可充分发挥肥效；及时排除多余水分，以透气增温，促进养分转化。

（6）调节交换性阳离子组成　酸性土壤通过施用石灰或草木灰，碱性土壤施用石膏，均可增加钙离子浓度，增加离子交换性能。

任务巩固

1. 简述土壤胶体的类型和特性。

2. 土壤吸收有哪些类型？

3. 阳离子交换作用有什么特征？

4. 怎样结合当地情况调节土壤的吸收性？

任务2.7 土壤酸碱性及调节

任务目标

- 知识目标：了解土壤酸碱性与缓冲性；熟悉土壤酸碱性对土壤肥力与植物生长的影响。
- 能力目标：能用电位法测定、混合指示剂法快速判断当地土壤pH，为合理利用土壤提供依据。

知识学习

1. 土壤酸碱性

土壤酸性或碱性通常用土壤溶液的pH来表示。土壤的pH表示土壤溶液中H^+浓度的负对数值，$pH=-lg[H^+]$。我国一般土壤的pH变动范围在4~9，多数土壤的pH在4.5~8.5范围内，极少有低于4或高于10的。"南酸北碱"就概括了我国土壤酸碱反应的地区性差异。

（1）土壤酸性指标　土壤中H^+的存在有两种形式：一是存在于土壤溶液中，二是吸收在胶粒表面。因此，土壤酸度可分为两种基本类型：

① 活性酸度。活性酸是由土壤溶液中氢离子浓度直接反映出来的酸度，又称有效酸度，通常用pH表示。表2-22土壤的酸碱度分级是活性酸度。

表2-22　土壤的酸碱度分级

土壤pH	<4.5	4.5~5.4	5.5~6.4	6.5~7.4	7.5~8.4	8.5~9.5	>9.5
酸碱度级别	极强酸性	强酸性	酸性	中性	碱性	强碱性	极强碱性

② 潜性酸度。潜性酸度是指致酸离子（H^+、Al^{3+}）被交换到土壤溶液后引起的土壤酸度，通常用每千克烘干土中氢、铝离子的厘摩尔数表示，单位为cmol(+)/kg。根据测定潜性酸度时所用浸提液的不同，将潜性酸度又分为交换性酸度和水解性酸度。用过量的中性盐溶液浸提土壤而使胶粒表面吸附的H^+、Al^{3+}进入土壤溶液后所表现的酸度称为交换性酸度；而用弱酸强碱的盐类溶液浸提土壤而使胶粒吸附的H^+、Al^{3+}进入土壤溶液所产生的酸度称为水解性酸度。二者常被用作改良酸性土壤时计算石灰施用量的参考依据。

（2）土壤碱性指标　土壤碱性除用pH表示外，还可用总碱度和碱化度两个指标表示。我国北方多数土壤pH为7.5~8.5，而含有碳酸钠、碳酸氢钠的土壤，pH常在8.5以上。

总碱度是指土壤溶液中碳酸根和重碳酸根离子的总浓度，常用中和滴定法测定，单位为cmol/L。通常把土壤中交换性钠离子的数量占交换性阳离子数量的百分比，称为土壤碱化度。一般碱化度为5%~10%时为轻度碱化土壤；10%~15%时为中度碱化土壤；15%~20%时为强度碱化土壤；>20%时为碱土。

（3）土壤酸碱性与植物生长　不同植物对土壤酸碱性都有一定的适应范围（表2-23），如茶树适合在酸性土壤上生长，棉花、苜蓿则耐碱性较强，但一般植物在弱酸、弱碱和中性土壤上（pH为6.0~8.0）都能正常生长。

表 2-23　主要栽培植物所适宜的 pH 范围

pH 适宜范围	栽 培 植 物
7.0~8.0	苜蓿、田菁、大豆、甜菜、芦笋、莴苣、花椰菜、大麦
6.5~7.5	棉花、小麦、大麦、大豆、苹果、玉米、蚕豆、豌豆、甘蓝
6.0~7.0	蚕豆、豌豆、甜菜、甘蔗、桑树、桃树、玉米、苹果、苕子、水稻
5.5~6.5	水稻、油菜、花生、紫云英、柑橘、芝麻、小米、萝卜菜、黑麦
5.0~6.0	茶树、西瓜、烟草、亚麻、草莓、杜鹃花

（4）土壤酸碱性与土壤肥力　土壤中氮、磷、钾、钙、镁等养分有效性受土壤酸碱性变化的影响很大。微生物对土壤反应也有一定的适应范围。土壤酸碱性对土壤理化性质也有影响。土壤酸碱度与土壤肥力的关系见表 2-24。

表 2-24　土壤酸碱度与土壤肥力的关系

土壤酸碱度		极强酸性	强酸性	酸性	中性	碱性	强碱性	极强碱性
pH		3.0　4.0	4.5　5.0	5.5　6.0	6.5　7.0	7.5　8.0	8.5　9.0	9.5
主要分布区域或土壤		华南沿海的泛酸田	华南黄壤、红壤		长江中下游水稻土	西北和北方石灰性土壤	含碳酸钙的碱土	
肥力状况	土壤物理性质	越酸因钙、镁离子减少，氢离子增多，土壤结构易破坏，妨碍土壤中水分和空气的调节				盐碱土中由于钠离子的作用，土粒分散，湿时泥泞不透水，干时坚硬		
	微生物	越酸有益细菌活动越弱，而真菌的活动越强			适宜于有益细菌的生长	越碱有益细菌活动越弱		
	氮素	硝态氮的有效性降低			氨化作用、硝化作用、固氮作用最为适宜，氮的有效性高	越碱氮的有效性越低		
	磷素	越酸磷易被固定，磷的有效性降低			磷的有效性最高	磷的有效性降低		磷的有效性增加
	钾钙镁	越酸有效性含量越低			有效性含量随 pH 增加而增加	钙镁的有效性降低		
	铁	越酸铁越多，植物易受害			越碱有效性越低			
	硼锰铜锌	越酸有效性越高			越碱有效性越低（但 pH8.5 以上，硼的有效性最高）			
	钼	越酸有效性越低			越碱有效性越高			
	有毒物质	越酸铝离子、有机酸等有毒物质越多			盐土中过多的可溶性盐类以及碱土中的碳酸钠对植物有毒害			
	指示植物	酸性土：铁芒箕、映山红、石松等			钙质土：蜈蚣草、铁丝蕨、南天竺等 盐土：虾须草、盐蒿、扁竹叶、柽柳等 碱土：剪刀股、碱蓬、牛毛草、麻陆等			
	化肥施用	宜施用碱性肥料			宜施用酸性肥料			

2. 土壤缓冲性

土壤缓冲性是指土壤抵抗外来物质引起酸碱反应剧烈变化的能力。由于土壤具有这种性能,可使土壤的酸碱度经常保持在一定范围内,避免因施肥、根系呼吸、微生物活动、有机质分解等引起土壤反应的显著变化。

(1)土壤缓冲性机理 土壤缓冲性的机理为:一是交换性阳离子的缓冲作用。当酸碱物质进入土壤后,可与土壤中交换性阳离子进行交换,生成水和中性盐。二是弱酸及其盐类的缓冲作用。土壤中大量存在的碳酸、磷酸、硅酸、腐殖酸及其盐类,它们构成一个良好的缓冲体系,可以起到缓冲酸或碱的作用。三是两性物质的缓冲作用。土壤中的蛋白质、氨基酸、胡敏酸等都是两性物质,既能中和酸又能中和碱,因此具有一定的缓冲作用。

(2)土壤缓冲性能作用 由于土壤具有缓冲性能,使土壤 pH 在自然条件下不会因外界条件改变而剧烈变化,土壤 pH 保持相对稳定,有利于维持一个适宜植物生活的环境。生产上采用增施有机肥料及在沙土中掺入塘泥等办法,来提高土壤的缓冲能力。

3. 土壤酸碱性调节

我国北方有大面积的碱性土壤,南方有大面积的酸性土壤。土壤过酸过碱都不利于植物生长,需要加以改良。

南方酸性土壤施用的石灰,大多数是生石灰,施入土壤中发生中和反应和阳离子交换反应。生石灰碱性很强,因此,不能和植物种子或幼苗的根系接触,否则易灼烧致死。石灰使用量经验做法是在 pH4~5,石灰用量为 750~2 250 kg/hm²;pH5~6,石灰用量为 375~1 125 kg/hm²。除石灰外,在沿海地区宜用含钙质的贝壳灰改良;我国四川、浙江等地也有钙质紫色页岩粉改良酸性土的经验。另外,草木灰既是钾肥又是碱性肥料,可用来改良酸性土。

碱性土中交换性 Na⁺ 含量高,生产上用石膏、黑矾、硫磺粉、明矾、腐殖酸肥料等来改良碱性土,一方面中和了碱性,另一方面增加了多价离子,促进土壤胶粒的凝聚和良好结构的形成。另外,在碱性或微碱性土壤上栽培喜酸性的花卉,可加入硫磺粉、硫酸亚铁来降低土壤碱性,使土壤酸化。

技能训练

1. 土壤 pH 测定(混合指示剂比色法)

(1)基本原理 利用指示剂在不同 pH 溶液中,可显示不同颜色的特性,根据其显示颜色与标准酸碱比色卡进行比色,即可确定土壤溶液的 pH。

(2)材料用具 白瓷比色板、玛瑙研钵等。并制备以下试剂:

① pH4~8 混合指示剂。分别称取溴甲酚绿、溴甲酚紫及甲酚红各 0.25 g 于玛瑙研钵中加 0.1 mol/L 的氢氧化钠 15 mL 及蒸馏水 5 mL,共同研匀,再加蒸馏水稀释至 1 000 mL,此指示剂的 pH 变色范围如表 2-25 所示。

表 2-25　pH4~8 混合指示剂显色情况

pH	4.0	4.5	5.0	5.5	6.0	6.5	7.0	8.0
颜色	黄色	绿黄色	黄绿色	草绿色	灰绿色	灰蓝色	蓝紫色	紫色

② pH4~11混合指示剂。称取 0.2 g 甲基红、0.4 g 溴百里酚蓝、0.8 g 酚酞,在玛瑙钵中混合研匀,溶于 95% 的 400 mL 酒精中,加蒸馏水 580 mL,再用 0.1 mol/L 氢氧化钠调至 pH7(草绿色),用 pH 计或标准 pH 溶液校正,最后定容至 1 000 mL,其变色范围如表 2-26 所示。

表 2-26　pH4~11混合指示剂显色情况

pH	4.0	5.0	6.0	7.0	8.0	9.0	10.0	11.0
颜色	红色	橙黄色	稍带绿	草绿色	绿色	暗蓝色	紫蓝色	紫色

(3) 训练规程

① 试样制备。取黄豆大小待测土壤样品,置于清洁白瓷比色板穴中,加指示剂 3~5 滴,以能全部湿润样品而稍有剩余为宜,水平振动 1 min,稍澄清,倾斜瓷板,观察溶液色度与标准色卡比色,确定 pH。

② pH 测定。为了方便而准确,事先配制成不同 pH 的标准缓冲液,每隔半个或一个 pH 单位为一级,取各级标准缓冲液 3~4 滴于白瓷比色板穴中,加混合指示剂 2 滴,混匀后,即可出现标准色阶,用颜料配制成比色卡片备用。

2. 土壤 pH 测定(电位测定法)

(1) 方法原理　用水或中性盐溶液提取土壤中水溶性氢离子或交换性氢离子、铝离子,再用指示电极(玻璃电极)和另一参比电极(甘汞电极)测定该浸出液的电位差。由于参比电极的电位是固定的,因而电位差的大小取决于试液中的氢离子活度。在酸度计上可直接读出 pH。

(2) 材料用具　酸度计(附甘汞电极、玻璃电极或复合电极)、高型烧杯(50 mL)、量筒(25 mL)、天平(感量 0.1 g)、洗瓶、磁力搅拌器等。并提前进行下列试剂配制:

① pH4.01 标准缓冲液　称取经 105℃烘干 2~3 h 的苯二甲酸氢钾($C_8H_5KO_4$,分析纯)10.21 g,用蒸馏水溶解稀释定容至 1 000 mL,即为 pH4.01、浓度 0.05 mol/L 的苯二甲酸氢钾溶液。

② pH6.87 标准缓冲液　称取经 120℃烘干的磷酸二氢钾 3.39 g(KH_2PO_4 分析纯)和无水磷酸氢二钠(Na_2HPO_4,分析纯)3.53 g,溶于蒸馏水中,定容至 1 000 mL。

③ pH9.18 标准缓冲液　称 3.80 g 硼砂($Na_2B_4O_7$,分析纯)溶于无二氧化碳的蒸馏水中,定容至 1 000 mL,此溶液的 pH 容易变化,应注意保存。

④ 1 mol/L 氯化钾溶液　称取化学纯氯化钾(KCl)74.6g,溶于 400 mL 蒸馏水中,用 10% 氢氧化钾和盐酸调节 pH 至 5.5~6.0,然后稀释至 1 000 mL。

(3) 训练规程

① 土壤水浸提液 pH 的测定。称取通过 1 mm 筛孔的风干土样 25.0 g 于 50 mL 烧杯中,用量筒加入无 CO_2 蒸馏水 25 mL,在磁力搅拌器上(或用玻璃棒)剧烈搅拌 1~2 min,然后用酸度计测定,使土体充分分散。放置 0.5 h,此时应避免空气中 NH_3 或挥发性酸等的影响。

② 土壤的氯化钾盐浸提液 pH 的测定。对于酸性土,当水浸提液的 pH 低于 7 时,用此方法测定才有意义。即除用 1 mol/L 氯化钾溶液代替无 CO_2 蒸馏水外,其余操作步骤与水浸

提液相同。

（4）注意事项

① 玻璃电极在使用前，必须进行"活化"，可用 0.1 mol/L HCl 浸泡 12~24 h 或用蒸馏水浸泡 24 h。使用一定时间后，电极应予校正（方法是用两个标准缓冲液，一个作定位，另一个作测定，测定值与理论值相差在允许范围内为正常，即 pH 相差小于 0.1~0.2 之内，若超过范围，则应作处理）；暂时不用的电极，应浸泡在蒸馏水中，若长期不用，则应存放在盒中。

② 饱和甘汞电极使用前，应取下橡皮套，内充溶液应见 KCl 晶粒，无气泡，液面应接甘汞电极，不足时，应补充。暂时不用的电极应浸泡在饱和 KCl 溶液中，长期不用，应将橡皮塞、胶套上好，保存在盒内。

③ 有的酸度计采用复合电极，即将玻璃电极和饱和甘汞电极复合在一起，用法同上。

任务巩固

1. 土壤酸性和碱性指标有哪些？
2. 土壤酸碱性对植物生长和土壤肥力有哪些影响？
3. 土壤为什么具有缓冲性？

任务 2.8 土壤肥力性状调查

任务目标

■ 知识目标：了解当地主要土壤的分布和特征；熟悉当地农业土壤的合理利用，了解当地城市土壤的管理；了解自然土壤剖面、耕作土壤剖面的层次及特点。

■ 能力目标：能正确进行土壤剖面的设置、挖掘和观察记载，并能较准确地鉴别土壤生产性状，找出限制生产的障碍因素，为合理地改良利用土壤提供依据。

知识学习

1. 我国主要土壤分布与特征

我国土壤资源极其丰富，其特征存在显著差异。现将我国一些重要土壤类型的分布与特征总结如表 2-27。

表 2-27 我国部分土类的分布和主要性质

土类	分布	主要性质和利用
砖红壤	热带雨林、季雨林	遭强烈风化脱硅作用，氧化硅大量迁出，氧化铝相对富集（脱硅富铝化），游离铁占全铁的 80%，黏粒硅铝率 <1.6，风化淋溶系数 <0.05，盐基饱和度 <15%，黏粒矿物以高岭石、赤铁矿与三水铝矿为主，pH4.5~5.5，具有深厚的红色风化壳。生长橡胶及多种热带植物

土类	分布	主要性质和利用
赤红壤	南亚热带季雨林	脱硅富铝风化程度仅次于砖红壤,比红壤强,游离铁度介于二者之间。黏粒硅铝率 1.7~2.0,风化淋溶系数 0.05~0.15,盐基饱和度 15%~25%,pH4.5~5.5。生长龙眼、荔枝等
红壤	中亚热带常绿阔叶林	中度脱硅富铝风化,黏粒中游离铁占全铁的 50%~60%,深厚红色土层。底层可见深厚红、黄、白相间的网纹红色黏土。黏土矿物以高岭石、赤铁矿为主,黏粒硅铝率 1.8~2.4,风化淋溶系数 <0.2,盐基饱和度 <35%,pH4.5~5.5。生长柑橘、油桐、油茶、茶等
黄壤	亚热带湿润条件,多见于 700~1 200 m 的山区	富含水合氧化物(针铁矿),呈黄色,中度富铝风化,有时含三水铝石,土壤有机质累积较高,可达 100 g/kg,pH4.5~5.5。多为林地,间亦耕种
黄棕壤	北亚热带暖湿落叶阔叶林	弱度富铝风化,黏化特征明显,呈黄棕色黏土。B 层黏聚现象明显,硅铝率 2.5 左右,铁的游离度 2.5 左右,铁的游离度较红壤低,交换性酸 B 层大于 A 层,pH5.5~6.0。多由沙页岩及花岗岩风化物发育而成
黄褐土	北亚热带丘陵岗地	土体中游离碳酸钙不存在,土色灰黄棕,在底部可散见圆形石灰结核。黏化淀积明显,B 层黏聚,有时呈黏盘。黏粒硅铝率 3.0 左右,pH 表层 6.0~6.8,底层 7.5,盐基饱和度由表层向底层逐渐趋向饱和。由较细粒的黄土状母质发育而成
棕壤	湿润暖温带落叶阔叶林,但大部分已垦殖旱作	处于硅铝风化阶段,具有黏化特征的棕色土壤,土体见黏粒淀积,盐基充分淋失,pH6~7,见少量游离铁。多有干鲜果类生长,山地多森林覆盖
暗棕壤	温带湿润地区针阔叶混交林	有明显有机质富集和弱酸性淋溶,A 层有机质含量可达 200 g/kg,弱酸性淋溶,铁铝轻微下移。B 层呈棕色,结构面见铁锰胶膜,呈弱酸性反应,盐基饱和度 70%~80%。土壤冻结期长
褐土	暖温带半湿润区	具有黏化与钙质淋移淀积的土壤,盐基饱和,处于硅铝风化阶段,有明显黏淀层与假菌丝状钙积层。B 层呈棕褐色,pH7~7.5,盐基饱和度达 80% 以上,有时过饱和
灰褐土	温带干旱、半干旱山地,云冷杉下	腐殖质累积与积钙作用明显的土壤。枯枝落叶层有机质可达 100 g/kg,下见暗色腐殖层,有弱黏淀特征,钙积层在 40~60 cm 以下出现,铁、铝氧化物无移动,pH7~8
黑土	温带半湿润草甸草原	具深厚腐殖质层的无石灰性黑色土壤,腐殖质层厚 30~60 cm,有机质质量分数 30~60 g/kg。底层具轻度滞水还原淋溶特征,见硅粉、盐基饱和度在 80% 以上,pH6.5~7.0
草甸土	地下水位较浅	潜水参与土壤形成过程,具有明显腐殖质累积,地下水升降与浸润作用,形成具有锈色斑纹的土壤。具有 A—C 构型
沙姜黑土	成土母质为河湖沉积物	经脱沼与长期耕作形成,仍显残余沼泽草甸特征。底土中见沙姜聚积,上层见面沙姜,底层可见沙姜瘤与沙姜盘,质地黏重

土类	分布	主要性质和利用
潮土	近代河流冲积平原或低平阶地	地下水位浅,潜水参与成土过程,底土氧化还原作用交替,形成锈色斑纹和小型铁子。长期耕作,表层有机质质量分数10~15 g/kg
沼泽土	地势低洼,长期地表积水	有机质累积明显及还原作用强烈,形成潜育层,地表有机质累积明显,甚至见泥炭或腐泥层
草甸盐土	半湿润至半干旱地区	高矿化地下水经毛细管作用上升至地表,盐分累积大于 6 g/kg以上时,属盐土范畴。易溶盐组成中所含的氯化物与硫酸盐比例有差异
滨海盐土	沿海一带,母质为滨海沉积物	土体含有氯化物为主的可溶盐。滨海盐土的盐分组成与海水基本一致,氯盐占绝对优势,其次为硫酸盐和重碳酸盐,盐分中以钠、钾离子为主,钙、镁次之。土壤含盐量 20~50 g/kg,地下水矿化度 10~30 g/L,土壤积盐强度随距海由近至远,从南到北而逐渐增强。土壤 pH7.5~8.5,长江以北的土壤富含游离碳酸钙
碱土	干旱地区	土壤交换性钠离子达20%以上,pH9~10。土壤黏粒下移累积,物理性状劣,坚实板结。表层质地轻,见蜂窝状孔隙
水稻土	长期季节性淹灌脱水,水下耕翻,氧化还原交替	原来成土母质或母土的特性有重大改变。由于干湿交替,形成糊状淹育层,较坚实板结的犁底层(AP)、渗育层(P)、潴育层(W)与潜育层(G)多种发生层
灌淤土	长期引用高泥沙含量灌溉水淤灌	在落淤后,即行耕翻,逐渐加厚土层达 50 cm 以上,从根本上改变了原来土壤的层次,包括表土及其他土层,均作为埋藏层,因而形成土体深厚,色泽、质地均一,土壤水分物理性状良好的土壤类型
黄绵土	由黄土母质直接耕翻形成	由于土壤侵蚀严重,表层耕层长期遭侵蚀,只得加深耕作黄土母质层,因而母质特性明显,无明显发育,为 A—C 型土。由于风成黄土富含细粉粒,质地、结构均一,疏松绵软,富含石灰,磷、钾贮量较丰,但有效性差。土壤有机质缺乏,质量分数约 5 g/kg
风沙土	半干旱、干旱漠境地区及滨海地区,风沙移动堆积	由于成土时间短暂,无剖面发育,反映了沙流动堆积与固定的不同阶段
紫色土	热带亚热带紫红色岩层直接风化	A—C 构型,理化性质与母岩直接相关,土层浅薄,剖面层次发育不明显。母质富含矿质养分,且风化迅速,为良好的肥沃土壤

2. 农业土壤利用与管理

农业土壤是在自然土壤基础上,通过人类开垦耕种,加入人工肥力演变而成,主要有旱地农田、水田、果园、菜园等利用形式,它们的土壤特征、培肥与管理措施见表 2–28。

表 2-28 农业土壤特征、培肥与管理措施

利用形式	土壤特征	土壤培肥与管理
旱地高产田	适宜的土壤环境:山区梯田化,平原园田化、方田化;协调的土体构型:上虚下实的剖面构型,耕作层深厚、疏松、质地较轻;适量协调的土壤养分;良好的物理性状,有益微生物数量多、活性大、无污染	增施有机肥料,科学施肥:以有机肥为主、化肥为辅、有机无机相配合;合理灌排:适时适量地按需供水、均匀灌水、节约用水;合理轮作,用养结合:合理搭配耗地植物、自养植物、养地植物;深耕改土,加速土壤熟化:深耕结合施用有机肥料,并与耙糖、施肥、灌溉等耕作管理措施相结合;防止土壤侵蚀,保护土壤资源
旱地中低产田	干旱灌溉型:降雨量不足或季节分配不合理,缺少必要调蓄工程,或土壤保蓄能力差	具备水资源开发的条件,可通过发展灌溉加以改造耕地,合理灌溉
旱地中低产田	盐碱耕地型:土壤中可溶性盐含量超标,影响植物生长	建设排水工程,干沟、支沟、斗沟、农沟配套成网;井灌井排,深浅井合理分布,咸水、淡水综合利用;平整土地,防止地表积盐;进行淤灌;旱田改水田;耕作培肥
	坡地梯改型:具有流、旱、瘦、粗、薄、酸等特点	植树造林;种植绿肥牧草;坡面工程措施:等高沟埂、梯田、治沟保坡,沟坡兼治等;推广有机旱作种植技术;发展灌溉农业
	渍涝排水型:地势低洼,排水不畅,常年或季节性渍涝	建设骨干排水工程(干沟、支沟)进行排水;田间建设沟渠(斗沟、农沟)配套成网
	沙化耕地型:主要障碍因素为风蚀沙化	营建防护林网;种植牧草绿肥;平整土地,全部格田化;发展灌溉,保灌 6 次;土壤培肥:秸秆还田、增施有机肥、补施磷钾肥
	障碍层次型:如土体过薄,剖面上有夹沙层、砾石层、铁磐层、砂姜层、白浆层等障碍层次	在坡地采用等高种植;采用深松、深翻加深耕层,混合上下土层,消除障碍层;增施有机肥,秸秆还田,平衡施肥,培肥土壤
水田土壤	具有特殊的土壤剖面构型:淹育层—犁底层—潴育层—潜育层;水热状况比较稳定。氧化还原电位较低,物质的化学变化较大;嫌气微生物为主,有机质积累较多	深耕改土:稻麦两茬、水旱轮作区秋种或冬种前深耕;增施有机肥料,培肥土壤:增施有机肥料、种植绿肥、稻草还田、犁冬晒白;合理轮作,平衡养分:水旱轮作、稻肥轮作、稻经轮作、增施磷钾肥等;排水洗盐,消除障碍因子:排水晒田、深耕耙糖、增施石灰或草木灰
果园土壤	南方果园:土壤类型多,有机质含量低,质地黏重,耕性不良,养分含量较低,土壤酸性;北方果园:土层深厚,质地适中,灌排条件好,肥力较高,无盐碱化	加强果园土、肥、水管理:山丘果园修筑梯田,平地果园挖排水沟;增施有机肥,平衡施用氮磷钾及微量元素肥料;适度深翻,熟化土壤:深耕结合增施有机肥料;中耕除草与培土;增加地面覆盖:地膜覆盖和春秋覆草有效配合;果园种植绿肥;黄河故道等沙荒地,要设置防风林网,种植绿肥增加覆盖,培土填淤

利用形式	土壤特征	土壤培肥与管理
菜园土壤	熟化层深厚;有机质含量高,养分含量丰富;土壤物理性状良好;保肥供肥能力强	改善灌排条件,防止旱涝危害:采用渗灌、滴灌、雾灌等节水灌溉技术,高畦深沟种植;深耕改土:在施用有机肥的基础上,2~3 年深翻一次;合理轮作:改单一品种连作为多种蔬菜轮作;增施有机肥,减少化肥施用:二者比例以5∶5 为宜
设施土壤	土壤温度高;土壤水分相对稳定、散失少;土壤养分转化快、淋失少;土壤溶液浓度易偏高;土壤微生态环境恶化;营养离子平衡失调;易产生气体危害和土壤消毒造成的毒害	施足有机底肥;整地起垄:提早灌溉、翻耕、耙地、镇压,最好秋季深翻;适时覆膜,提高地温;膜下适量浇水;控制化肥追施量:适当控制氮肥用量,增施磷、钾肥;多年设施栽培连茬种植前最好进行土壤消毒

3. 城市土壤利用与管理

城市土壤是自然土壤被城市占据,在人类强烈活动影响下形成的。随着我国城市化进程不断加快,城市迅速扩大,重视城市土壤资源的特征与管理是一项重要的任务。

(1) 城市土壤特征

① 人为影响大,肥力性状差。自然土壤或耕作土壤经城市占用并受人类活动的影响,土壤性状会发生明显的变化。城市土壤微生物数量较少,植被类型明显减少;土壤生物量大幅度降低,土壤生物多样性下降;土壤物质流和能量流循环失衡,土壤物质运行受到阻隔;土壤腐殖质逐渐减少;土壤团粒结构被破坏,土壤结构趋向块状和片状,碴、砾增多;土壤紧实度加剧,土壤容重明显变大,孔隙状况不良,总孔隙度小,土壤持水能力降低;土壤酸性或碱性加剧,营养元素含量下降。

② 土壤污染严重。城市化伴随工业发展,城市人口密度和数量增大,各种化学用品不断增加,生活垃圾、工程废料和生活废水及工业污染物排放等都是污染土壤的因素。

③ 净化功能明显降低,有害成分增加。城市土壤由于腐殖质呈明显的下降趋势,土壤生物活性明显降低,土壤黏土矿物更新过程放缓,所以土壤降解、转化污染物的能力大大降低,土壤过滤器和净化器的功能明显减弱。各类污染物易进入地下水或通过生物链进入动物、植物体内,造成城市地下水体污染和城市植物有害成分增加。

(2) 城市土壤管理

① 加强城市绿地建设。在城市规划中要规划出足够的城市绿地、城市公园、居住小区绿地,街道绿化造林形成网络。城市建设要树立绿色城市理念,重视保护植物残落物,尽量避免焚烧,促使土壤与残落物进行物质循环。

② 加强城市垃圾回收和无害化处理。城市垃圾回收并进行无害化处理是控制有害物质进入土壤中的最有效手段之一。目前,我国城市垃圾回收和无害化处理设施建设相对滞后,加剧了处理场周围土壤的污染强度,对周边地下水存在潜在污染危害。

③ 树立城市生态地面硬化观。城市地面硬化要向生态硬化的方向发展,如制造各种网孔状的生态方砖,使水分通过网孔归还土壤,植被也能自然生长,再通过人工修剪保持美观。

也可以在方砖孔内人工种植草坪,使硬化、绿化和水分循环形成三位一体格局。

4. 土壤剖面

从地表向下所挖出的垂直切面称为土壤剖面。土壤剖面一般是由平行于地表、外部形态各异的层次组成,这些层次称为土壤发生层或土层。土壤剖面形态是土壤内部性质的外在表现,是土壤发生、发育的结果。不同类型的土壤具有不同的剖面特征。

(1)自然土壤剖面　自然土壤剖面一般可分为四个基本层次:腐殖质层、淋溶层、淀积层和母质层。每一层次又可细分若干层,如图 2-8。

由于自然条件和发育时间、程度的不同,土壤剖面构型差异很大,有的可能不具有以上所有的土层,其组合情况也可能各不相同。如发育处在初期阶段的土壤类型,剖面中只有 A—C 层,或 A—AC—C 层;受侵蚀地区表土冲失,产生 B—BC—C 层的剖面;只有发育时间很长,成土过程亦很稳定的土壤才有可能出现完整的 A—B—C 式的剖面。有的在 B 层中还有 Bg 层(潜育层)、BCa 层(碳酸盐聚积)、Bs 层(硫酸盐聚积)层等。

(2)耕作土壤剖面　旱地土壤剖面一般也分为四层:耕作层(表土层)、犁底层(亚表土层)、心土层及底土层(图 2-9、表 2-29)。

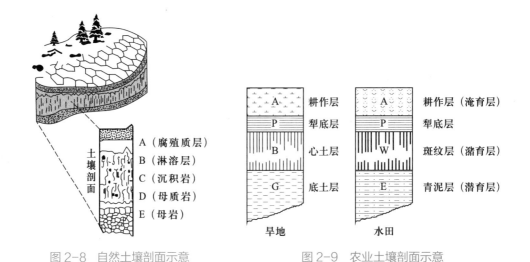

图 2-8　自然土壤剖面示意　　　　　　　图 2-9　农业土壤剖面示意

表 2-29　旱地土壤剖面构造

层次	代号	特征
耕作层	A	又称为表土层或熟化层,厚 15~20 cm。受人类耕作生产活动影响最深,有机质含量高,颜色深,疏松多孔,理化与生物学性状好
犁底层	P	厚约 10 cm,受农机具影响常呈片状或层状结构,通气透水不良,有机质含量显著下降,颜色较浅
心土层	B	厚度为 20~30 cm,土体较紧实,有不同物质淀积,通透性差,根系少量分布,有机质含量极低
底土层	G	一般在地表 50~60 cm 以下,受外界因素影响很小,但受降雨、灌排和水流影响仍很大

一般水田土壤可分为:耕作层(淹育层),代号 A;犁底层,代号 P;斑纹层(潴育层),代号 W;青泥层(潜育层),代号 G 等土层(表 2-30)。

表 2-30　水田土壤剖面构造

层次	代号	特征
淹育层	A	水稻土的耕作层,长期在水耕熟化和旱耕熟化交替进行条件下,有机质积累增加,颜色变深,在根孔和土壤裂隙中有棕黄色或棕红色锈斑
犁底层	P	受农机具影响常呈片状或层状结构,可起到托水托肥作用
潴育层	W	干湿交替、淋溶淀积作用活跃,土体呈棱柱状结构,裂隙间有大量锈纹锈斑淀积
潜育层	G	长期处于饱和还原条件,铁、铝氧化物还原,土层呈蓝灰色或黑灰色,土体分散成糊状

技能训练

土壤剖面观测与肥力性状调查

(1) 材料用具　提前准备以下材料用具:铁锹、土铲、锄头、剖面刀、放大镜、铅笔、钢卷尺、小刀、橡皮、白瓷比色板、土壤剖面记载表、10% 盐酸、酸碱混合指示剂、赤血盐等。

(2) 训练规程

① 土壤剖面的设置。剖面位置的选择一定要有代表性。对某类土壤来说,只有在地形、母质、植被等成土因素一致的地段上设置剖面点,才能准确地反映土壤的各种性状。避免选择在路旁、田边、沟渠边及新垦搬运过的地块上。

② 土壤剖面的挖掘。选好剖面点后,先划出剖面的挖掘轮廓,然后挖土。主剖面的规格一般长为 1.5 m、宽 0.8 m、深 1.0 m。深度不足 1.0 m 者,挖至母岩、砾石层或地下水位为止。观察面要垂直向阳,其上方要禁止堆土和踩踏。观察面的对面要挖成阶梯状,以便于观察时上下和减少挖土量。所挖出的土,要将表土和底土分别堆放在土坑的两侧,以便回填时先填底土,再填表土,尽可能恢复原状。在作物生长季节,要尽量保护作物。将观察面分成两半,一半用土壤剖面刀自上而下地整理成毛面,另一半削成光面,以便观察时相互比较。土壤剖面挖掘如图 2-10。

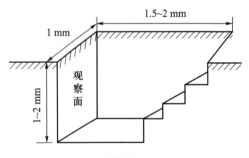

图 2-10　土壤剖面挖掘示意图

③ 剖面层次的划分。研究土壤剖面首先是要划分土壤的层次。自然土壤剖面按发生层次划分土层,一般分为 A_0(枯枝落叶层)、A_1(腐殖质层)、A(淋溶层)、B(淀积层)、C(底土层)等层次。耕作土壤剖面层次划分,一般分为 A(耕作层)、P(犁底层)、B(心土层)、C 或 D(底土层或母岩层)。水稻土剖面层次一般分为 A(耕作层)、P(犁底层)、W(潴育层)、G(潜育层或青泥层)。

由于自然条件和发育时间、程度的不同,土壤剖面构型差异很大,一般不具有以上所有层次,其组合情况也各不相同。

④ 土壤剖面形态观察记载。主要从以下方面进行观测。

A. 土壤颜色:土壤颜色有黑、白、红、黄四种基本色,但实际出现的往往是复色。观察时,先确定主色,后确定次色,次色记在前面,主色在后。例如某土层的颜色为红棕色,即主色为棕色,次色为红色。确定土壤颜色时,旱田以干状态时为准,水田以观察时的土色为准。

B. 土壤质地:野外测定土壤质地,一般用手测法,其中有干测法和湿测法两种,可相互补充,一般以湿测法为主。

C. 土壤结构:观察土壤结构的方法,是用挖土工具把土挖出,让其自然落地散碎或用手轻捏,使土块分散,然后观察被分散开的个体形态的大小、硬度、内外颜色以及有无胶膜、锈纹、锈斑等,最后确定结构类型。

D. 松紧度:野外鉴定土壤松紧的方法可根据小刀插入土体的难易和阻力大小来判断。

松:小刀易入土,基本无阻力;

散:稍加力,小刀即可插入土体;

紧:用力较大,小刀才能插入土体;

紧实:用力很大,小刀才能插入土体;

坚实:十分费力,小刀也难以插入土体。

有条件的可用土壤紧实度仪测定。另外,生产中常用容重值表示土壤的松紧状况,旱地土壤容重值在 $1.0 \sim 1.3 \text{ g/cm}^3$ 较好,大于 1.3 g/cm^3 则太紧,小于 1.0 g/cm^3 则偏松。

E. 土壤干湿度:按各土层的自然含水状态分级,其标准如下:

干:土壤呈干土块,手试无凉感,嘴吹时有尘土扬起;

润:手试有凉感,嘴吹无尘土扬起;

潮:有潮湿感,手握成土团,落地即散,放在纸上能使纸变湿;

湿:放在手上使手湿润,握成土团后无水流出。

F. 新生体:新生体不是母质所固有的,是在土壤形成过程中产生的物质,如铁锰结核、石灰结核等。他们反映土壤形成过程中物质的转化情况。

G. 侵入体:原不是母质所固有,也不是土壤形成过程中的产物,而是外界侵入土壤中的物体,如瓦片、砖渣、炭屑等,它们的存在,与土壤形成过程无关。

H. 根系:反映作物根系分布状况,其分级标准为:

多量:1 cm^2 有 10 条根以上的;

中量:1 cm^2 有 5~10 条根;

少量:1 cm^2 有 2 条根左右;

无根:见不到根痕。

I. 石灰性反应:用 10% 稀盐酸,直接滴在土壤上,观察气泡产生情况,判断其石灰含量。

无石灰质:无气泡、无声音;

少石灰质:徐徐产生小气泡,可听到响声,质量分数为 1% 以下;

中量石灰质:明显产生大气泡和响声,但很快消失,质量分数为 1%~5%;

多石灰质:发生剧烈沸腾现象,产生大气泡,响声大,历时较久,质量分数为 5% 以上。

J. 亚铁反应:用赤血盐直接滴加测定。

K. 土壤酸碱度:土壤酸碱度的测定用混合指示剂法。

L. 土壤地下水位:地下水位是指从地表垂直向下到地下水面所出现的距离。各种作物根据根系分布情况对地下水位的要求不一,不同土壤质地其地下水临界深度不同。

土壤剖面观察记载见表 2-31。

表 2-31 土壤剖面观察记载表

剖面野外编号_____ 室内编号_____

地点:_____县_____乡_____村 调查时间:_____年_____月_____日

土壤名称:当地名称_____ 最后定名_____ 代表面积_____

(一)土壤剖面环境

1. 地形_____ 2. 海拔_____ 3. 成土母质_____ 4. 自然植被_____

5. 农业利用方式_____ 6. 灌溉方式_____ 7. 排水条件_____ 8. 地下水位_____

9. 地下水水质_____ 10. 侵蚀情况_____

(二)土壤生产性能　　　　　　　　　　　　　　　　　　　　　　　(三)土壤剖面示意图

1. 耕作制度_____ 3. 施肥水平　　　　　　4. 作物生长表现:

2. 产量水平　　　　　　(1)_____ 5. 耕作性能:

(1)_____ (2)_____ 6. 障碍因素:

(2)_____ (3)_____ 7. 肥力等级:

(3)_____ (4)_____

(四)土壤剖面描述

剖面层次	土壤剖面图	层次代号	深度/cm	质地	新生体			紧实度	植物根系	侵入体	孔隙度
					类别	形态	数量				
10											
20											
30											
……											
80											

剖面层次	土壤剖面图	层次代号	深度/cm	亚铁反应	石灰反应	pH	全氮/%	碱解氮/(mg·kg^{-1})	速效磷/(mg·kg^{-1})	速效钾/(mg·kg^{-1})	有机质/(g·kg^{-1})
10											
20											
30											
……											
80											

⑤ 土壤生产性能评价。根据各土层的特征特性,生产利用现状或自然植被种类、覆盖度等。对所调查土壤的生产性能客观地进行评价,找出限制生产的障碍因素,并提出改良利用的主要途径与措施。

任务巩固

1. 当地主要土壤类型有哪些？有何特征？

2. 当地农业土壤有哪些改良利用经验？

3. 通过对土壤剖面观察，提出当地土壤改良利用措施。

项目拓展

如果同学们想了解更多的知识，可以通过下面渠道学习：

1. 阅读杂志：

(1)《中国土壤与肥料》

(2)《土壤通报》

(3)《土壤》

(4)《土壤学报》

2. 浏览网站：

中国科学院南京土壤研究所网　http://www.issas.ac.cn/

3. 通过本校图书馆借阅有关土壤、土壤肥料等方面的书籍。

考证提示

获得农业技术员、农作物植保员等中级资格证书，需具备以下知识和能力：

1. 土壤固相组成特点及调节；

2. 土壤空气组成特点、土壤通气性及调节；

3. 土壤质地与土壤肥力关系；

4. 土壤孔隙、土壤结构、土壤耕性等特点与调节或改善；

5. 土壤吸收性能、土壤酸碱性等特点与调节；

6. 当地主要土壤的特点、利用与改良；

7. 当地主要农业土壤的利用与管理；

8. 土壤样品的采集与制备；

9. 土壤有机质含量的测定；

10. 土壤质地的测定；

11. 土壤容重与孔隙度的测定；

12. 当地土壤 pH 测定。

项目三 水分环境与植物生长

项目导读

　　水分对植物生长具有重要作用。植物吸收水分的主要器官是根,根吸水的主要区域是根毛区。植物蒸腾对改善植物吸水具有重要作用。植物需水常有两个关键期,合理灌溉要首先满足临界期和最大需水期的水分需要。土壤水分并不是对植物都有效,下限是凋萎系数,上限是田间持水量。大气水分常用空气湿度、降水量变化来表示。植物对水分表现出一定的适应性,应因地制宜地进行水分环境调控。

任务 3.1　植物对水分的吸收

任务目标

　　■ 知识目标:了解水分对植物生长的影响;认识植物细胞吸水和植物吸水的原理;认识植物蒸腾、植物需水规律等相关知识。

　　■ 能力目标:熟练准确地进行对植物蒸腾强度的测定(钻纸法)。

知识学习

　　水是植物的重要组成成分,水利是农业的命脉,水对植物的生命具有决定性作用。

　　1. 水分对植物生长的影响

　　(1) 水分是植物新陈代谢过程中的重要物质　细胞原生质含水量在 70%~80%,才能保持新陈代谢活动正常进行,随着细胞内水分减少,植物的生命活动就会大大减弱。水是植物光合作用、合成有机物的重要原料,植物有机物质的合成与分解过程必须有水分参与。其他生物化学反应,如呼吸作用中的许多反应,脂肪、蛋白质等物质的合成和分解反应,也需要水参与。没有水,这些重要的生化过程都不能正常进行。

　　(2) 水是植物进行代谢作用的介质　细胞内外物质运输、植物体内的各种生理生化过程、矿质元素的吸收与运输、气体交换、光合产物的合成、转化和运输以及信号物质的传导等都需要以水分为介质。土壤中的无机物和有机物,要溶解在水中才能被植物吸收。许多生化反应,也要在水介质中才能进行。植物体内物质的运输,是与水分在植物体内不断流动同时进行的。

（3）能使植物体保持固有的姿态　植物细胞含有的大量水分,可以降低水压,以维持细胞的紧张度,保持膨胀状态,使植物枝叶挺立,花朵开放,根系得以伸展,从而有利于植物体获取光照、交换气体、吸收养分等。如水分供应不足,植物便萎蔫,不能正常生活。

（4）水分具有重要的生态作用　由于水所具有的特殊理化性质,对植物的生命活动提供许多便利。因此,水作为生态因子,在维持适合植物生活的环境方面起着特别重要的作用。例如,植物可通过蒸腾散热,调节体温,以减少烈日的伤害;水温变化幅度小,在寒冷的环境中也可保持体温不下降得太快。如遇干旱时,也可通过灌水来调节植物周围的空气湿度,改善田间小气候。水有很大的表面张力和附着力,对于物质和水分的运输有重要作用。水是透明的,可见光和紫外光可以透过,这对于植物叶子吸收太阳光进行光合作用很重要。此外,可以通过水分,促进肥料的释放,从而调节养分的供应速度。

俗话说:"有收无收在于水",可见水对植物的生命具有决定性作用,水利是农业的命脉。因此,降水(或灌溉)适时、适量是确保稳产、高产、优质的重要条件。

2. 植物细胞吸水

一切生命活动都是在细胞内进行的,吸水也不例外。植物细胞吸水有三种方式:

（1）渗透吸水　是指含有液泡的细胞吸水,如根系吸水、气孔开闭时保卫细胞的吸水,主要是由于溶质势的下降而引起的细胞吸水过程。溶质势指水分子和溶质分子间相互作用的势能。当液泡的水势高于外液的水势,易引起细胞质壁分离(图3-1)。质壁分离是指由于细胞壁的伸缩性有限,而原生质层的伸缩性较大,当细胞不断失水时,原生质层便和细胞壁慢慢分离开来的现象。细胞质壁分离易引起植物发生萎蔫,持续下去,植物就会死亡。

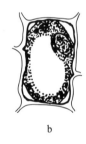

图 3-1　植物细胞的质壁分离现象
a.未发生　b.初始分离　c.完全分离

（2）吸胀吸水　主要是由于细胞壁和原生质体内有很多亲水物质,如纤维素、蛋白质等,它们的分子结构中有亲水基,因而能够吸附水分子,使细胞吸水。

（3）降压吸水　主要是指因压力势的降低而引发的细胞吸水。如蒸腾旺盛时,木质部导管和叶肉细胞的细胞壁都因失水而收缩,使压力势下降,从而引起这些细胞水势下降而吸水。

3. 植物根系吸水

植物吸收水分的主要器官是根,根系吸水的主要区域是根毛区。植物根系吸收土壤水分后,便进行运输,其运输途径为:土壤中的水→根毛→根的皮层→根的内皮层→根的中柱鞘→根的导管或管胞→茎的导管→叶柄导管→叶脉导管→叶肉细胞→叶细胞间隙→气孔下腔→气孔→大气(图 3–2)。

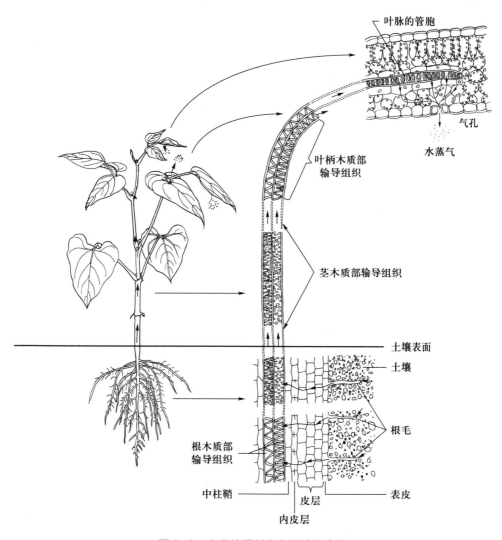

图 3-2　水分从根部向上运输的途径

（1）植物根系吸水的动力　根系吸水的动力主要有根压和蒸腾拉力两种。

根压是指由于植物根系生理活动而促使液流从根部上升的压力。根压可使根部吸进的水分沿导管输送到地上部分,同时土壤中的水分又不断地补充到根部,从而形成了根的主动吸水。多数植物根压为 0.1~0.2 MPa,有些木本植物可达 0.6~0.7 MPa。

蒸腾拉力是指因叶片蒸腾作用而产生的使导管中水分上升的力量。当植物叶片蒸腾时,导致水分从土壤通过根毛、皮层、内皮层,再经中柱薄壁细胞进入导管,使叶脉导管失水,产生压力梯度,从而形成根的被动吸水现象。蒸腾拉力是比根压更强的一种吸水动力,可达到根压的十几倍,是植物吸水的主要动力。

（2）土壤对根系吸水的影响　植物根系吸水一方面取决于根系的生长状况，另一方面受土壤状况影响，并且土壤状况对根系吸水的影响很大。

① 水分。土壤水分状况与植物吸水有密切关系，植物吸收的水分是土壤中的有效水，当土壤干旱时，有效水含量减少，植物便发生萎蔫现象。如果土壤干旱严重，失去更多有效水，植物便发生永久萎蔫现象，植株便会死亡。

② 温度。在一般情况下，在适宜温度范围内，土壤温度升高，植物根系吸水增加；土壤温度降低，根系吸水受阻。但不同植物对温度敏感程度不同。另外土壤温度急剧下降比逐渐降温对根系吸水影响更大。

③ 通气状况。土壤通气良好时，根系呼吸作用旺盛，根系吸水能力较强；通气不良时，根系代谢活动不能正常进行，根系吸水受到限制。在植物生产中，旱田的中耕松土和水田的排水晒田，通过增施有机肥料使土壤形成较多的团粒结构等措施，就是通过改善通气条件，提高根系吸水和吸肥的能力。

④ 土壤溶液浓度。在一般情况下，土壤溶液浓度较低，水势较高，根系易于吸水。在盐碱地上，水中盐分浓度高，水势低，植物吸水困难。在植物生产中，如施肥过多或过于集中，也会使土壤溶液浓度过高，水势下降，阻碍根系吸水，甚至会导致根细胞水分外流，而产生"烧苗"。

4. 植物的蒸腾

植物蒸腾作用是指植物体内的水分以气态散失到大气中去的过程。蒸腾作用虽然会造成植物体内水分的亏缺，甚至会引起危害，但它对植物的生命活动有很大的益处：蒸腾作用产生的蒸腾拉力是植物吸水的主要动力；根系吸收的矿物质或合成的物质可随着水分上升在植物体内转运；蒸腾作用散失大量水分，高温环境中可降低植物体的温度，避免高温危害；叶片发挥蒸腾作用时，气孔开放，二氧化碳易进入叶内被同化，促进光合产物的积累。

（1）蒸腾作用的方式　植物蒸腾水分的部位主要是叶片。叶片的蒸腾作用方式有两种：一是角质蒸腾，是指植物体内的水分通过角质层而蒸腾的过程；二是气孔蒸腾，是指植物体内的水分通过气孔而蒸腾的过程。植物以气孔蒸腾为主。

（2）蒸腾作用的指标　蒸腾作用的强弱常用蒸腾速率、蒸腾效率和蒸腾系数来表示。

① 蒸腾速率。又称为蒸腾强度，是指植物在单位时间内，单位叶面积上通过蒸腾作用散失的水量。大多数植物白天的蒸腾速率为 $15\sim250\ g/(m^2 \cdot h)$，夜晚为 $1\sim20\ g/(m^2 \cdot h)$。

② 蒸腾效率。是指植物每蒸腾 1 kg 水时所形成的干物质的克数。蒸腾效率一般为 $1\sim8\ g/kg$。

③ 蒸腾系数。是指植物每制造 1 g 干物质所消耗水分的克数。蒸腾系数在 $125\sim1\ 000$（表 3-1），蒸腾系数越小，则表示该植物利用水分的效率越高。

（3）影响蒸腾作用的因素　主要有光照、空气湿度、风速、温度、土壤条件等。

① 光照。光照除影响气孔开闭外，还可通过改变气温、叶温而影响水的汽化、扩散与蒸腾。所以，光照度高，蒸腾强度随之升高。但光照度过高，会引起气孔关闭，蒸腾强度则会大大下降。

表 3-1　几种主要植物的蒸腾系数

植物	蒸腾系数	植物	蒸腾系数	植物	蒸腾系数
小麦	450~600	棉花	300~600	蔬菜	500~800
燕麦	600~800	大麻	600~800	松树	450
玉米	250~300	亚麻	400~500	云杉	500
荞麦	500~800	向日葵	500~600	橡树	560
黍子	200~250	牧草	500~700	椆树	800
水稻	500~800	马铃薯	300~600	白蜡树	850

② 空气湿度。植物叶片与空气之间的水势差越大,蒸腾强度越高。

③ 温度。在一定的温度范围内,随着温度的升高,蒸腾作用加强。

④ 风速。适当增加风速,能促进叶面水蒸气的扩散,促进蒸腾;但是,如果风速过大,气孔关闭,反而抑制蒸腾。

⑤ 土壤条件。影响根系吸水的各种土壤条件如土壤温度等,都间接地影响蒸腾作用;地下部的水分供应充足,地上部的蒸腾作用也相应地加强。

(4) 植物蒸腾调节　一是减少蒸腾面积。移栽植物时,可去掉一些枝叶,去掉枝叶可减少蒸腾面积,降低蒸腾失水量,有利于成活。二是降低蒸腾速率。在午后或阴天移栽植物,或栽后搭棚遮阳,或实行设施栽培,都能降低移栽植物的蒸腾速率。三是使用抗蒸腾剂。如使用苯汞乙酸、桂酮、乳胶、聚乙烯蜡、高岭土等,可减少蒸腾量。

5. 植物需水规律

(1) 植物的需水规律　在植物生长的全过程中,需要大量的水分,不同植物或同一植物不同品种,其需水量不同。如 1 hm² 玉米一生需消耗 900 万 kg 的水;而 1 hm² 小麦约需 400 万 kg 的水。植物每制造 1 kg 干物质所消耗水分的量(g),称为需水量。在植物生长全过程中,往往有两个关键需水时期。

① 植物需水临界期。是指植物在生命周期中对水分缺乏最敏感,最易受害的时期。如小麦一生中有两个临界期:孕穗期和灌浆开始乳熟末期。

② 植物最大需水期。是指植物在生命周期中对水分需要量最多的时期。而植物最大需水期多在植物生长旺盛时期,即生活中期。

(2) 合理灌溉的指标　植物是否需要灌溉可依据气候特点、土壤墒情、作物形态、生理指标等加以判断。

① 土壤指标。适宜植物正常生长发育的根系活动层(0~90 cm),其土壤含水量为田间持水量的 60%~80%,如果低于此含水量,应及时进行灌溉。

② 形态指标。植物幼嫩的茎叶在中午前后易发生萎蔫,生长速度下降;在叶、茎颜色呈绿色或有时变红等情况下,要及时进行灌溉。

③ 生理指标。常用植物叶片的细胞液浓度、渗透势、水势和气孔开度等作为灌溉的生理指标。不同植物的灌溉生理指标临界值见表 3-2。

表 3-2　不同植物的灌溉生理指标临界值

作物生育期	叶片渗透势/MPa	叶片水势/MPa	叶片细胞液质量分数/%	气孔开度/μm
冬小麦				
分蘖－孕穗期	−1.1~−1.0	−0.9~−0.8	5.5~6.5	—
孕穗－抽穗期	−1.2~−1.1	−1.0~−0.9	6.5~7.5	—
灌浆期	−1.5~−1.3	−1.2~−1.1	8.0~9.0	—
成熟期	−1.6~−1.3	−1.5~−1.4	11.0~12.0	—
春小麦				
分蘖－拔节期	−1.1~−1.0	−0.9~−0.8	5.5~6.5	6.5
拔节－抽穗期	−1.2~−1.1	−1.0~−0.9	6.5~7.5	6.5
灌浆期	−1.5~−1.3	−1.2~−1.1	8.0~9.0	5.5
棉花				
花前期	—	−1.2	—	—
花期－棉铃期	—	−1.4	—	—
成熟期	—	−1.6	—	—

技能训练

植物蒸腾强度的测定(钴纸法)

(1) 基本原理　氯化钴纸在干燥时呈蓝色,当吸收水分后,蓝色随含水量的增加逐渐变浅,最后变成粉红色。用一定面积的干燥钴纸吸收叶片蒸腾的水分,根据钴纸由蓝变红所需的时间长短、钴纸标准吸水量和叶面积(用钴纸面积),即可算出植物的蒸腾强度。

(2) 材料用具　各种植物幼嫩叶、电子天平(感量 0.000 1 g)、医用瓷盘、玻璃板、计时器、干燥器、恒温干燥箱、干燥管、剪刀、镊子、蒸腾夹装置、滤纸;并配制 5% 氯化钴溶液:准确称取 5 g 氯化钴,溶于 100 mL 蒸馏水中。

(3) 训练规程

① 氯化钴纸的制备。选取优质滤纸,剪成 8 cm² 小块,浸入盛有 5% 氯化钴溶液的医用瓷盘中。待浸透后取出,用吸水纸吸去多余的溶液,将其平铺在干洁的玻璃板上,然后置于 60~80℃恒温干燥箱中烘干。取出选取颜色均一的钴纸块,用打孔器打下面积为 0.5 cm² 的钴纸圆片,再放入恒温干燥箱中烘干,装入干燥管中,放入氯化钙干燥器中备用。

② 钴纸标准化。使用前,先将钴纸标准化。测出每钴纸小圆片由蓝色转变成粉红色需吸收水分量。取 1 块钴纸小圆片,置于电子天平上称重,并记下开始称重的时间,及每隔 1 min 记一次重量。当钴纸蓝色全部变为粉红色时,要立即准确地记下重量和时间。如此重复数次,计算出钴纸小圆片由蓝色变为粉红色时平均吸收多少水分,以 mg 表示,作为钴纸标准吸水量。

③ 测定。用镊子从干燥管中取出钴纸小圆片,放入蒸腾夹装置的橡皮小孔中,立即将待测作物叶子的背面(或正面)卡在蒸腾夹中相应位置上,用夹子夹紧,同时记下时间。注意

观察钴纸的颜色变化,待钴纸全部变为粉红色时,记下时间。

可选择不同作物的功能叶片,或同一作物的不同部位的叶片测其蒸腾强度,或者可测定作物在不同环境条件下的蒸腾强度。每一处理最少要测 10 次左右,然后求其平均值。

(4) 结果计算　以时间的长短作相对比较,用钴纸小圆片的标准吸水量或小圆片由蓝色变为粉红色所需的时间来计算该叶片表面蒸腾的强度,用 $mg/(cm^2 \cdot min)$ 表示。

任务巩固

1. 水分对植物生长有何重要作用?

2. 简述植物细胞吸水和植物根系吸水的基本原理。

3. 植物蒸腾方式有哪些? 影响因素有哪些? 如何进行调节?

4. 植物需水两个关键时期是什么? 怎样确定灌溉指标?

任务 3.2　土 壤 水 分

任务目标

■ 知识目标:了解土壤水分的类型和有效性;熟悉土壤含水量的表示方法以及土壤水分的管理。

■ 能力目标:熟练准确地测定土壤自然水分含量,进行田间验墒,为土壤耕作、播种、土壤墒情分析和合理排灌等提供依据。

知识学习

土壤水分并非纯水,而是溶解有一定浓度的无机与有机离子和分子的稀薄溶液。通常所说的土壤水实际上是指在 105℃ 下从土壤中驱逐出来的水分。

1. 土壤水分类型

土壤水可根据受力情况的不同划分为吸湿水、膜状水、毛管水和重力水等类型(图 3-3)。

(1) 吸湿水　吸湿水是指固相土粒借助其表面的分子引力从大气中吸收的那部分气态水,通常在土粒表面形成单分子水层。吸湿水受到的土粒吸引力极大,不能溶解其他物质,不能自由移动,植物不能吸收利用,是一种无效水。吸湿水达到最大时的土壤实际的含水量叫吸湿系数。

土壤吸湿水的多少,一方面决定于周围的物理条件,主要是大气湿度与温度。当土壤空气中水汽达到饱和时,土壤吸湿水可达最大值,这时的含水量为最大吸湿量,也称为吸湿系数。一般

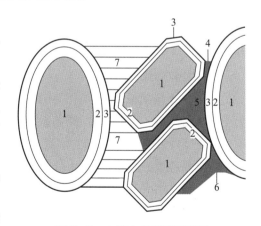

图 3-3　土壤水分类型示意图
1. 土粒　2. 吸湿水　3. 膜状水　4. 毛管水
5. 孔隙中的气态水　6. 毛管弯月面
7. 土壤大孔隙中的重力水

土壤质地愈细,有机质含量愈高,土壤吸湿水含量也就愈高,相反则少。

(2) 膜状水　膜状水是指土粒靠吸湿水外层剩余的分子引力从液态水中吸附一层极薄的水膜。膜状水受到的引力比吸湿水小,因而有一部分可被植物吸收利用。但因其移动缓慢,只有当植物根系接触到膜状水时才能被吸收利用。吸湿水和膜状水又合称为束缚水。

膜状水达到最大量时的土壤含水量,称为最大分子持水量。通常在膜状水没有被完全消耗之前,植物已呈萎蔫状态;当植物因吸不到水分而发生萎蔫时的土壤含水量称为萎蔫系数(或称为凋萎系数)。它包括全部吸湿水和部分膜状水,是植物可利用的土壤有效水分的下限。

(3) 毛管水　毛管水是指土壤依靠毛管引力的作用将水分保持在毛管孔隙中的水,称为毛管水。毛管水是土壤中最宝贵的水分,也是土壤的主要保水形式。根据毛管水在土壤中存在的位置不同,可分为毛管悬着水和毛管上升水。毛管悬着水是指在地下水位较低的土壤,当降水或灌溉后,水分下移,但不能与地下水联系而"悬挂"在土壤上层毛细管中的水分。毛管上升水是指地下水随毛管引力作用而保持在土壤孔隙中的水分。

当毛管悬着水达到最大量时的土壤含水量,称为田间持水量。它代表在良好的水分条件下灌溉后的土壤所能保持的最高含水量,是判断旱地土壤是否需要灌水和确定灌水量的重要依据(表3-3)。毛管上升水达到最大量时的土壤含水量,称为毛管持水量。当地下水位适当时,毛管上升水可达根系分布层,是植物所需水分的重要来源之一。

表3-3　不同质地和耕作条件下的田间持水量　　　　　　　　　　　　　%

土壤质地	沙土	沙壤土	轻壤土	中壤土	重壤土	黏土	两合土	
							耕后	紧实
田间持水量	10~14	13~20	20~24	22~26	24~28	28~32	25	21

(4) 重力水　当土壤中的水分超过田间持水量时,不能被毛管力所保持,而受重力作用的影响,沿着非毛管孔隙(空气孔隙)自上而下渗漏的水分称为重力水。当土壤为重力水所饱和时的含水量,称为全蓄水量(或饱和含水量)。全蓄水量包括土壤的重力水、毛管水、膜状水和吸湿水。全蓄水量是计算稻田淹灌水量的依据。

2. 土壤水分的有效性

对某一土壤来说,土壤所保持的各种水分形态类型的最大数值变化极小或基本恒定,称为土壤水分常数。吸湿系数、凋萎系数、田间持水量等都是常见的水分常数。土壤水分常数不仅反映了土壤的持水量和含水量的大小,也反映了土壤的吸持和运动状态以及可被植物利用的难易程度,对研究土壤水分状况及其对植物的有效性有重要意义。

在土壤中各种形态的水分中可以被植物吸收利用的水分称为有效水;不能被植物吸收利用的水分称为无效水。土壤水分对植物是否有效,主要取决于土壤对水分的保持力及植物根系的吸水力。当植物根系的吸水力大于土壤水分的保持力时,土壤水分就能被植物利用;反之,则不能被植物利用。多数土壤水分必须在土壤中流动一段路程,才能达到根部。当土壤水分含量充分,土壤水吸力较小时,植物吸水容易。随着水分的蒸发和被植物吸收,根际土壤水分越来越少,土壤水吸力越来越大,植物吸水就会越来越困难。如果没有水从附近流向根际,最后土壤水吸力将趋向于和植物根部水吸力平衡,植物吸水就会停止。要使附近水流向根部,不仅要它的水吸力低于植物根部,还要有足够速率流向根部,以补偿植物蒸腾的需要。如果流动速率不能满足植物的需要,植物就会萎蔫。

当土壤含水量大于凋萎系数,但又低于毛管断裂含水量时(土壤含水量小于田间持水量的70%时),因水的运动缓慢,难于及时满足植物的需求量,则属无效水。在毛管断裂含水量至田间持水量或毛管持水量之间的毛管水,因运动速度快,供水量大,能及时满足植物的需要,属速效水。土壤有效水的多少与土壤质地、有机质含量有密切关系。一般而言,质地过沙或过黏的土壤,有效水少;壤质土,有机质含量高,结构好的土壤,有效水则多,见表3-4。

表3-4　土壤质地、有机质与有效水的关系　　　　　　　　　　　%

墒情类型	田间持水量质量分数	凋萎系数质量分数	有效水质量分数
沙土	3~6	0.2~0.3	2.8~5.7
沙壤土	6~12	0.3~3.0	5.7~9.0
壤土	12~23	3.0~12.0	9.0~11
黏土	21~23	12.0~15.0	8.0~9.0
泥炭土	160~200	60.0~80.0	100.0~120.0

3. 土壤含水量

主要有质量含水量、容积含水量、相对含水量等。

(1) 质量含水量　是指土壤水分质量占烘干土壤质量的比值,标准单位是 g/kg,通常用百分数来表示。即:

$$质量含水量 = \frac{水分质量}{烘干土质量} \times 100\%$$

式中,水分质量单位为 g,烘干土质量单位为 g。

(2) 容积含水量　是指土壤中水的容积占土壤容积的百分数,用以说明土壤水分占孔隙容积的比值,了解土壤水分与空气的比例关系。

$$土壤容积含水量 = \frac{水的体积}{土壤体积} \times 100\% = 土壤质量含水量 \times 土壤容重$$

例:某土壤质量含水量为20.3%,土壤容重为1.2 g/cm^3,则土壤容积含水量 =20.3%×1.2=24.4%。如果土壤孔隙度为55%,则空气所占体积为 55%-24.4%=30.6%。

(3) 相对含水量　指土壤实际含水量占该土壤田间持水量的百分数。土壤相对含水量是以土壤实际含水量占该土壤田间持水量的百分数来表示。一般认为,土壤含水量为田间持水量的 60%~80% 时,最适合旱地植物的生长发育。

$$土壤相对含水量质量比 = \frac{土壤实际含水量}{田间持水量} \times 100\%$$

式中,土壤实际含水量为质量分数,%;

例:某土壤的田间持水量为24%,今测得该实际含水量为12%,则:

$$土壤相对含水量质量比 = \frac{12}{24} \times 100\% = 50\%$$

4. 土壤水分管理

土壤水分管理目的是为植物生长创造一个良好的水、气、热环境,其基本内容是增加土壤水分的入渗、减少土壤水分的非生产性消耗和提高土壤水分的利用率。具体措施是:

(1) 农田基本建设　农田基本建设包括农田、排灌渠系、路网、防护林带等的合理规划和建设。作为水分管理来讲,主要是农田和排灌渠系的建设。田面平整有利于降水和灌溉水的入渗,减少地面径流;配套的排灌渠系有利于灌溉和排水。

(2) 灌溉和排水　灌溉是增加农田水分含量的重要措施。灌溉的方式有漫灌、畦灌、喷灌、滴灌等。灌溉要注意节水灌溉,减少渠系渗漏和蒸发,引进新的节水灌溉技术;同时要按照植物的生理需要进行灌溉,减少水资源浪费,降低生产成本。

农田排水可分为排除地面积水、降低地下水位及排除表层土壤内滞水三类。不同的地区,将根据生产实际情况采用相应的排水方法。例如,在我国南方低洼平原地区,地下水位高,地面排水不畅,多雨季节常积水,土壤长期处于水分饱和状态,通气性差,不利于植物生长,此时的排水以降低地下水位和排除田面积水为主要目的。

(3) 耕作保墒　墒是土壤水分的另一种习惯称法,保墒是使土壤维持一定的含水量。通过适当的耕作措施也可以达到减少土壤水分损失、维持土壤含水量的目的。

耕翻、中耕、耙糖、镇压等耕作措施,在不同情况下可以起到不同的水分调节效果。合理深耕可以打破犁底层,改善表层土壤的孔隙性质,提高和改善了土壤的通气透水及保水性能。中耕松土可以疏松表土,改善了土壤孔隙性质,增加了土面水分蒸发阻力,减少土壤水分的消耗,特别是降雨或灌溉后及时中耕,可显著减少土面的水分蒸发,提高土壤的抗旱能力。对于质地较粗或疏松的沙土,在含水量较低时对表土进行镇压,由于降低了通气孔隙度,可以起到保墒和提墒的作用。

(4) 覆盖　覆盖是旱作农业保水保温的良好生产措施。所有覆盖措施都有利于少了土壤水分的蒸发损失,提高了表层土壤水分含量。

技能训练

1. 土壤含水量测定(烘干法)

(1) 基本原理　在105℃±2℃的温度下水分从土壤中全部蒸发,而有机质也不致分解。因此,将土样置于105℃±2℃下烘至恒重,根据烘干前后质量之差,就可以计算出土壤的水分含量。

(2) 材料用具　天平(感量0.01 g和0.001 g)、烘箱、干燥器、称样皿、铝盒等。

(3) 训练规程

烘干法适用于新鲜土样和风干土样。

① 铝盒称重。用感量为0.001 g的天平对干净铝盒称重,记为铝盒重(W_1),并记下铝盒盖和盒体的号码。

土壤水分
含量测定

② 风干土或湿土称重。取 5 g 左右 18 目风干土或湿土样放入铝盒中,将铝盒盖盖上,称重,记为铝盒加风干土或湿土重(W_2)。

③ 烘干。将铝盒放入预先温度升至 105℃±2℃ 的电热烘箱内烘 6~8 h。稍冷却后,将铝盒盖盖上,并放入干燥器中进一步冷却至室温。

④ 烘干土称重。冷却至室温后立即对铝盒称重,记为铝盒加干土重(W_3)。

(4) 结果记录　数据记录格式参见表 3-5。

表 3-5　土壤含水量测定数据记录格式

样品号	盒盖号	盒体号	铝盒重 W_1/g	铝盒加风干土重 W_2/g	铝盒加干土重 W_3/g	水分质量分数 /%	平均值

(5) 结果计算　将记录结果代入下面公式计算土壤含水量。

$$土壤水分质量分数 = \frac{W_2 - W_3}{W_3 - W_1} \times 100\%$$

平行测定结果的允许绝对相差:水分质量分数 <5%,允许绝对相差≤0.2%;水分质量分数 5%~15%,允许绝对相差≤0.3%;水分质量分数 >15%,允许绝对相差≤0.7%。

2. 土壤含水量测定(酒精燃烧法)

(1) 基本原理　酒精燃烧时使土样内的温度升至 180~200℃,导致水分蒸发。根据燃烧前后土样的质量变化就可以计算土样的水分含量。本方法通常只适用于含水量较高的新鲜土样,因为此法导致部分有机质被高温氧化损失掉,测定的结果稍高,所以只能用于生产上估计土壤水分含量。

(2) 材料用具　天平(感量 0.01 g)、铝盒、量筒(50 mL)、工业酒精、滴管、小刀、木箱、火柴、小铲子、滤纸、塑料袋等。

(3) 训练规程

① 新鲜土样采集:用小铲子在田间挖取表层土壤 1 000 g 左右装入塑料袋中,带回实验室供含水量测定和田间验墒用。

② 铝盒称重。用感量为 0.01 g 的天平对洗净烘干的铝盒称重,记为铝盒重(W_1),并记下铝盒的盒盖和盒体的号码。

③ 湿土称重。将塑料袋中的土样倒出约 200 g,在实验台上用小铲子将土样稍研碎混合。取 10 g 左右的土样放入已称重的铝盒中,称重,记为铝盒加新鲜土样重(W_2)。

④ 酒精燃烧。将铝盒盖开口朝下扣在实验台上,铝盒放上铝盒盖上。用滴管向铝盒内加入工业酒精,直至将全部土样覆盖。用火柴点燃铝盒内酒精,任其燃烧至火焰熄灭,稍冷

却;小心用滴管重新加入酒精至全部土样湿润,再点火任其燃烧;重复燃烧三次。

⑤ 烘干土称重。燃烧结束后,待铝盒冷却至不烫手时,将铝盒盖盖在铝盒上,待其冷却至室温,称重,记为铝盒加干土重(W_3)。

(4)结果记录　数据记录格式参见表3-6。

表3-6　土壤含水量测定数据记录格式

样品号	盒盖号	盒体号	铝盒重 W_1/g	铝盒加新鲜土重 W_2/g	铝盒加干土重 W_3/g	水分质量分数/%	平均值

(5)结果计算　将记录结果代入下面公式计算土壤含水量。

$$土壤水分质量分数(W)=\frac{W_2-W_3}{W_3-W_1}\times100\%$$

3. 田间验墒技术

将田间取回的新鲜土样倒出铺在实验台上,用小铲子将土样稍作粉碎后,轻轻堆成一堆,以减少水分蒸发。土壤墒情分成以下几种类型:

(1)干　基本不含有效水。方法是将土样放在手上,无凉爽感觉,用嘴吹土样时,可见扬起的土尘;或用滤纸将土样包起来,用手捏滤纸裹着的土样,滤纸上看不到明显的潮湿。

(2)润　有一定的有效水,相对含水量为50%~70%,适合土壤耕作。方法是将土样放在手上有凉润的感觉,但用劲捏土样时,土块易碎;用滤纸将土样裹起来,用劲捏滤纸包,则滤纸上有水痕。

(3)潮　有效水含量较高,相对含水量为60%~90%。方法是:用手揉压土壤时,土样易呈面团状,但无水流出,手上残留湿的痕迹;用滤纸将土样包起来,轻轻捏滤纸包时,则滤纸上的水痕明显,甚至滤纸吸水过多易撕裂。

(4)湿　有效水含量较高,相对含水量为80%~100%。方法是:挤压土壤时,土样内有水滴出,如质地黏重,则土样易沾手;如用滤纸包裹土样,稍挤压滤纸包,则滤纸易裂成片状。

(5)饱和　如土壤堆在桌面上有水流出,或采样时有水滴出,则土壤内水分饱和。此时,土壤内有一定的重力水。

任务巩固

1. 土壤水分有哪些类型?凋萎系数、田间持水量是什么?

2. 土壤含水量表示方法有哪些?

3. 怎样合理调节土壤水分?

任务 3.3 大 气 水 分

任务目标

■ 知识目标:熟悉空气湿度的表示方法与变化,了解水汽凝结有关知识,熟悉降水的表示方法与种类。

■ 能力目标:能够熟练准确地观测空气湿度,并依据观测结果正确使用空气相对湿度查算表查算空气湿度。能够熟练准确地观测降水量与蒸发量。

知识学习

大气中的水分是大气组成成分中最富于变化的部分。大气中水分的存在形式有气态、液态和固态;在多数情况下,水分以气态存在于大气中,三种形态在一定条件下可相互转化。

1. 空气湿度的表示方法

空气湿度是表示空气中水汽含量(即空气潮湿程度)的物理量。常用的表示方法有:

(1) 水汽压(e)与饱和水汽压(E) 大气中水汽所产生的分压称为水汽压。水汽压是大气压的一个组成部分。在通常情况下,空气中水汽含量多,水汽压大;反之,水汽压小。水汽压的单位常用百帕(hPa)表示。温度一定时,在单位体积的空气中能容纳的水汽量是有一定限度的。若水汽含量正好达到了某一温度下空气所能容纳水汽的最大限度,则水汽已达到饱和,这时的空气称为饱和空气。饱和空气的水汽压称为饱和水汽压;未达到此限度的空气称为未饱和空气;超过这个限度的空气称为过饱和空气。在一般情况下,超出的部分水汽会发生凝结。所以,在温度一定时,所对应的饱和水汽压是确定的。温度增加(降低)时,饱和水汽压也随之增加(降低)。

(2) 绝对湿度(a) 在单位容积空气中所含水汽的质量称为绝对湿度,实际上就是空气中水汽的密度,单位为 g/cm^3 或 g/m^3。空气中水汽含量愈多,绝对湿度就愈大,绝对湿度能直接表示空气中水汽的绝对含量。

(3) 相对湿度(r) 是指空气中实际水汽压与同温度下饱和水汽压的百分比,即:

$$r = e/E \times 100\%$$

相对湿度表示空气中水汽的饱和程度。在一定温度条件下,水汽压愈大,空气愈接近饱和。当 $e=E$ 时,$r=100\%$,空气达到饱和,称为饱和状态;当 $e<E$ 时,即 $r<100\%$,称为未饱和状态;当 $e>E$ 时,即 $r>100\%$ 而无凝结现象发生时,称为过饱和状态。因饱和水汽压随温度变化而变化,所以在同一水汽压下,气温升高,相对湿度减少,空气干燥;相反,气温降低,相对湿度增加,空气潮湿。

(4) 饱和差(d) 是指在一定温度下,饱和水汽压和实际水汽压之差,即:

$$d = E - e$$

饱和差表示空气中的水汽含量距离饱和的绝对数值。在一定温度下,e 愈大,空气愈接近饱和,当 $e=E$ 时,空气达到饱和,这时 $d=0$。

(5) 露点（t_d） 气温愈低，饱和水汽压就越小，所以对于含有一定量水汽的空气，在水汽含量和气压不变的情况下，降低温度，使饱和水汽压与当时实际水汽压值相等，这时的温度就成为该空气的露点温度，简称为露点，单位℃。实际气温与露点之差表示空气距离饱和的程度。如果气温高于露点，则表示空气未达饱和状态；气温等于露点时，则表示空气已达到饱和状态；气温低于露点，则表示空气达到过饱和状态。

2. 空气湿度的变化

（1）绝对湿度的变化 绝对湿度的日变化有两种类型：一是单波型日变化，即绝对湿度的日变化与温度的日变化一致。一天中有一个最大值和一个最小值。最大值出现在午后温度最高的时候，即14~15时；最小值出现在日出之前。单波型日变化，多发生在温度变化不太大的海洋、海岸地区、寒冷季节的大陆和暖季潮湿地区。二是双波型日变化，在一天中有两个最大值和两个最小值，两个最大值分别出现在8~9时和20~21时；两个最小值分别出现在日出前和14~15时。双波型的日变化常出现在温度变化较剧烈的内陆暖季及沙漠地区（图3-4）。

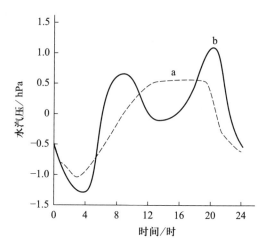

图 3-4 绝对湿度日变化图
a.单波型 b.双波型

绝对湿度的年变化与气温的年变化相似。在陆地上，绝对湿度最大值出现在7月份，最小值出现1月份。在海洋或海岸地方，绝对湿度最大值在8月份，最小值在2月份。

（2）相对湿度的变化 相对湿度的日变化与气温的日变化相反。相对湿度与水汽压以及气温有关。当气温升高时，水汽压及饱和水汽压都随之增大，但是饱和水汽压的增大要比水汽压快，因而水汽压与饱和水汽压的百分比就变小，也就是相对湿度变小。反之，气温降低时，相对湿度就增大。所以，一天中相对湿度的最大值出现在气温最低的清晨，最小值出现在14~15时（图3-5）。

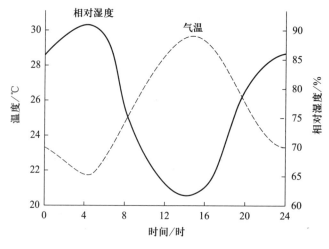

图 3-5 相对湿度日变化

相对湿度的年变化一般与气温的年变化相反。夏季最小,冬季最大。但在季风区由于夏季有来自海洋的潮湿空气,冬季有来自大陆的干燥空气,因此季风区的相对湿度的年变化与气温的年变化相似。

3. 水汽凝结

在自然界中,常会有水汽凝结成液态(露点温度在0℃以上)或固态冰晶(露点温度在0℃以下)的现象发生,而大气中的水汽需在一定的条件下才能发生凝结。水汽由气态转变为液态或固态的过程称为凝结。大气中水汽发生凝结的条件有两个:一是大气中的水汽必须达到过饱和状态;二是大气中必须有凝结核,两者缺一不可。

水汽凝结物主要包括地面和地面物体表面上的凝结物(如露、霜、雾凇、雨凇等)、大气中的凝结物(如雾和云)。

(1) 露和霜 露和霜是地面和地面物体表面辐射冷却,温度下降到空气的露点以下时,空气接触到这些冷的表面,而产生的水汽凝结现象。如露点高于0℃,就凝结为露;如露点低于0℃,就凝结为霜。露和霜形成于强烈辐射的地面和地面物体表面上。形成露和霜的条件是在晴朗、无风或微风的夜晚;导热率小的疏松土壤表面、辐射能力强的黑色物体表面、辐射面积大且粗糙的地面,晚间冷却较强烈,易于形成露或霜。此外,低洼的地方和植株的枝叶面上夜间温度较低而且湿度较大,所以露和霜较重。

(2) 雾凇和雨凇 雾凇是一种白色松脆的似雪易散落的晶体结构的水汽凝结物。它常凝结于地面物体,如树枝、电线、电杆等的迎风面上,雾凇又称为树挂。雾凇是一种有害的天气现象。

雨凇是过冷却雨滴降落到0℃以下的地面或物体上直接冻结而成的毛玻璃状或光滑透明的冰层。雨凇外表光滑或略有突起。雨凇多发生在严冬或早春季节,是我国北方的灾害天气。

(3) 雾 当近地大气层温度降低到露点以下时,空气中的水汽凝结成小水滴或水冰晶,弥漫在空气中,使水平方向上的能见度不到1 km的天气现象称为雾。雾削弱了太阳辐射、减少了日照时数、抑制了白天温度的增高、减少了蒸散,限制了根系吸收作用。

(4) 云 云是自由大气中的水汽凝结或凝华而形成的微小水滴、过冷却水滴、冰晶或者它们混合形成的可见悬浮物。云和雾没有本质区别,云在离地500 m以上高空,雾在近地气层。形成云的基本条件:一是充足的水汽;二是有足够的凝结核;三是使空气中的水汽凝结成水滴或冰晶时所需的冷却条件。

形成云的主要原因是空气的上升运动把低层大气的水汽和凝结核带到高层,由于绝热冷却而产生降温。当温度降低到露点以下时,空气中的水汽达到过饱和状态,这时水汽便以凝结核为核心,凝结成微小的水滴或冰晶,即是云。反之,空气的下沉运动,由于绝热增温而使云消散。

4. 降水

降水是指从云中降落到地面的液态或固态水。广义的降水是地面从大气中获得各种形态的水分,包括云中降水和地面凝结物。形成较强的降水:一是要有充足的水汽;二是要使气块能够被持久抬升并冷却凝结;三是要有较多的凝结核。

（1）降水的表示方法

① 降水量。降水量是指一定时段内从大气中降落到地面未经蒸发、渗透和流失而在水平面上积聚的水层厚度。降水量是表示降水多少的特征量，通常以 mm 为单位。降水量具有不连续性和变化大的特点，通常以日为最小单位，进行降水日总量、旬总量、月总量和年总量的统计。

② 降水强度。降水强度是指单位时间内的降水量。降水强度是反映降水急缓的特征量，单位为 mm/d 或 mm/h。按降水强度的大小可将降水分为若干等级（表 3–7）。

表 3–7　降水等级的划分标准

mm

种类	等级	小	中	大	暴	大暴	特大暴
雨	12 h	0.1~5.0	5.1~15.0	15.1~30.0	30.1~60.0	≥60.1	—
	24 h	0.1~10.0	10.1~25.0	25.1~50.0	50.1~100	100.1~200.0	>200.0
雪	12 h	0.1~0.9	1.0~2.9	≥3.0	—	—	—
	24 h	≤2.4	2.5~5.0	>5.0	—	—	—

在没有测量雨量的情况下，我们也可以从当时的降雨状况来判断降水强度（表 3–8）。

表 3–8　降水等级的判断标准

降水强度等级	降雨状况
小雨	雨滴下降清晰可辨；地面全湿，落地不四溅，但无积水或洼地积水形成很慢，屋上雨声微弱，檐下只有雨滴。
中雨	雨滴下降连续成线，落硬地雨滴四溅，屋顶有沙沙雨声；地面积水形成较快
大雨	雨如倾盆，模糊成片，四溅很高，屋顶有哗哗雨声；地面积水形成很快
暴雨	雨如倾盆，雨声猛烈，开窗说话时，声音受雨声干扰而听不清楚；积水形成特快，下水道往往来不及排泄，常有外溢现象
中雪	积雪深达 3 cm 的降雪过程
大雪	积雪深达 5 cm 的降雪过程
暴雪	积雪深达 8 cm 的降雪过程

（2）降水的种类

① 按降水物态形状可分为：一是雨，从云中降到地面的液态水滴。直径一般为 0.5~7 mm。下降速度与直径有关，雨滴越大，其下降速度也越快。二是雪，从云中降到地面的各种类型冰晶的混合物。雪大多呈六角形的星状、片状或柱状晶体。三是霰，是白色或淡黄色不透明的而疏松的锥形或球形的小冰球，直径 1~5 mm。霰是冰晶降落到过冷却水滴的云层中，互相碰撞合并而形成的，或是过冷却水在冰晶周围冻结而成的。由于霰的降落速度比雪花大得多，着落硬地常反跳而破碎。霰常见于降雪之前或与雪同时降落。直径小于 1 mm 的称为米雪，米雪的外形多比较扁长。四是雹，由透明和不透明冰层组成的坚硬的球状、锥状或形状不规则的固体降水物。雹块大小不一，其直径由几毫米到几十毫米，最大可达十几

厘米。

②按降水性质可分为:一是连续性降水,强度变化小,持续时间长,降水范围大,多降自雨层云或高层云。二是间歇性降水,时小时大,时降时止,变化慢,多降自层积云或高层云。三是阵性降水,骤降骤止,变化很快,天空云层巨变,一般范围小,强度较大,主要降自积雨云。四是毛毛状降水,雨滴极小,降水量和强度都很小,持续时间较长,多降自层云。

③按降水强度可分为:小雨、中雨、大雨、暴雨、特大暴雨、小雪、中雪、大雪等(表3-7)。

技能训练

1. 空气湿度测定(干湿球法)

(1) 基本原理　干湿球法测定空气湿度是根据干球温度与湿球温度的差值大小而测定空气湿度大小的。干球温度与湿球温度的差值越大,空气湿度越小,反之越大。

(2) 材料用具　干球温度表、湿球温度表等;场所:田间及日光温室,平坦空旷的地方或气象站。

① 干湿球温度表。干湿球温度表是由两支型号完全一样的普通温度表组成的,放在同一环境中(如百叶箱)。其中一支用来测定空气温度,就是干球温度表,另一支球部缠上湿的纱布,称为湿球温度表。湿球温度表的读数与空气湿度有关。当空气中的水汽未饱和时,湿球温度表球部表面的水分就会不断蒸发,消耗湿球及球部周围空气的热量,使湿球温度下降,干、湿球温度表的示度出现差值,称干湿差。所以,湿球温度表的示度要比干球温度表低,空气越干燥,蒸发越快,湿球示度低得越多,干湿差越大。反之,干湿差就越小。只有当空气中的水汽达到饱和时,干、湿球温度才相等。

空气温湿度
的观测

② 毛发湿度表。毛发湿度表的感应部分是脱脂毛发,它具有随空气湿度变化而改变其长度的特性。其构造如图3-6。当空气相对湿度增大时,毛发伸长,指针向右移动;反之,相对湿度降低时,指针向左移动。

(3) 训练规程

① 仪器安置。将干、湿球温度表垂直挂在小百叶箱内的温度表支架上,左边是干球温度表,右边是湿球温度表。如没有百叶箱,干、湿球温度表也可以水平放置,但干、湿球温度表的球部必须避免太阳辐射和地面反辐射的影响和雨雪水的侵袭,保持在空气流通的环境中,绝对禁止把干湿球温度表放在太阳光直接照射下测定空气湿度。

② 观察时间及观测项目。观测时间以北京时间为准,每天以8:00,14:00,20:00做三次观测。观测空气湿度一般用干、湿球温度表,定时记录干、湿球温

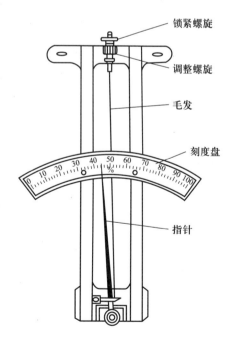

锁紧螺旋

调整螺旋

毛发

刻度盘

指针

图3-6　毛发湿度表示意图

度表的示度,根据干球温度表和湿球温度表的示度差,可查算出绝对湿度、相对湿度和露点温度,也可用毛发湿度表观测空气的相对湿度。

③ 计算。根据观测的干球温度与湿球温度的差值,查表即可求出空气的相对湿度。

(4) 结果记录

① 空气相对湿度查算表(表3-9)的使用。根据观测的干球温度值t,在简化后的湿度查算表中确定待查找部分,在该部分内找到干球温度值t与Δt交叉的数值,即为相应的相对湿度(r)值。

表3-9 空气相对湿度查算表 　　　　　　　%

$t/℃$	Δt															
	0	1	2	3	4	5	6	7	8	9	10	11	12	13	14	15
35	100	93	87	80	75	70	66	61	58	54	50	47	44	41	39	36
34	100	93	87	80	75	70	66	60	57	53	50	46	43	40	38	35
33	100	93	87	80	75	70	65	60	57	53	49	46	43	40	37	35
32	100	93	86	80	74	69	65	60	56	52	49	45	42	39	36	34
31	100	93	86	79	74	69	64	59	55	51	48	44	41	38	35	33
30	100	93	86	79	73	68	63	59	54	50	47	43	40	37	34	32
29	100	93	86	79	73	68	63	58	54	50	46	42	39	36	33	31
28	100	92	85	79	73	67	62	57	53	49	45	42	38	35	33	30
27	100	92	85	78	72	67	61	57	52	48	44	41	37	34	32	29
26	100	92	84	77	72	66	61	56	51	47	43	40	36	33	30	28
25	100	92	84	77	71	65	60	55	50	46	42	39	35	32	29	27
24	100	92	84	77	71	65	59	54	49	45	41	38	34	31	28	26
23	100	91	84	76	70	64	58	53	48	44	40	36	33	30	27	24
22	100	91	83	76	69	63	57	52	47	43	39	35	32	29	26	23
21	100	91	83	75	68	62	56	51	46	42	38	34	30	27	24	22
20	100	91	82	75	68	61	55	50	45	40	36	33	28	25	23	20
19	100	91	82	74	67	60	54	49	44	39	35	31	28	24	22	
18	100	90	81	73	66	59	53	48	42	38	34	30	25	23	20	
17	100	90	81	73	65	58	52	46	41	36	32	28	25	21		
16	100	90	80	72	64	57	51	45	40	35	30	26	23	20		
15	100	89	80	71	63	56	50	43	38	33	29	25	21			
14	100	89	79	70	62	55	48	42	36	31	27	23	19			
13	100	89	78	69	61	53	46	40	35	30	25	21				
12	100	88	78	68	60	52	45	39	33	28	23	19				

$t/℃$	Δt															
	0	1	2	3	4	5	6	7	8	9	10	11	12	13	14	15
11	100	88	77	67	58	50	43	37	31	26	21	17				
10	100	88	76	66	57	49	41	35	29	23	19					
9	100	87	75	65	55	47	39	33	26	21						
8	100	87	74	64	54	45	37	30	24	18						
7	100	86	73	62	52	43	35	28	21							
6	100	85	72	61	50	41	33	25	19							
5	100	85	71	59	48	39	30	23	16							
4	100	84	70	57	46	36	27	20								
3	100	84	68	56	44	34	24	16								
2	100	83	67	54	41	31	21									
1	100	82	66	51	39	28	18									
0	100	81	64	49	36	25	14									
−1	100	80	62	47	33	21										
−2	100	79	60	44	30	17										
−3	100	78	58	41	26											
−4	100	77	56	38	22											
−5	100	75	53	36	18											
−6	100	74	51	31	14											
−7	100	72	48	27												
−8	100	71	46	23												
−9	100	69	42	18												
−10	100	67	38	18												

② 空气湿度观测记录见表 3-10。

表 3-10 空气湿度观测记录

观测结果	观测时间(8 时)	观测时间(14 时)	观测时间(20 时)
干球温度表读数 /℃			
湿球温度表读数 /℃			
毛发湿度表 /%			
相对湿度 /%			

任务 3.3 大气水分

2. 降水量观测

（1）基本原理 雨量器是人工观测降水量的仪器,它由雨量筒与量杯组成(见图3-7)。雨量筒由承水器(漏斗)、储水筒(外筒)、储水瓶组成,并有与其口径成比例的专用量杯。每天8时、20时观测12 h的降水量。观测时要换取储水瓶,把换下的储水瓶取回室内,将水倒入量杯,读得的刻度即为降水量。冬季降雪时,须将漏斗从器口内拧下,取走储水瓶,直接用承雪口和储水筒容纳降水。冬季固体降水物融化后进行测定。

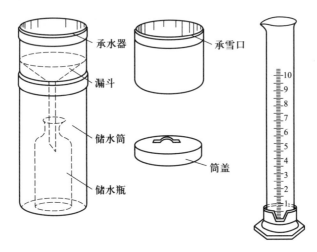

图3-7 雨量筒及量杯示意

（2）用具材料 雨量器、专用量杯和蒸馏水等。场所:田间,平坦空旷的地方或气象站。

（3）训练规程

降水量观测

①仪器安装。将雨量器安装在观测场内固定架子上。器口保持水平,距地面高70 cm。冬季积雪较深地区,应备有一个较高的备份架子。当雪深超过30 cm时,应把仪器移至备份架子上进行观测。

单纯测量降水的站点不宜选择在斜坡或建筑物顶部,应尽量选在避风地方。不要太靠近障碍物,最好将雨量仪器安在低矮灌木丛间的空旷地方。

②观测和记录。每天8时、20时分别量取前12 h降水量。观测液体降水时要换取储水瓶,将水倒入量杯,要倒净。将量杯保持垂直,使人的视线与水面齐平,以水凹面为准,读得刻度数即为降水量,记入相应栏内。降水量大时,应分数次量取,求其总和。

冬季降雪时,须将承水器取下,换上承雪口,取走储水瓶,直接用承雪口和外筒接收降水。观测时,将已有固体降水的外筒,用备份的外筒换下,盖上筒盖后,取回室内,待固体降水融化后,用量杯量取。也可将固体降水连同外筒用专用的台秤称量,称量后应把外筒的重量(或mm)扣除。

20时降水量观测时和观测前无降水,而其后至20时正点之间(包括延续至次日)有降水;或20时观测时和观测前有降水,但降水恰在20时正点或正点之前终止。遇有以上两种情况时,应于20时正点补测一次降水量,并记入当日20时降水量定时栏,使天气现象与降水量的记录相配合。

项目三 水分环境与植物生长

③ 对特殊情况的处理：在炎热干燥的日子，为防止蒸发，待降水停止后，要及时观测。在降水较大时，应视降水情况增加人工观测次数，以免降水溢出雨量筒，造成记录失真。无降水时，降水量栏空白不填。不足 0.05 mm 的降水量记 0.0。纯雾、露、霜、冰针、雾凇按无降水处理。出现雪暴时，应观测其降水量。

（4）记录结果　将观测结果和计算结果填在表 3–11。记录降水量时，当降水量 <0.05 mm，或观测前虽有微量降水，但因蒸发过快，观测时没有积水，量不到降水量，均记为 0.0 mm；0.05 mm≤降水量≤0.1 mm 时，记为 0.1 mm。

表 3–11　降水量、蒸发量观测记表
mm

观测时间	08:00		20:00
降水量			
原量			
余量			

（5）结果计算　计算公式：

$$蒸发量 = 原量 + 降水量 - 余量$$

任务巩固

1. 空气湿度的表示方法有哪些？简述空气湿度的变化规律。
2. 水汽凝结有哪些方式？
3. 降水量的表示方法有哪些？降水的种类有哪些？

任务 3.4　植物生长水分环境调控

任务目标

- 知识目标：了解植物对水分环境的适应，了解设施条件下水分环境变化的特点。
- 能力目标：能熟练正确地调控水分环境。

知识学习

1. 植物对水分环境的适应

由于长期生活在不同的水分环境中，植物会产生固有的生态适应特征。根据水分环境的不同以及植物对水分环境的适应情况，可以把植物分为水生植物和陆生植物两大类。

（1）水生植物　生长在水体中的植物统称为水生植物。水体环境的主要特点是弱光、缺氧、密度大、黏性高、温度变化平缓，以及能溶解各种无机盐类等。

水生植物类型很多，根据生长环境中水的深浅不同，可划分为挺水植物、浮水植物和沉水植物 3 类。一是挺水植物，是指植物体大部分挺出水面的植物，根系浅，茎秆中空；如荷花、芦苇、香蒲等。二是浮水植物，是指叶片漂浮在水面的植物，气孔分布在叶的上面，维管束和机械组织不发达，茎疏松多孔，根漂浮或伸入水底；包括不扎根的浮水植物(如凤眼莲、浮萍等)和扎根的浮水植物(如睡莲、菱和眼子菜等)。三是沉水植物，整个植物沉没在水下，与大气完全隔绝的植物，根退化或消失，表皮细胞可直接吸收水体中气体、营养和水分，叶绿体大而多，适应水体中弱光环境，无性繁殖比有性繁殖发达；如金鱼藻、狸藻和黑藻等。

（2）陆生植物　生长在陆地上的植物统称陆生植物，可分为旱生植物、湿生植物和中生植物三种类型。

① 旱生植物。是指长期处于干旱条件下，能长时间忍受水分不足，但仍能维持水分平衡和正常生长发育的植物。这类植物在形态上或生理上有多种多样的适应干旱环境的特征，多分布在干热草原和荒漠区(图3-8)。根据旱生植物的生态特征和抗旱方式，又可分为多浆液植物和少浆液植物两类。

图 3-8　植物对干旱的适应生存

1. 树干贮水的面包树类　2. 茎贮水的仙人掌类　3. 叶贮水的龙舌兰类　4. 深主根系常绿树和灌木
5. 落叶、多刺灌木　6. 具叶绿素茎灌木　7. 丛生苔草　8. 垫状植物　9. 地下芽植物
10. 鳞茎植物　11. 一年生植物　12. 耐干旱植物

多浆液植物，又称肉质植物。例如仙人掌、番杏、猴面包树、景天、马齿苋等。这类植物蒸腾面积很小，多数种类叶片退化而由绿色茎代替光合作用；其植物体内有发达的贮水组织，植物体的表面有一层厚厚的蜡质表皮，表皮下有厚壁细胞层，大多数种类的气孔下陷，且数量少；细胞质中含有一种特殊的五碳糖，提高了细胞质浓度，增强了细胞保水性能，大大提高了抗旱能力。

少浆液植物，又称硬叶旱生植物。如柽柳、沙拐枣、羽茅、梭梭、骆驼刺、木麻黄等。这类植物的主要特点是：叶面积小，大多退化为针刺状或鳞片状；叶表具有发达的角质层、蜡质层或茸毛，以防止水分蒸腾；叶片栅栏组织多层，排列紧密，气孔量多且大多下陷，并有保护结构；根系发达，能从深层土壤内和较广的范围内吸收水分；维管束和机械组织发达，体内含水量很少，失水时不易显出萎蔫的状态，甚至在丧失 1/2 含水量时也不会死亡；细胞液浓度高、渗透压高,吸水能力特强,细胞内有亲水胶体和多种糖类,抗脱水能力也很强。这类植物适于在干旱地区的沙地、沙丘中栽植;潮湿地区只能栽培于温室的人工环境中。

②湿生植物。指适于生长在潮湿环境,且抗旱能力较弱的植物。根据湿生环境的特点,还可以区分为耐荫湿生植物和喜光湿生植物两种类型。

耐荫湿生植物,也称为阴性湿生植物,主要生长在阴暗潮湿环境里。如多种蕨类植物、兰科植物,以及海芋、秋海棠、翠云草等植物。这类植物大多叶片很薄,栅栏组织与机械组织不发达,而海绵组织发达,防止蒸腾作用的能力很小,根系浅且分枝少。它们适应的环境光照弱,空气湿度高。

喜光湿生植物,也称为阳性湿生植物,主要生长在光照充足,土壤水分经常处于饱和状态的环境中。如池杉、水松、半边莲、小毛莨以及泽泻等。它们虽然生长在经常潮湿的土壤上,但也常有短期干旱的情况,加之光照度大,空气湿度较低,因此湿生形态不明显,有些甚至带有旱生的特征。这类植物叶片具有防止蒸腾的角质层等适应特征,输导组织也较发达;根系多较浅,无根毛,根部有通气组织与茎叶通气组织相连,木本植物多有板根或膝根。

③中生植物。是指适于生长在水湿条件适中的环境中的植物。这类植物种类多,数量大,分布最广,它们不仅需要适中的水湿条件,同时也要求适中的营养、通气、温度条件。中生植物具有一套完整的保持水分平衡的结构和功能,其形态结构及适应性均介于湿生植物与旱生植物之间,其根系和输导组织均比湿生植物发达,随水分条件的变化,可趋于旱生方向,也可趋于湿生方向。

2. 设施条件下水分环境的变化特点

空气湿度和土壤水分共同构成设施内的湿度环境。设施内湿度过大,容易造成作物茎、叶徒长,影响正常生长发育。同时,高湿(90%以上)或结露,常常是一些病害多发的原因。

(1) 设施内空气湿度的形成　设施内的空气湿度是在设施密闭条件下,由土壤水分的蒸发和植物体内水分的蒸腾形成的。室内湿度条件与作物蒸腾、土壤表面和室内壁面的蒸发强度有密切关系。设施内作物生长相对湿度比露地栽培要高得多。白天通风换气时,水分移动的主要途径是土壤→作物→室内空气→外界空气。如果作物蒸腾速度比吸水速度快,作物体内缺水,气孔开度缩小,蒸腾速度下降。若不进行通风换气时,设施内蓄积大量的水汽,空气饱和差下降,作物则不容易出现缺水。早晨或傍晚设施密闭时,外界气温低,室内空气骤冷会形成"雾"。

(2) 设施内空气湿度特点　主要表现为:

①空气湿度相对较大。在一般情况下,设施内空气相对湿度和绝对湿度均高于露地,平均相对湿度一般在90%左右,经常出现100%的饱和状态。日光温室及塑料大、中、小棚,由于设施内空间相对较小,冬春季节为保温很少通风,相对湿度经常达到100%。

②季节变化和日变化明显。季节变化一般是低温季节相对湿度高,高温季节相对湿度低。长江中下游地区,冬季(1—2月)平均空气相对湿度在90%以上,比露地高20%左右;春季(3—5月)湿度相对下降,一般在80%左右,比露地高10%左右。相对湿度的日变化表现为夜晚湿度高,白天湿度低,白天中午前后湿度最低。

③湿度分布不均匀。由于设施内温度分布存在差异,导致相对湿度分布也存在差异。

在一般情况下,温度较低的部位相对湿度较高,而且经常导致局部低温部位产生结露现象。

技能训练

植物生长水分环境调控

（1）材料用具　网站、杂志、图书等资料。笔记本、笔等用具。气象站、农田、设施农业场所等地点。

（2）调查活动　组织学生到农业生产场所、设施农业场所等地,通过访问当地农业技术人员、技术能手、种植大户等,参考下面资料,写一篇当地植物生长水分调控的经验总结。

（3）调控技术　结合当地实际情况,根据案例选择适当的调控技术。

植物生长水分调控技术

在植物生产实践中,可以通过一些水分调控技术来提高植物生长水分的生产效率,发展节水高效农业。

1. 一般条件下水分调控技术

（1）集水蓄水技术　蓄积自然降水,减少降水径流损失是解决农业用水的重要途径。除了拦河筑坝、修建水库、修筑梯田等大型集水蓄水和农田基本建设工程外,在干旱少雨地区,采取适当方法,汇集、积蓄自然降水,发展径流农业是十分重要的措施。

① 沟垄覆盖集中保墒技术。基本方法是平地(或坡地沿等高线)起垄,农田呈沟、垄相间状态,垄作后拍实,紧贴垄面覆盖塑料薄膜,降雨时雨水顺薄膜集中于沟内,渗入土壤深层。沟要有一定深度,保证有较厚的疏松土层,降雨后要及时中耕以防板结,雨季过后要在沟内覆盖秸秆,以减少蒸腾失水。

② 等高耕作种植。基本方法是沿等高线筑埂,改顺坡种植为等高种植。埂高和带宽的设置既要有效地拦截径流,又要节省土地和劳力,适宜等高耕作种植的山坡要厚1 m 以上,坡度在 6°~10°,带宽 10~20 m。

③ 微集水面积种植。我国的鱼鳞坑就是其中之一。在一小片植物,或一棵树周围,筑高 15~20 cm 的土埂,坑深 40 cm,坑内土壤疏松,覆盖杂草,以减少蒸腾。

（2）节水灌溉技术　目前,节水灌溉技术在植物生产上发挥着越来越重要的作用,主要有喷灌、微灌、膜上灌、地下灌等技术。

① 喷灌技术。喷灌是利用专门的设备将水加压,或利用水的自然落差将高位水通过压力管道送到田间,再经喷头喷射到空中散成细小水滴,均匀散布在农田上,达到灌溉目的。喷灌可按植物不同生育期需水要求适时、适量供水,且具有明显的增产、节水作用。对一般土质,喷灌可节水 30%~50%;对透水性强、保水能力弱的土质,可节水 70%以上。

② 地下灌技术。把灌溉水输入地下铺设的透水管道或采用其他工程措施抬高地下水位,依靠土壤的毛细管作用浸润根层土壤,供给植物所需水分的灌溉技术。地下灌溉可减少表土蒸发损失,水分利用率高。

③ 微灌技术。微灌技术是一种新型的节水灌溉工程技术，包括滴灌、微喷灌和涌泉灌等。微灌比地面灌溉节水 60%~70%，比喷灌节水 15%~20%；微灌灌水均匀，均匀度可达 80%~90%。微灌的不利因素在于一次性投资大、灌水器易堵塞等。

④ 膜上灌技术。这是在地膜栽培的基础上，把以往的地膜旁侧灌水改为膜上灌水，水沿放苗孔和膜旁侧渗入进行灌溉。膜上灌投资少，操作简便，便于控制水量，加快输水速度，可减少土壤的深层渗漏和蒸发损失，因此可显著提高水分的利用率。与常规沟灌玉米、棉花相比，可节水 40%~60%。

⑤ 植物调亏灌溉技术。调亏灌溉是从植物生理角度出发，在一定时期内主动施加一定程度的有益的亏水度，使植物经历有益的亏水锻炼后，达到节水增产、改善品质的目的。它通过调亏可控制地上部分的生长量，实现矮化密植，减少整枝等工作量。

（3）少耕免耕技术

① 少耕。少耕是指在常规耕作基础上尽量减少土壤耕作次数或全田间隔耕种，减少耕作面积的一类耕作方法。少耕的方法主要有以深松代翻耕、以旋耕代翻耕、间隔带状耕种等。我国的松土播种法就是采用凿形或其他松土器进行松土，然后播种。带状耕作法是把耕翻局限在行内，行间不耕地，植物残茬留在行间。

② 免耕。免耕是指植物播种前不用犁、耙整理土地，直接在茬地上播种，播后和植物生育期间也不使用农具管理土壤的耕作方法。免耕省工省力；省费用、效益高；抗倒伏、抗旱、保苗率高；有利于集约经营和发展机械化生产。国外免耕法一般由三个环节组成：利用前作残茬或播种牧草作为覆盖物；采用联合作业的免耕播种机开沟、喷药、施肥、播种、覆土、镇压一次完成作业；采用农药防治病虫、杂草。

（4）地面覆盖技术

① 砂田覆盖。砂田覆盖在我国西北干旱、半干旱地区十分普遍，它是由细砂甚至砾石覆盖于土壤表面，起到抑制蒸发，减少地表径流，促进自然降水充分渗入土壤中，从而起到增墒、保墒作用。此外砂田覆盖还有压碱，提高土温，防御冷害作用。

② 秸秆覆盖。利用麦秸、玉米秸、稻草、绿肥等覆盖于已翻耕过或免耕的土壤表面；在两茬植物间的休闲期覆盖，或在植物生育期覆盖；可以将秸秆粉碎后覆盖，也可整株秸秆直接覆盖，播种时将秸秆扒开，形成半覆盖形式。

③ 地膜覆盖。有提高地温，防止蒸发，湿润土壤，稳定耕层含水量，起到保墒作用，从而有显著增产效果。

④ 化学覆盖。利用高分子化学物质制成乳状液，喷洒在土壤表面，形成一层覆盖膜，抑制土壤水分蒸发，并有增湿保墒作用。化学覆盖在阻隔土壤水分蒸发的同时，不影响降水渗入土壤，因而可使耕层土壤水分含量增加。

（5）保墒技术

① 适当深耕。在生产实践中，通过打破犁底层，增厚耕作层，可以增加土壤孔隙度和土壤空气孔隙度，达到提高土壤蓄水性和透水性的目的。如果深耕再结合施用有机肥，还能有效地提高土壤肥力，改善植物生长的土壤环境条件。

② 中耕松土。通过适期中耕松土,疏松土壤,可以破坏土壤浅层的毛管孔隙,使得耕作层的土壤水分不容易从表土层蒸发,减少了土壤水分消耗,同时又可消除杂草。特别是降水或灌溉后,及时中耕松土显得更加重要。

③ 表土镇压。对含水量较低的沙土或疏松土壤,适时镇压,能减少土壤表层的空气孔隙数量,减少水分蒸发,可以增加土壤耕作层及耕作层以下的毛管孔隙数量,吸引地下水,从而起到保墒和提墒的作用。

④ 创造团粒结构体。在植物生产活动中,通过增施有机肥料、种植绿肥、建立合理的轮作套作等措施,提高土壤有机质含量,再结合少耕、免耕等合理的耕作方法,创造良好的土壤结构和适宜的孔隙状况,增加土壤的保水和透水能力,从而使土壤保持一定量的有效水。

⑤ 植树种草。植树造林,能涵养水分,保持水土。树冠能截留部分降水,通过林地的枯枝落叶层大量下渗,使林地土壤涵养大量水分。同时森林又能减少地表径流,防止土壤冲刷和养分的流失。森林还可以调节小气候,增加降水量。

(6) 水土保持技术

① 水土保持耕作技术。主要有两大类:一是以改变小地形为主的耕作法,包括等高耕种、等高带状间作、沟垄种植(如水平沟、垄作区田、等高沟垄、等高垄作、蓄水聚肥耕作、抽槽聚肥耕作等)、坑田、半旱式耕作、水平犁沟等。二是以增加地面覆盖为主的耕作法,包括草田带轮作、覆盖耕作(如留茬覆盖、秸秆覆盖、地膜覆盖、青草覆盖等)、少耕(如少耕深松、少耕覆盖等)、免耕、草田轮作、深耕密植、间作套种、增施有机肥料等。

② 工程措施。主要措施有修筑梯田、等高沟埂(如地埂、坡或梯田)、沟头防护工程、谷坊等。

③ 林草措施。主要措施用封山育林、荒坡造林(水平沟造林、鱼鳞坑造林)、护沟造林、种草等。

(7) 遮阳处理技术　对于一些需要遮阳的植物,可采取的技术:一是搭建遮阳网;二是在阴棚四周搭架种植藤蔓作物如南瓜等,达到遮阳效果;三是在棚顶安装自动旋转自来水喷头或喷雾管,在每天上午 10 时至下午 4 时适当喷水增加湿度。

2. 设施条件下水分调控技术

(1) 节水灌溉技术　目前主要推广的是以管道灌溉为基础的多种灌溉方式,包括直接利用管道输水灌溉,以及滴灌、微喷灌、渗灌等节水灌溉技术。大型智能化设施已开始普及,应用灌溉自动控制设备,根据设施内的温度、湿度、光照等因素以及植物生长不同阶段对水分的要求,采用计算机综合控制技术及时灌溉。

(2) 排水　如果设施内出现积水现象,则应开沟排水。

(3) 降低设施湿度　一是地膜覆盖,抑制土壤蒸发;二是寒冷季节控制灌水量,提高温度;三是通风降湿,通过通风调节改善设施内空气湿度;四是加温除湿;五是使用除湿机;六是热泵除湿。

(4) 增加设施湿度　一是间歇采用喷灌或微喷灌技术;二是喷雾加湿;三是湿帘加湿。

任务巩固

1. 植物对水分环境是怎样适应的?

2. 在设施环境下水分环境有哪些变化特点?

3. 在一般条件下怎样调控土壤水分环境?

4. 在设施条件下怎样调控土壤水分环境?

项目拓展

如果同学们想了解更多的知识,可以通过下面渠道进行学习:

1. 阅读杂志:

(1)《气象》

(2)《中国农业气象》

(3)《气象知识》

2. 浏览网站:

(1) 中国天气网　http://www.weather.com.cn/

(2) 中国气象新闻网　http://www.zgqxb.com.cn/

(3) 中央气象台　http://www.nmc.cn/

3. 通过本校图书馆借阅有关气象、农业气象、土壤水分等方面的书籍。

考证提示

获得农业技术员、农作物植保员等中级资格证书,需具备以下知识和能力:

1. 水分对植物生长的影响;

2. 植物吸水的原理;

3. 土壤水分、大气水分;

4. 对土壤自然含水量和田间持水量的测定;

5. 对植物的蒸腾强度的测定;

6. 对空气湿度、降水量与蒸发量的观测;

7. 对植物生长水分环境的调控。

项目四　光环境与植物生长

项目导读

　　地球公转形成了四季,地球自转形成了地球上的昼夜交替现象。太阳辐射是地面和大气最主要能量的源泉,是一切生命活动的基础。光是植物生长发育必需的重要条件,不同种类的植物在生长发育过程中要求的光照条件不同,植物长期适应不同光照条件又形成相应的适应类型。植物长期生长在一定的光照条件下在其形态结构及生理特性上表现出一定的适应性;因此要根据各地条件,因地制宜地提高光能利用率,合理调控光环境。

任务 4.1　光环境状况

任务目标

- 知识目标:了解日地关系与季节、太阳辐射等知识;熟悉光对植物生长发育的影响。
- 能力目标:能熟练进行光照度的测定;能进行日照时数的观测。

知识学习

1. 日地关系与季节形成

　　地球是一个椭球体,赤道半径为 6 378.1 km,极半径为 6 356.8 km。它不停地绕太阳公转,同时又绕地轴自西向东自转。地球公转一周需要 365 d 5 h 48 min 46 s,自转一周需要 23 h 56 min 4 s。

　　(1) 日地关系　地球围绕太阳公转过程中,太阳光线垂直投射到地球上的位置不断变化,引起各地的太阳高度角和日照时间长短发生改变,造成一年中各纬度(主要是中高纬度)所接受太阳辐射能发生变化。当地球公转到 3 月 21 日左右的位置时,阳光直射在赤道上,北半球是春季,南半球是秋季。当地球公转到 6 月 22 日左右的位置时,阳光直射在北回归线上,北半球便进入了夏季,而南半球正是冬季。当地球公转到 9 月 23 日左右的位置时,阳光又直射到赤道上,北半球进入秋季,南半球转为春季。当地球公转到 12 月 22 日左右的位置时,阳光直射到南回归线上,北半球进入冬季,而南半球则进入夏季。接下来就进入了新的一年,新一轮的四季交替又要开始了。

（2）昼夜形成　在地球自转过程中，在同一时间里，总是有半个球面朝向太阳，另半个球面背向太阳。朝向太阳的半球称昼半球，背向太阳的半球称夜半球，昼半球和夜半球的分界线称晨昏线。当地球自西向东自转时，昼半球的东侧逐渐进入黑夜，夜半球的东侧逐渐进入白天，由此形成了地球上的昼夜交替现象（图4-1）。

（3）日照长短　日照时间分为可照时数与实照时数。在天文学上，某地的昼长是指从日出到日落太阳可能照射的时间间隔，也称为可照时数，也称昼长。它是不受任何遮蔽时每天从日出到日落的总时数，以小时（h）、分（min）为单位，可由气象常用表查得。实际上，由于受云雾等天气现象或地形

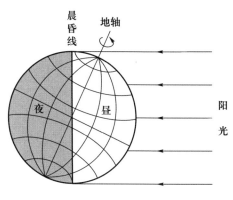

图 4-1　昼夜的形成

和地物遮蔽的影响，太阳直接照射的实际时数会短于可照时数，将一日中太阳直接照射地面的实际时数称为实照时数，也称日照时数。实照时数是用日照计测得的，日照计只能感应一定能量的太阳直接辐射，有云、地物遮挡时测不到。

在日出前与日落后的一段时间内，虽然没有太阳直射光投射到地面，但仍有一部分散射光到达地面，习惯上称为曙光和暮光。在曙暮光时间内也有一定的光强，对植物的生长发育产生影响。把包括曙暮光时间在内的昼长时间称为光照时间。即

光照时间 = 可照时数 + 曙暮光时间

生产上曙暮光时间是指太阳在地平线以下 0°~6° 的一段时间。当太阳高度降低至地平线以下 6° 时，晴天条件上的光照度约为 3.5lx。曙暮光持续时间长短，因季节和纬度而异。全年以夏季最长，冬季最短。就纬度来说，高纬度要长于低纬度，夏半年尤为明显。例如，在赤道上，各季的曙暮光时间只有 40 多分钟，而在 60° 的高纬度，夏季曙暮光时间可以长达 3.5 h，冬季也有 1.5 h。

2. 太阳辐射

太阳以电磁波的形式向外放射巨大能量的过程称为太阳辐射，放射出来的能量称为太阳辐射能。太阳辐射是地面和大气最主要的能量源泉，是一切生命活动的基础。

（1）太阳辐照度　太阳辐照度是反映太阳辐射强弱程度的物理量，是指单位时间内垂直投射到单位面积上的太阳辐射能量的多少。单位是 $J/(m^2 \cdot s)$。太阳辐照度主要由太阳高度角和日照时间决定。太阳高度角大，日照时间长，则太阳辐照度强。

（2）光照度　光照度是表示物体被光照射明亮程度的物理量，是指可见光在单位面积上的光通量，单位是勒克斯（lx）。光照度与太阳高度角、大气透明度、云量等有关。一般来说，夏季晴天中午地面的光照度约为 1.0×10^5 lx，阴天或背阴处光照度为 1.0×10^4~2.0×10^4 lx。

（3）太阳辐射光谱　太阳辐射能随波长的分布曲线称为太阳辐射光谱。在大气上界太阳辐射能量多数集中在 0.15~4.0 μm 波长处，按其波长可分为紫外线（波长小于 0.4 μm）、可见光（波长 0.4~0.76 μm）和红外线（波长大于 0.76 μm）三个光谱区。其中可见光区的能量占

太阳辐射总能量的 50% 左右,由红、橙、黄、绿、青、蓝、紫 7 种光组成;红外线区占 43% 左右;紫外线区占 7% 左右(图 4-2)。由于大气吸收,地球表面测得的太阳辐射光谱在 0.29~5.3 μm,而且在空间和时间都有变化。

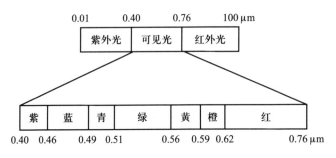

图 4-2　太阳辐射光谱

透过大气层后,由于大气的吸收、散射和反射作用,太阳辐射大大减弱。如果把射入大气上界的太阳辐射作为 100%,被大气和云层吸收的约占 14%,被散射回宇宙空间的约占 10%,被反射回宇宙空间的约占 27%,其余的到达地面,地面又反射回宇宙空间一部分太阳辐射,地面实际接收的太阳辐射能只有大气上界的 43%,包括 27% 的直接辐射和 16% 的散射辐射(图 4-3)。

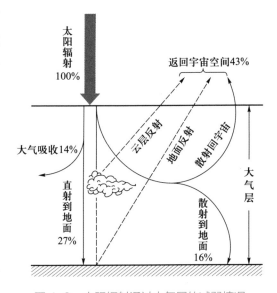

图 4-3　太阳辐射通过大气层的减弱情况

3. 光与植物生长

光是植物生长发育必需的重要条件之一,不同种类的植物在生长发育过程中要求的光照条件不同,植物长期适应不同光照条件又形成相应的适应类型。

(1) 光质与植物生长发育　光质又称光的组成,是指具有不同波长的太阳光谱成分。光质主要由紫外线、可见光和红外线组成,不同波长的光具有不同的性质,对植物的生长发育具有不同的影响。

① 光质对光合作用的影响。植物光合作用是从叶绿素对光的吸收开始的,而叶绿素主要吸收蓝紫光、红橙光。其中蓝紫光能被类胡萝卜素所吸收,红橙光和黄绿光则能被藻胆色素吸收,而绿光为生理无效光。

② 光质对植物生长的影响。一般长波光能促进植物伸长生长,短波光能抑制植物的伸长生长。在农业上,通过改变光质可影响植物生长,如有色薄膜育苗,红色薄膜有利于提高叶菜类产量,紫色薄膜对茄子有增产作用。红光下甜瓜植株加速发育,果实提前 20 d 成熟,果肉的糖分和维生素含量也有增加。

③ 光质对植物产品品质的影响。光的不同波长对植物的光合作用产生影响,红光有利

于糖类的合成,蓝紫光有利于蛋白质和有机酸的合成。短波光能促进花青素的合成,使植物茎叶、花果颜色鲜艳;但短波光能抑制植物生长,阻止植物的黄化现象,在蔬菜生产上可利用这一原理生产韭黄、蒜黄、豆芽、葱白等蔬菜。

(2) 光照度与植物生长发育　光照度依地理位置、地势高低、云量等的不同呈规律性的变化。即随纬度的增加而减弱,随海拔的升高而增强。一年之中以夏季光照最强,冬季光照最弱;一天之中以中午光照最强,早晚光照最弱。

① 光照度影响植物的光合作用。光照度是影响植物光合作用的重要因素。叶片只有处于光饱和点的光照下,才能发挥其最大的制造与积累干物质的能力;在光饱和点以上的光照不再对光合作用起作用(图 4-4)。

② 光照度与植物生长发育。首先,光照度对种子发芽有一定影响。植物种子的发芽对光照条件的要求各不相同,有的植物种子需要在光照条件下才能发芽,受影响的常是小种子。其次,光照度影响着植物的周期性生长。光照度与温度等因子共同影响着植物生长,从而使植物生长表现出昼夜周期性和季节周期性。第三,光照度影响植物的抗寒能力。秋季天

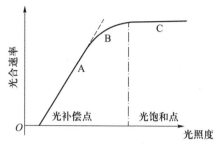

图 4-4　植物的光合速率和光照度的关系

A. 光合速率随光照度的增强而呈比例的增加　B. 光合速率随光照度的增强速度转慢　C. 光照度达到光饱和点,光合速率随光照度的增强不发生变化

气晴朗,光照充足,植物光合能力强,积累糖分多,使植物的抗寒能力较强。若秋季阴天时间较多,光照不足,积累糖分少,则植物抗寒能力差。第四,光照度影响植物的营养生长。强光对植物茎的生长有抑制作用,但能促进组织分化,有利于树木木质部的发育。光能促进细胞的增大和分化,控制细胞的分裂和伸长,植物体积的增大、重量的增加等。第五,光照度影响植物的生殖生长。适当强光有利于植物生殖器官的发育,若光照减弱,营养物质积累减少,花芽的形成也减少,已经形成的花芽,也会由于体内养分供应不足而发育不良或早期死亡。

③ 光照度与植物产品品质。首先,光照度影响植物花的颜色及果实着色。在强光照射下,有利于花青素的形成,这样会使植物花朵、果实的颜色鲜艳。光照对植物花蕾的开放时间也有很大影响。如半枝莲、酢浆草的花朵只在晴天的中午盛开,月见草、紫茉莉、晚香玉只在傍晚开花,昙花在夜间开花,牵牛、亚麻只盛开在每日清晨日出时刻。其次,光照度影响植物叶的颜色。光照充足,叶绿素含量多,植物叶片呈现正常绿色。如果缺乏足够的光照,叶片中叶绿素含量少,呈现浅绿、黄绿甚至黄白色。最后,光照度还影响植物产品的营养成分。光照充足、气温较高及昼夜温差较大条件下,果实含糖量高,品质优良。

(3) 光照时间与植物生长发育　一天中,白天和黑夜的相对长度称为光周期。所谓相对长度是指日出至日落的理论日照时数(即可照时数),而不是实际有阳光的时数。

① 光照时间与植物开花。在光周期现象中,对植物开花起决定作用的是暗期的长短。也就是说,短日照植物必须长于某一临界暗期才能形成花芽,长日照植物必须短于某一临界暗期才能开花。用适宜植物开花的光周期处理植物,叫作光周期诱导。经过足够日数的光周期诱导的植物,即使再处于不适合的光周期下,那种在适宜的光周期下产生的诱导效应也

不会消失,植物仍能正常开花。

②光周期与植物休眠。光周期对植物的休眠有重要影响。一般短日照促进植物休眠而使生长减缓,长日照可以打破或抑制植物休眠,使植物持续不断的生长。

③光周期对植物其他方面的影响。光周期影响植物的生长。短日照植物置于长日照下,常常长得高大;而把长日植物置于短日照下,则节间缩短,甚至呈莲座状。

光周期影响植物性别的分化。一般来说,短日照促进短日照植物多开雌花,长日照促进长日照植物多开雌花。

光周期对有些植物地下贮藏器官的形成和发育有影响。如短日照植物菊芋,在长日照下仅形成地下茎,但并不加粗,而在短日照下,则形成肥大的块茎。

植物对光周期的敏感性是各不相同的。通常木本植物对光周期的反应不如草本植物敏感。利用植物对光周期的不同反应,可通过人工控制光照时数来调整植物的生长发育。

技能训练

1. 光照度测定

(1)基本原理　光照度大小取决于可见光的强弱,一天中正午最大,早晚小。一年中夏季最大,冬季最小。而且,随纬度增加,光照度减小。照度计是测定光照度(简称照度)的仪器,它是利用光电效应的原理制成的。整个仪器由感光元件(硒光电池)和微电表组成。当光线照射到光电池后,光电池即将光能转换为电能,反映在电流表上。电流的强弱和照射在光电池上的光照度呈正相关,因此,电流表上测得的电流值经过换算即为光照度。为了方便,把电流计的数值直接标成照度值,单位是勒克斯(lx)。

(2)材料用具　照度计、笔(铅笔或钢笔)、白纸等。场所:可选择操场上阳光直射的位置、树林内、田间、日光温室等。

(3)训练规程

①熟悉照度计的结构。ST-80C数字照度计由测光探头和读数单元两部分组成,两部分通过电缆用插头和插座连接。读数单元左侧有"电源""保持""照度""扩展"等操作键(图4-5)。

②测量光照度。

第一步,压拉后盖,检查电池是否装好。

第二步,按下"电源""照度"和任一量程键(其余键抬起),然后将大探头的插头插入读数单元的插孔内。然后调零,方法是完全遮盖探头光敏面,检查读数单元是否为零。不为零时,仪器应检修。

图4-5　ST-80C数字照度计

第三步,打开探头护盖,将探头置于待测位置,光敏面向上,根据光的强弱选择适宜的量程按键按下,此时显示窗口显示数字,该数字与量程因子的乘积即为光照度(单位:lx)。

第四步,如欲将测量数据保持,可按下"保持"键。(注意:不能在未按下量程键前按"保持"键)读完数后应将"保持"键抬起恢复到采样状态。

第五步,测量完毕将电源键抬起(关),断开电源。

第六步,再用同样方法测定其他测点照度值。全部测完则抬起所有按键,小心取出探头插头,盖上探头护盖,照度计装盒带回。

(4) 结果整理　分不同时间测定场所内的光照度,记录测定数据,最后求出的平均光照度(表4-1)。每个测点连测三次,取平均值。

表4-1　×年×月×日×时光照度观测记录表

测点	次数	读数	选用量程	光照度	平均值
阳光直射的位置	1				
	2				
	3				
树林内	1				
	2				
	3				
田间	1				
	2				
	3				
日光温室	1				
	2				
	3				

2. 日照时数测定

(1) 基本原理　可照时数是指某地从日出到日落的时间,日照时数是指太阳直接照射地面的实际时数,日照时数与可照时数的百分比称为日照百分率。测定日照时数多用乔唐日照计(又称为暗筒式日照计)。它是利用太阳光通过仪器上的小孔射入筒内,使涂有感光药剂的日照纸上留下感光迹线,然后根据感光迹线的长度来计算日照时数。

(2) 材料用具　日照计、笔(铅笔或钢笔)、白纸等。场所可选择露地、林荫下、建筑物前后等。

(3) 训练规程

① 熟悉日照计的构造。暗筒式日照计由暗筒、底座、隔光板、进光孔、筒盖、压纸夹、纬度刻度盘、纬度记号线组成(图4-6)。

② 日照计的安置。通常将日照计安装在终年从日出到日落都能受到太阳光照射的地方,常安置在观测场南面的柱子上或平台上,高度1.5 m。底座要水平,日照计暗筒的筒口对准正北,并将日照计底座加以固定,转动筒身,纬度记号线对准纬度盘的当地纬度。

③ 日照时数测定。

第一步,日照计自记纸涂药。日照计自记纸使用前需在暗处涂刷感光药剂,日照计记录

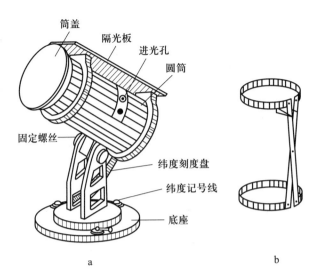

图 4-6　乔唐日照计
a. 外形　b. 压纸夹

的准确性与涂药质量关系密切。

药剂配制：用柠檬酸铁铵（感光剂）与清水以 3∶10 的比例配成感光液；用赤血盐（铁氰化钾是显影剂）与清水以 1∶10 的比例配成显影液。分别装入褐色瓶中放于暗处保存备用。配药液时要混合均匀，而且量不可过多，以能涂 10 张日照纸的量为宜，以免日久受光失效。

涂药方法：涂药时取两种药液等量均匀混合，在暗处或红灯光下进行。涂药前，先用脱脂棉把需涂药的日照纸表面擦净，再另用脱脂棉蘸药液薄而均匀地涂在日照纸上，涂后的纸放于暗处阴干。或者先将柠檬酸铁铵药液涂刷在日照纸上，阴干后逐日使用。

第二步，换纸。每天日落后换纸（阴天也换），换下日照纸并签好名，将涂有感光药液填好年、月、日的另一张日照纸，放入暗筒内，并将纸上的 10 时线对准暗筒正中线，纸孔对准进光孔，压紧纸，盖好盖。

第三步，记录。每天取下日照纸，在感光迹线处用脱脂棉涂上赤血盐，便可显示出蓝色迹线。当天换下的日照纸，应根据感光迹线长短，在迹线下方用铅笔画线；然后将感光纸放入足量的清水中浸漂 3~5 min 取出，待阴干后，复验感光迹线与铅笔线是否一致，如感光迹线比铅笔线长，补描上这一段铅笔线，然后按铅笔线长度统计日照时数。将各小时的日照时数逐一相加，精确到 0.1 h，即可得到全天的实照时数。若全天无日照，日照时数记为 0.0。

④ 日照计的检查与维护。每月应检查一次日照计，发现问题及时纠正。每天日出前应检查日照计的小孔，有无小虫、尘沙堵塞或被露、霜遮住。每月查看日照计的水平、方位纬度的安置情况。

（4）结果记录　最好连续进行一个月的观测，观测结果列表，并查出该地相同时间内的可照时间，计算日照百分率（表 4-2、表 4-3）。

表 4-2 日照时数观测表（×月）

时间 /d	日照时数 /h	时间 /d	日照时数 /h	时间 /d	日照时数 /h
1		11		21	
2		12		22	
3		13		23	
4		14		24	
5		15		25	
6		16		26	
7		17		27	
8		18		28	
9		19		29	
10		20		30	

表 4-3 可照时数及日照百分率

时间 /d	可照 时数 /h	日照 百分率 /%	时间 /d	可照 时数 /h	日照 百分率 /%	时间 /d	可照 时数 /h	日照 百分率 /%
1			11			21		
2			12			22		
3			13			23		
4			14			24		
5			15			25		
6			16			26		
7			17			27		
8			18			28		
9			19			29		
10			20			30		

任务巩固

1. 简述季节与昼夜的形成、太阳辐射。
2. 光对植物生长有哪些影响？

任务 4.2　植物生长光环境调控

任务目标

■　知识目标：了解叶的适光变态，认识植物对光环境的适应类型；熟悉植物的光合性能与光能利用率。

■ 能力目标:能熟练进行下光环境的正确调控。

1. 植物对光照条件的适应

植物长期生长在一定的光照条件下,在其形态结构及生理特性上表现出一定的适应性,进而形成了与光照条件相适应的不同生态类型。

(1) 叶的适光变态　叶片是植物直接接受阳光的器官,在形态结构、生理特征上受光的影响最大,对光有较强的适应性。由于叶长期处于光照度不同的环境中,其形态结构、生理特征上往往产生适应光的变异,称为叶的适光变态。阳生叶与阴生叶是叶适光变态的两种类型。一般在全光照或光照充足的环境下生长的叶片属于阳生叶,具有叶片短小,角质层较厚,叶绿素含量较少等特征;而在弱光条件下生长的植物叶片属于阴生叶,表现为叶片排列松散,叶绿素含量较多等特点(表4-4)。

表4-4　阳生叶与阴生叶比较

特征	阳生叶	阴生叶
叶片	厚而小	薄而大
叶面积/体积	小	大
角质层	较厚	较薄
叶脉	密	疏
气孔分布	较密,但开放时间短	较稀,但经常开放
叶绿素	较少	较多
叶肉组织	栅状组织较厚或多层	海绵组织较丰富
分化生理	蒸腾、呼吸、光补偿点、光饱和点均较高	蒸腾、呼吸、光补偿点、光饱和点均较低

(2) 植物对光照度的适应类型　自然界中,有的植物在强光照下生长良好,而有的植物需要在较弱的光环境下才能生存;同样,有的植物在遮阴的情况下生长健壮,而有的植物却不能忍受遮阴。这是植物长期适应不同的光照度而形成的不同生态习性。通常按照植物对光照度的适应程度将其划分为3种类型:阳性植物、阴性植物、中性植物。

① 阳性植物。在全光照或强光下生长发育良好,在蔽阴或弱光下生长发育不良的植物。阳性植物需光量一般为全日照的70%以上,多生长在旷野和路边等阳光充足的地方。如桃、杏、枣、扁桃、苹果等绝大多数落叶果树,多数露地一二年生花卉及宿根花卉(如一串红、鸡冠花、一品红、桃花、梅花、月季、米兰、海棠、菊花等),仙人掌科、景天科等多浆植物、茄果类及瓜类等,还有草原和沙漠植物以及先叶开花的植物都属于阳性植物。

② 阴性植物。阴性植物指在弱光条件下能正常生长发育,或在弱光下比强光下生长良好的植物。阴性植物需光量一般为全日照的5%~20%,在自然群落中常处于中、下层或生长在潮湿背阴处。如蕨类植物、兰科、凤梨科、姜科、天南星科及秋海棠植物等均为阴性植物。

③ 中性植物。介于阳性植物与阴性植物之间的植物。一般对光的适应幅度较大,在全日照下生长良好,也能忍耐适当的蔽阴,或在生育期间需要较轻度的遮阴,大多数植物属于此类。如桂花、夹竹桃、棕榈、苏铁、樱花、桔梗、白菜、萝卜、甘蓝、葱蒜类等均为中性植物。中性植物中的有些植物随着其年龄和环境条件的差异,常常又表现出不同程度的偏喜光或偏阴生特征。

2. 植物对日照长度的适应

由于长期适应不同光照周期的结果,有些植物需要在长日照条件下才能开花,而有些植物则需要在短日照条件下才能开花。根据植物对光周期的不同反应,可把植物分为以下三类:

(1) 长日照植物　是指当日照长度超过临界日长才能开花的植物,也就是说,光照长度必须大于一定时数(这个时数称为临界日长)才能开花的植物。当日照长度不够时,只进行营养生长,不能形成花芽。这类植物的开花通常是在一年中日照时间较长的季节里,如凤仙花、唐菖蒲、倒挂金钟、令箭荷花、风铃草、除虫菊、小麦、油菜、萝卜、菠菜、甜菜、茼蒿、洋葱、蒜、豌豆等,用人工方法延长光照时数可使其提前开花。而且光照时数愈长,开花愈早。否则将维持营养生长状态,不开花结实。

(2) 短日照植物　是指日照长度短于临界日长时才能开花的植物。一般深秋或早春开花的植物多属此类,如牵牛花、一品红、菊花、蟹爪兰、落地生根、一串红、芙蓉花、苍耳、菊花和水稻、大豆、高粱、谷子、棉花、甘薯等,用人工缩短光照时间,可使这类植物提前开花。而且黑暗时数愈长,开花愈早。在长日照下只能进行营养生长而不开花。

(3) 日中性植物　是指开花与否对光照时间长短不敏感的植物,只要温度、湿度等生长条件适宜,就能开花的植物。如:月季、香石竹、紫薇、大丽花、仙客来、蒲公英、番茄、黄瓜、四季豆等。这类植物受日照长短的影响较小。

将植物能够通过光周期而开花的最长或最短日照长度的临界值,称为临界日长。对于短日照植物是指成花所需的最长日照长度,对于长日照植物是指成花所需的最短日照长度。一般认为,临界日长为每日 12~14 h 光照。实际上,不是任何植物都如此。有的短日照植物如苍耳,临界日长可达 15.5 h,而有的长日照植物如天仙子,临界日长仅 12 h。每种植物有其自身的临界日长,不一定长日照植物所要求的日照时数一定比短日照植物长。例如,长日照植物菠菜的临界日长为 13 h,也就是说,它们需要在长于 13 h 的光照下才能开花,少于 13 h 就不能开花;短日照植物菊花(大多数品种)的临界日长为 15 h,只要日照时数不超过 15 h,菊花就能开花。因此,对于长日照植物来说,只要在日照时数长于临界日长的条件下就能开花;而对于短日照植物来说,只要在日照时数短于临界日长的条件下就能开花。

植物对光周期的反应,是植物在进化过程中对日照长短的适应性表现,在很大程度上与原产地所处的纬度有关。长日照植物大多为原产于高纬度的植物,短日照植物大多为原产于低纬度的植物,因此,在引种过程中,必须考虑植物对日照长短的反应。

3. 植物的光能利用率

(1) 植物的光合性能　植物的生物产量取决于光合面积、光合强度、光合时间、光合产物的消耗,可表示为:

生物产量 = 光合面积 × 光合强度 × 光合时间 – 呼吸消耗

经济产量 =（光合面积 × 光合强度 × 光合时间 – 呼吸消耗）× 经济系数

从上式可知,决定植物产量的因素是:叶面积、光合强度、光合时间、呼吸消耗和经济系数。

① 光合面积。光合面积是指植物的绿色面积,主要是叶面积。通常以叶面积系数来表示叶面积的大小。

$$叶面积系数 = \frac{该土地上绿叶总面积}{土地面积}$$

谷类植物单片叶的面积可用下式计算:单叶面积 = 长 × 宽 × 折算系数(0.83)。

在一定范围内,叶面积越大,光合作用积累的有机物质越多,产量也就越高。而当叶面积超过一定范围时必然导致株间光照弱、田间荫蔽、植物倒伏、叶片过早脱落。据研究,各种植物的最大叶面积系数一般不超过5。例如小麦为5、玉米为5、大豆为3.2、水稻为7。叶面积系数是反映植物群体结构的重要指标之一。

② 光合时间。适当延长光合作用的时间,可以提高植物产量。当前主要是采取选用中晚熟品种、间作套种、育苗移栽、地膜覆盖等措施,使植物能更有效地利用生长季节,达到延长光合时间的目的。

多数植物产量的形成,主要在生长发育的中后期。试验证明,小麦籽粒重的2/3~4/5是抽穗后积累的。因此,生产上应重视中后期光合作用的正常进行,防止后期叶片早衰。

(2) 光能利用率　一定土地面积上的植物体内有机物贮存的化学能占该土地日光投射辐射能的百分数称为光能利用率。目前作物的光能利用率普遍不高。据测算,只有0.5%~1%的辐射能用于光合作用。低产田作物对光能利用率只有0.1%~0.2%,而丰产田对光能的利用率也只有3%左右。根据一般的理论推算,光能利用率可以达到4%~5%,如果生产上真的达到这一数字,则粮食产量可以成倍增长。

当前作物对光能利用率不高的主要原因是:一是漏光。植物的幼苗期,叶面积小,大部分阳光直射到地面上而损失掉。有人计算稻、麦等作物,因漏光损失光能超过50%。尤其是生产水平低的田块,若植株到生长后期仍未封行,损失的光能就更多了。二是受光饱和现象的限制。光照度超过光饱和点以上的部分,植物就不能吸收利用,植物的光能利用率就随着光照度的增加而下降。当光照度达到全日照时,光的利用率就会很低。三是环境条件及作物本身生理状况的影响。自然干旱、缺肥、二氧化碳浓度过低、温度过低或过高,以及作物本身生长发育不良,受病虫危害等,都会影响作物对光能的利用。另外,作物本身的呼吸消耗占光合作用的15%~20%。在不良条件下,呼吸消耗可高达30%以上。

技能训练

植物生长光环境调控

(1) 材料用具　网站、期刊、图书等资料;笔记本、笔等用具。气象站、农田、设施农业场所等。

(2) 调查活动　组织学生到农业生产场所、设施农业场所等地,通过访问当地农业技术人员、技术能手、种植大户等,参考下面资料,写一篇当地植物生长光环境调控经验总结。

(3) 调控技术　结合当地实际情况,根据案例选择适当的调控技术。

植物生长光环境调控技术

1. 提高植物的光能利用率

要提高植物光能利用率,主要通过延长光合作用时间、增加光合作用面积和提高光合作用效率等方面着手。

(1) 选育光能利用率高的品种　优良品种是夺取植物高产优质的内因,良种具有合理的株形结构,能充分利用光能,积累有机物质多。一般来说,光能利用率高的品种特征是:秆矮抗倒伏,叶片分布较为合理,叶片较短并直立,生育期较短,耐阴性强,适于密植。

(2) 合理密植　合理密植是解决植物群体与个体矛盾的根本途径,也是改善光合性能和保证个体营养从而获得高产优质的主要环节。只有合理密植,增大绿叶面积,以截获更多的太阳光,提高作物群体对光能的利用率,同时还能充分地利用地力。

(3) 间套复种　间作套种可以充分利用植物生长季节的太阳光,增加光能利用率;复种则可把空间的生长季节充分加以利用。

(4) 加强田间管理　整枝、修剪可以改善植物群体的通风透光条件,减少养料的消耗,调节光合产物的分配。增加空气中的 CO_2 浓度也能提高植物对光能的利用率。

2. 一般条件下的光环境调控

光环境调控的应用主要是利用光照时间和光照强度调整植物的生长发育,具体体现在:

(1) 控制花期　一是利用人工控制日照长短的方法可提早或推迟开花时间,这在园艺花卉栽培上很重要。短日照植物(如一品红、菊花、紫罗兰等)在长日照条件下,减少照射时间,则可提早开花,如原产墨西哥的短日照花卉一品红,在北京地区的正常花期是 12 月下旬。一般单瓣品种在 8 月上旬开始遮光处理,早 8 时搭棚,下午 5 时遮严,每天日照时间为 8~10 h,经过 45~55 d,10 月 1 日就可以开花,满足国庆节造景的需要;菊花的正常花期通常在 10 月份以后,为了观赏目的,可人为创造短日照条件使它在 6~7 月,甚至在"五一"节开花;也可通过延长日照时间或利用光进行暗期间断、施肥和摘心等措施,使菊花延迟到元旦或春节期间开花。到目前为止,菊花在温室内通过遮光处理,已实现了四季供花。同样,长日照植物(如瓜叶菊、唐菖蒲、晚香玉等)在短日照条件下,适当的延长照射时间,也可促其提前开花。采取相反的措施,则会延迟开花时间。

二是调节光照时间可改变植物的开花习性。如昙花,本应在夜间开花,从绽蕾到怒放以致凋谢一般只有 3~4 h。如果在花蕾长 6~10 cm 时,白天遮光,夜间用日光灯给以人工照明,经过 4~6 d 处理,可以使其在上午 8:00~10:00 开花,而且花期延长至 17:00 左右凋谢。

三是控制花期在育种上对克服杂交亲本花期不遇也是很重要的。例如,利用人工控制日照长短的方法使双方亲本同时开花,便于进行杂交,扩大远缘杂交范围。又如,甘薯是短日照植物,在北方种植时,由于当地日照长,不能开花,所以不能进行有性的杂交育种,但若利用人工遮光方法,使每天光照时间缩短到 8~9 h,1~2 个月即开花。因此控制花期可以解决种间或种内杂交时花期不遇的问题。

(2) 科学引种　从异地引进新的作物或品种时,首先要了解被引种作物的光周期特性。如果原产地与引入地区光周期条件差异太大,就有可能因生育期太长而不能成熟,或者因生育期太短而产量过低。我国南方品种的长日照植物和短日照植物其临界日长一般比北方的相应要短一些,而生长季节中春夏季的长日照偏南地区比偏北地区来得要晚一些,夏秋的短日照偏南地区比偏北地区来得要早一些。因此,一般来说,短日照植物南种北引,生长期会延长,开花期推后;北种南引,生长期会缩短,开花期提前。长日照植物刚好相反,北种南引,生长期会延长,开花期推后;南种北引,生长期会缩短,开花期提前。对于收获果实和种子的植物在引种时必须考虑引进后能否适时开花结实,否则就会导致颗粒无收。短日照植物南种北引应引早熟品种,北种南引应引晚熟品种为宜;长日照植物南种北引应引晚熟品种,北种南引应引早熟品种为宜。以大豆为例,南方大豆在北京种植时,从播种到开花日期延长,枝叶繁茂,但由于开花期晚(广州当地大豆品种在北京种植大约在 10 月 15 日才开花),此时天气已冷,结实率低,产量不高。东北大豆品种在北京种植,从播种到开花的时间很短,植株很小就开花,产量也不高。

同纬度地区的日照长度相同,若海拔高度相近,则温度差异一般不大。因此,如果其他的生长条件合适,相互引种比较容易。但如果引种地区与原产地相距过远,还有留种的问题,如广东、广西的红麻引种到北方种植,9 月下旬才能现蕾,种子不能及时成熟,可在留种地采用苗期短日照处理方法,解决种子的问题。

(3) 缩短育种周期　育种所获得的杂种,常需要培育很多代,才能得到一个新品种,通过人工光周期诱导,使花期提前,在一年中就能培育二代或多代,从而缩短育种时间,加速良种繁育的进程。将冬小麦于苗期连续光照下进行春化,然后移植给予长日照条件,就可以使生长期缩短为 60~80 d,一年之内就可以繁殖 4~6 代。在进行甘薯杂交种时,可人为缩短光照,使甘薯开花整齐,以便进行有性杂交培养新品种。根据我国气候多样性的特点,可进行作物南繁北育,利用异地种植以满足作物发育条件。例如,短日照植物玉米、水稻均可在海南繁育种子,然后在北方种植;长日照的小麦、油菜等,夏季在黑龙江或青海繁育种子,冬季在云南繁育种子,能做到一年内繁育 2~3 代。根据光周期理论,同一作物的不同品种对光周期反应的敏感性不同。所以在育种时,应注意亲本光周期敏感性的特点,一般选择敏感性弱的亲本,其适应性强些,有利于良种的推广。

(4) 维持植物营养生长　收获营养器官的作物,如果开花结实,会降低营养器官的产量和品质,因而需要防止或延长这类作物开花。甘蔗有些品种是短日照植物,在短日照来临时,可用光照来间断暗期,以抑制甘蔗开花,一般只需在午夜用强的闪光进行处理,就可继续维持营养生长而不开花,使甘蔗的蔗茎的产量提高,含糖量也增加。麻类中的黄麻、洋麻等属于短日照植物,其开花结实会降低纤维的产量和质量,生产上采用延长光照或南麻北引的方法来延迟开花。例如,河北省从浙江省引种黄麻,浙江省从广东省引种黄麻,由于植物要求的短日照在偏北地区来得较晚,就能延迟开花,延长营养生长期,增加株高,提高产量。

(5) 改变休眠与促进生长 日照长度对温带植物的秋季落叶和冬季休眠等特性有着一定的影响。长日照可以促进植物萌动生长,短日照有利于植物秋季落叶休眠。城市中的树木,由于人工照明延长了光照时间,从而使其春天萌动早,展叶早;秋天落叶晚,休眠晚,这样就延长了园林树木的生长期,因此控制光照时间可以促进植物的萌动或调整休眠。北方树种利用对光周期的敏感性,使它们在寒冷或干旱等特定环境因子到达临界点之前进入休眠。长日照植物北移时,生长季节的日照长度比原产地长一些,易于满足它对光照的需求,生长就会延长,树形也长得高大,甚至结实,但这些植株容易受到早霜危害,北方植物园在引种工作中,可利用短日照处理促使树木提前休眠,增强越冬能力。

在植物育苗过程中,调节光照条件,可提高苗木的产量和质量。在高温、干旱地区,应对苗木适当遮阳,但在气候温暖雨量多的地区,对一些植物,特别是喜光植物进行全光育苗,更能促进生长。在有条件的地方,通过人工延长光照时间,促进苗木生长,可取得显著的效果。据资料记载在连续光照下,可使欧洲赤松苗木的生长加速5倍,而且苗木的直径和针叶也增长很多。许多植物的幼苗发育阶段要进行弱光处理,照射强度过大,容易发生灼伤。有些对光照强度反应比较敏感的大树也会因光强过大而受到伤害等,如对其进行涂白等人为保护措施则可很容易避免受强光的伤害。

(6) 合理栽植配置 掌握植物对光环境的生态适应类型,在植物的栽植与配置中非常重要。只有了解植物是喜光性的还是耐荫性的种类,才能根据环境的光照特点进行合理种植,做到植物与环境的和谐统一。如在城市高大建筑物的阳面和背光面的光照条件差异很大,在其阳面应以阳性植物为主,在其背光面则以阴性植物为主。在较窄的东西走向的楼群中,其道路两侧的树木配置不能一味追求对称,南侧树木应选耐阴性树种,北侧树木应选阳性树种。否则,必然会造成一侧树木生长不良。

3. 设施条件下光环境调控

设施条件下光环境调控技术主要有增加光照和减少光照两种情况。

(1) 增加光照 一是选择优型设施和塑料薄膜设施。采用强度大、横断面积小的骨架材料,尽量建成无柱或少柱设施,以减少骨架遮阳面积。采用阶梯式栽培,保持树体前低后高;采用南北行栽植,加大行距,缩小株距或采用主副行栽培,以减少株间遮阳。采果后去冠更新,及时进行夏剪,保持合理的树冠,使树体受光良好。调节好屋面的角度,尽量缩小太阳光线的入射角度。选用强度较大的材料,适当简化建筑结构,以减少骨架遮光。选用透光率高的薄膜,选用无滴薄膜、抗老化膜。

二是适时揭放保温覆盖设备。保温覆盖设备早揭晚放,可以延长光照时数。揭开时间,以揭开后棚室内不降温为原则,通常在日出1 h左右早晨阳光洒满整个屋前面时揭开;覆盖时间,要求设施内有较高的温度,以保证设施内夜间最低温不低于植物同时期所需要的温度为准,一般太阳落山前半小时加盖,不宜过晚,否则会使室温下降。

三是清扫薄膜。每天早晨,用笤帚或用布条、旧衣物等捆绑在木杆上,将塑料薄膜自上而下地把尘土和杂物清扫干净。至少每隔两天清扫一次。

四是减少薄膜水滴。选用无滴、多功能或三层复合膜。使用 PVC 和 PE 普通膜的设施应及时清除膜上的露滴,其方法可用 70 g 明矾加 40 g 敌克松,再加 15 kg 水喷洒薄膜面。

五是涂白和挂反光幕。在建材和墙上涂白,用铝板、铝箔或聚酯镀铝膜作反光幕,可增加光照度,又能改善光照分布,还可提高气温。挂反光幕,后墙贮热能力下降,加大温差,有利于植物生长发育、增产增收。张挂反光幕时先在后墙、山墙的最高点横拉一细铁丝,把幅宽 2 m 的聚酯镀铝膜上端搭在铁丝上,折过来,用透明胶纸粘住,下端卷入竹竿或细绳中。

六是铺反光膜。在地面铺设聚酯镀铝膜,将太阳直射到地面的光,反射到植株下部和中部的叶片和果实上。这样光照度增加,提高了树冠下层叶片的光合作用,使光合产物增加,果实增大,含糖量增加,着色面扩大。铺设反光膜在果实成熟前 30~40 d 进行。

七是人工补光。光照弱时,需强光或加长光照时间,以及连续阴天等要进行人工补光。人工补光一般用电灯,要能模拟自然光源,具有太阳光的连续光谱。为此应将白炽灯(或弧光灯)与日光灯(或气体发光灯)配合使用。补光时,可按每 3.3 m² 用 120 W 灯泡的比例。

(2) 减少光照　一是覆盖各种遮阳物。初夏中午前后,光照过强,温度过高,超过植物光饱和点,对生育有影响时应进行遮光。遮光材料要求有一定的透光率、较高的反射率和较低的吸收率。覆盖物有遮阳网、苇帘、竹帘等。二是玻璃面涂白。将玻璃面涂成白色可遮光 50%~55%,降低室温 3.5~5.0℃。三是屋面流水。使屋面安装的管道保持有水流,可遮光 25%。

任务巩固

1. 植物对光环境有哪些适应类型?
2. 植物光能利用率为什么不高?怎样提高植物光能利用率?
3. 结合当地情况,怎样进行光环境的调控?

考证提示

获得农业技术员、农作物植保员等中级资格证书,需具备以下知识和能力:

1. 植物生长的光环境;
2. 光对植物生长发育的影响;
3. 植物的光合性能与光能利用率;
4. 光照度、日照时数的观测;
5. 植物生长光环境的调控技术。

项目五　温度环境与植物生长

项目导读

　　植物生长发育不仅需要提供适宜的土壤温度,也需要适宜的空气温度给予保证,植物生长常常有一定的温度指标。土壤温度的高低受热容量、导热率和导温率等土壤热性质的影响,并表现出时间和高度上变化规律。气温除具有周期性日、年变化规律外,还会产生非周期性变化。土壤温度和气温都会对植物生长产生影响,并有植物的感温性与温周期现象,因此要因地制宜地进行温度调控。

任务 5.1　土　壤　温　度

任务目标

- 知识目标:了解土壤温度;熟悉土壤热性质及土壤温度的变化。
- 能力目标:能熟练测定土壤温度,并对观测数据进行整理和科学分析。

知识学习

　　植物在整个生命周期中所发生的一切生理生化作用,都是在一定的温度环境中进行的。不同的温度环境决定了植物种类的分布,也对生长发育的各项活动产生重要影响。

　　1. 土壤热性质

　　土壤温度的高低,主要取决于土壤接受的热量和损失的热量数量,同时受热容量、导热率和导温率等土壤热性质的影响。

　　(1) 土壤热容量　土壤热容量是指单位质量或容积土壤,温度每升高 1℃ 或降低 1℃ 时所吸收或释放的热量。如以质量计算土壤数量则为质量热容量,单位是 $J/(g \cdot ℃)$,常用 C_m 表示;如以体积计算土壤数量则为容积热容量,单位是 $J/(cm^3 \cdot ℃)$,常用 C_v 表示。两者的关系如下:

$$容积热容量 = 质量热容量 \times 土壤容重$$

　　不同土壤组成成分的热容量相差很大(表 5–1)。热容量大,则土壤温度变化慢;热容量小,则土壤温度易随环境温度的变化而变化。

表 5-1　不同土壤组成分的热容量

土壤成分	土壤空气	土壤水分	沙粒和黏粒	土壤有机质
质量热容量 /(J·g^{-1}·℃$^{-1}$)	1.004 8	4.186 8	0.75~0.96	2.01
容积热容量 /(J·g^{-1}·℃$^{-1}$)	0.001 3	4.186 8	2.05~2.43	2.51

(2) 土壤导热率　土壤导热率指土层厚度 1 cm,两端温度相差 1℃时,单位时间内通过单位面积土壤断面的热量,单位是 J/(cm^2·s·℃),常用 λ 表示。土壤不同组分的导热率相差很大(表 5-2)。导热率越高的土壤,其温度越易随环境温度变化而变化,反之,土壤温度相对稳定。

表 5-2　土壤组成成分的导热率和导温率

土壤成分	导热率 /(J·cm^{-2}·s^{-1}·℃$^{-1}$)	导温率 /(cm^2·s^{-1})
土壤空气	0.000 21~0.000 25	0.161 5~0.192 3
土壤水分	0.005 4~0.005 9	0.001 3~0.001 4
矿质土粒	0.016 7~0.020 9	0.008 7~0.010 8
土壤有机质	0.008 4~0.012 6	0.003 3~0.005 0

(3) 土壤导温率　土壤导温率,也称为导热系数或热扩散率,是指标准状况下,在单位厚度(1 cm)土层中温差为 1℃时,单位时间(1 s)经单位断面面积(1 cm^2)进入的热量使单位体积(1 cm^3)土壤发生的温度变化值,单位是 cm^2/s。不同土壤成分的导温率相差很大(表 5-2)。土壤导温率越高,则土壤温度容易随环境温度的变化而变化;反之,土壤温度变化慢。

土壤热容量和导热率是影响其导温率的两个因素,可以用下式表示它们三者之间的关系:

$$土壤导温率 = \frac{土壤导热率}{土壤容积热容量}$$

2. 土壤温度

温度日、年变化的特征常用"较差"和"极值"出现时刻来描述。"较差"即振幅,"极值"出现时刻是指最高温度和最低温度出现的时刻。

(1) 土壤温度的日变化　在正常条件下,一日内土壤表面最高温度出现在 13 时左右,最低温度出现在日出之前。土壤温度一日之中最高温度与最低温度之差称为日较差。一般土表白天接受太阳辐射增热,夜间放射长波辐射冷却,因而引起温度昼夜变化。土壤温度受太阳高度角、土壤热性质、土壤颜色、地形、天气等因素影响。

(2) 土壤温度的年变化　在北半球中、高纬度地区,土壤表面温度年变化的特点是:最高温度在 7 月份或 8 月份,最低温度在 1 月份或 2 月份。土壤温度的年变化主要取决于太阳辐射的年变化、土壤的自然覆盖、土壤热性质、地形、天气等。凡是有利于表层土壤增温和冷却的因素,如土壤干燥、无植被、无积雪等都能使极值出现的时间有所提早。反之,则使最低温度与最高温度出现的月份推迟。

(3) 土壤温度的垂直变化。由于土壤中各层热量昼夜不断地进行交换,使得一日中土壤温度的垂直分布有一定的特点。一般土壤温度垂直变化分为 4 种类型,即日射型(受热型或昼型)、辐射型(放热型或夜型)、清晨转变型和傍晚转变型。

辐射型以 1 时为代表,土壤温度随深度增加而升高,热量由下向上输导。日射型以 13 时为代表,土壤温度随深度增加而降低,热量从上向下输导。清晨转变型以 9 时为代表,此时 5 cm 深度以上是日射型,5 cm 以下是辐射型。傍晚转变型以 19 时为代表,即上层为放热型,下层为受热型(图 5-1)。

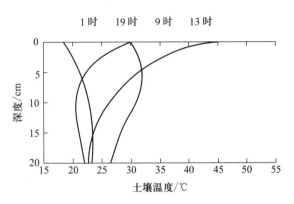

图 5-1　一日中土壤温度的垂直变化

一年中土壤温度的垂直变化可分为放热型(冬季,相当于辐射型)、受热型(夏季,相当于日射型)和过渡型(春季和秋季,相当于上午转变型和傍晚转变型。)

(4) 影响土壤温度变化的因素　影响土壤温度变化的主要因素是太阳辐射,除此之外,土壤湿度等因素也影响着土壤温度变化。一是土壤湿度。土壤湿度一方面改变土壤的热特性(热容量和导热率),另一方面影响地面辐射收支和热量收支。因此,潮湿土壤与干燥土壤相比,地面土壤温度的日变幅和年变幅较小,最高、最低温度出现时间较迟。二是土壤颜色。土壤颜色可改变地面辐射差额,故深色土壤白天温度高,日较差大,浅色土壤白天温度较低,日较差较小。三是土壤质地。土壤温度的变化幅度以沙土最大,壤土次之,黏土最小。四是覆盖。植被、积雪或其他地面覆盖物,可截留一部分太阳辐射能,土温不易升高;还可防止土壤热量散失,起保温作用。五是地形和天气条件。坡向、坡度和地平屏蔽角大等地形因素及阴、晴、干、湿、风力大小等天气条件,或者使到达地面的辐射量发生改变,或者影响地面热量收支,影响土壤温度变化。六是纬度和海拔高度。土壤温度随着纬度增加、海拔增高而逐渐降低。

3. 土壤温度与植物生长

土壤温度对植物生长发育的影响主要体现在以下几个方面:

(1) 影响植物对水分、养分的吸收　在植物生长发育过程中,随着土壤温度的增加,根系吸水量也逐渐增加。通常对植物吸水的影响又间接影响了气孔阻力,从而限制了光合作用。低温减少了植物对多数养分的吸收,以 30℃和 10℃下 48 h 短期处理作比较,低温影响水稻对养分吸收顺序是磷、氮、硫、钾、镁、钙。

(2) 影响植物块茎块根的形成　土壤温度高低直接影响植物地下贮藏器官的形成,如马铃薯以 15.6~22.9℃最适于块茎形成。土壤温度低,块茎个数多而小。

(3) 影响植物生长发育　土壤温度对植物整个生育期都有一定影响,而且前期影响大于气温。如种子发芽对土壤温度有一定要求,小麦、油菜种子发芽所要求最低温度为 1~2℃,玉米、大豆为 8~10℃,水稻则为 10~12℃。土壤温度变化还直接影响植物的营养生长和生殖生长,间接影响微生物活性、土壤有机质转化等,最终影响植物的生长发育和产量形成。

（4）影响地下微生物和昆虫的活动　土壤温度的高低影响土壤微生物的活动、土壤气体的交换、水分的蒸发、各种矿物质的溶解及有机质的分解等。同时土壤温度对昆虫，特别是地下害虫的发生发展有很大影响。如金针虫，当 10 cm 土壤温度达到 6℃左右，开始活动，当达到 17℃左右活动旺盛，并危害种子和幼苗。

技能训练

土壤温度测定

（1）基本原理　利用地面温度表、地面最高温度表、地面最低温度表、曲管地温表、直管地温表、最高温度表、最低温度表等测定不同深度土壤温度。

（2）材料用具　地面温度表、地面最高温度表、地面最低温度表、曲管地温表、计时表、铁锹、记录纸和笔。

（3）训练规程

① 测温仪器。一套地温表包含 1 支地面温度表、1 支地面最高温度表、1 支地面最低温度表和 4 支不同的曲管地温表。

地面温度表用于观测地面温度，是一套管式玻璃水银温度表，温度刻度范围较大，为 –20~80℃，每度间有一短格，表示半度。

地面最高温度表是用来测定一段时间内的最高温度。它是一套管式玻璃水银温度表。外形和刻度与地面温度表相似。它的构造特点是在水银球内有一玻璃针，深入毛细管，使球部和毛细管之间形成一窄道（图 5-2）。

地面最低温度表是用来测定一段时间内的最低温度。它是一套管式酒精温度表。它的构造特点是毛细管较粗，在透明的酒精柱中有一蓝色哑铃形游标（图 5-3）。

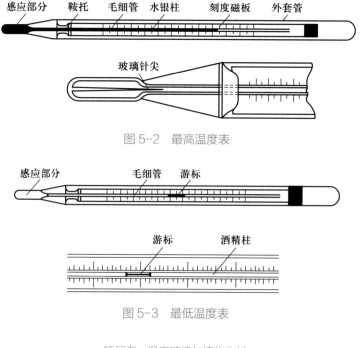

图 5-2　最高温度表

图 5-3　最低温度表

曲管地温表是观测土壤耕作层温度用的,共4支,分别用于测定土深5 cm、10 cm、15 cm、20 cm 的温度。属于套管式水银温度表,每半度有一短格,因球部与表身弯曲成135°夹角,玻璃套管下部用石棉和灰填充以防止套管内空气对流。

② 地温表的安装。安装时顺序为地面温度表→地面最高温度表→地面最低温度表→曲管地温表。

地面温度表:在观测前 30 min,将温度表感应部分和表身的一半水平地埋入土中,另一半露出地面,以便观测(图 5-4)。

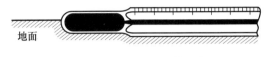

图 5-4 地面温度表安装示意图

地面最高温度表安装方法与地面温度表相同。

地面最低温度表安装时先放头部,后放球部,基本上使表身水平地放置,但球部稍高。其他安装方法同地面温度表。

曲管地温表:曲管地温表安装时,从东至西依次安好 5 cm、10 cm、15 cm、20 cm 曲管地温表(图5-5),按一条直线放置,相距 10 cm。

③ 地温的观测。土壤温度的观测程序:地面温度→最高温度→最低温度→曲管地温。观测后做好记录。

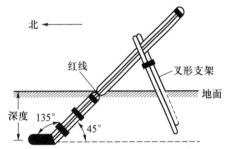

图 5-5 曲管地温表安装示意图

观测的时间:按照先地面后地中,由浅而深的顺序进行观测。其中 0 cm、5 cm、10 cm、15 cm、20 cm 土壤温度表于每天北京时间 2 时、8 时、14 时、20 时进行 4 次或 8 时、14 时、20 时 3 次观测。最高、最低温度表只在 8 时、20 时各观测 1 次。夏季最低温度可在 8 时观测。

最高温度表调整:用手握住表身中部,球部向下,手臂向外伸出约 30° 角度,用大臂将表前后甩动,使毛细管内的水银落到球部,使示度接近于当时的干球温度。调整时动作应迅速,调整后放回原处时,先放球部,后放表身。

最低温度表调整:将球部抬高,表身倾斜,使游标滑动到酒精的顶端为止,放回时应先放表身,后放球部,以免游标滑向球部一端。

④ 读数和记录。各种温度表读数时,要迅速、准确、避免视觉误差,视线必须和水银柱顶端齐平,最低温度表视线应与酒精柱的凹液面最低处齐平。先读小数,后读整数,并应复读。读数精确到小数点后一位,小数位数是 "0" 时,不得将 "0" 省略。若计数在零下,数值前应加上 "-" 号。

⑤ 仪器和观测地段的维护。各种土壤温度表及其观测地段应经常检查,保持干净和完好状态,发现异常应立即纠正。在可能降雹之前,为防止损坏地面和曲管温度表,应罩上防雹网罩,雹停以后立即去掉。当冬季地面温度降到 -36.0℃ 以下时,停止观测地面和最高温度表,并将温度表取回。

(4) 结果分析 根据观测资料,画出定时观测的土壤温度和时间的变化图。从图中可以了解土壤温度的变化情况和求出日平均温度值。若一天 4 次观测,可用下式求出日平均土

壤温度:

日平均地面温度 = [(当日地面最低气温 + 前一日 20 时地面温度)/02 时、08 时、14 时、20 时地面温度之和] ÷ 4

任务巩固

1. 土壤热性质有哪些指标?
2. 简述土壤温度的变化规律以及对植物生长的影响。

任务5.2 空气温度

任务目标

- 知识目标:了解气温对植物生长的影响;熟悉植物生长的温度指标。
- 能力目标:能够熟练测定空气温度及有关仪器的使用方法,并对观测数据进行整理和科学分析。

知识学习

植物生长发育不仅需要提供适宜的土壤温度,也需要适宜的空气温度给予保证。空气温度简称气温,一般所说气温是指距地面 1.5 m 高的空气温度。

1. 植物生长的温度指标

(1) 植物生命活动基本温度 植物生命活动基本温度包括 3 种温度指标:一是维持生命温度,一般在 –10~50℃;二是保证生长的温度,一般在 5~40℃;三是保证发育的温度,一般在 10~35℃。但不论是生命活动或是生长、发育温度,按其生理过程来说,又都有三个基本点温度,即最低温度、最适温度和最高温度,称为三基点温度。其中在最适温度范围内,植物生命活动最强,生长发育最快;在最低温度以下或最高温度以上,植物生长发育停止。不同植物的三基点温度是不同的(表 5–3),高纬度、寒冷地区的植物,三基点温度范围较低;而低纬度、温暖地区的植物,三基点温度范围较高。同一植物不同品种的三基点温度也有差异;同一品种植物不同生育阶段其三基点温度也是不同的,如水稻秧苗生长要求至少 13~15℃的水温,但到灌浆期则要求达到 20℃以上。

表 5–3　几种作物的三基点温度　　　　　　　　　　　　　　　　　　　　℃

作物种类	最低温度	最适温度	最高温度
小麦	3~4.5	20~22	30~32
玉米	8~10	30~32	40~44
水稻	10~12	30~32	36~38
棉花	13~14	28	35
油菜	4~5	20~25	30~32

三基点温度是最基本的温度指标,用途很广。在确定温度的有效性、作物的种植季节和分布区域,计算植物生长发育速度、生产潜力等方面必须考虑三基点温度。除此之外,还可根据各种作物三基点温度的不同,确定其适应的区域,如 C4 作物由于适应较高的温度和较强的光照,故在中纬度地区可能比 C3 作物产量高,而在高纬度地区 C3 作物则可能比 C4 作物高产。

(2)农业界限温度　对农业生产有指示或临界意义的温度,称为农业指标温度或界限温度。一个地方的作物布局,耕作制度,品种搭配和季节安排等,都与该温度的出现日期、持续日数和持续时期中积温的多少有密切的关系。重要的界限温度有 0℃、5℃、10℃、15℃、20℃等(表 5-4)。

表 5-4　重要的农业界限温度的含义

界限温度/℃	含义
0	土壤冻结或解冻,农事活动开始或终止,越冬植物停止生长;早春土壤开始解冻,早春植物开始播种。从早春日平均气温通过 0℃到初冬通过 0℃期间为"农耕期",低于 0℃的时期为农闲期
5	春季通过 5℃的初日,华北的冻土基本化冻,喜凉植物开始生长。多数树木开始生长。深秋通过 5℃越冬植物进行抗寒锻炼,土壤开始日消夜冻,多数树木落叶。5℃以上持续的日数称"生长期"或"生长季"
10	春季喜温植物开始播种,喜凉植物开始迅速生长。秋季喜温谷物基本停止灌浆,其他喜温植物也停止生长。大于 10℃期间为喜温植物生长期,与无霜期大体吻合
15	春季通过 15℃初日,喜温作物积极生长,为水稻适宜移栽期和棉花开始生长期。秋季通过 15℃为冬小麦适宜播种期的下限。大于 15℃期间为喜温植物的活跃生长期
20	春季通过 20℃初日,是水稻安全抽穗、开花的指标,也是热带作物橡胶正常生长、产胶的界限温度;秋季低于 20℃对水稻抽穗开花不利,易形成冷害导致空壳。初终日之间为热带植物的生长期

(3)积温　植物生长发育不仅要有一定的温度,而且通过各生育期或全生育期间需要一定的积累温度。一定时期的积累温度,即温度总和,称为积温。积温能表明植物在生育期内对热量的总要求。在某一个时期内,如果温度较低,达不到植物所需要的积温,生育期就会延长,成熟期推迟。相反,如果温度过高,很快达到植物所需要的积温,生育期会缩短,有时会引起高温逼熟。

① 积温的种类。高于生物学下限温度的日平均温度称为活动温度。例如,某天日平均温度为 15℃,生物学下限温度为 10℃,则当天对该作物的活动温度就是 15℃。活动积温则是植物生育期间的活动温度的总和。各种植物不同生育期的活动积温不同,同一植物的不同品种所需求的活动积温也不相同(表 5-5)。由于大多数植物在 10℃以上才能活跃生长,所以大于 10℃的活动积温是鉴定一个地区对某一植物的热量供应能否满足的重要指标。

活动温度与生物学下限温度之差称为有效温度。如某天的日平均温度为 15℃,对生物学下限温度为 10℃的作物来说,当天对该作物的有效温度为 15℃-10℃=5℃。植物生育期内有效温度积累的总和称为有效积温。不同植物或同一植物不同生育期间的有效积温也是不同的。

任务 5.2　空气温度

表 5-5　几种植物所需大于 10℃ 的活动积温　　　　　　　℃

植物	早熟型	中熟型	晚熟型
水稻	2 400~2 500	2 800~3 200	—
棉花	2 600~2 900	3 400~3 600	4 000
冬小麦	—	1 600~2 400	—
玉米	2 100~2 400	2 500~2 700	>3 000
高粱	2 200~2 400	2 500~2 700	>2 800
大豆	—	2 500	>2 900
谷子	1 700~1 800	2 200~2 400	2 400~2 600
马铃薯	1 000	1 400	1 800

实践证明,某种植物的全部生育期(或某一生育期)所需的积温,特别是所需的有效积温多趋近常数。因此,植物要完成其生育期(或某一生育期)所持续的日数与其所经历的温度高低成反相关,即植物生育期内逐日温度越高,则各生育期持续日数相应减少;反之,就相应地增加。有效积温比较稳定,能更确切地反映植物对热量的要求。所以,在植物生产中,应用有效积温比较好。

② 积温的应用。积温作为一个重要的热量指标,在植物生产中有着广泛的用途,主要体现在:一是用来分析农业气候热量资源。通过分析某地的积温大小、季节分配及保证率,可以判断该地区热量资源状况,作为规划种植制度和发展优质、高产、高效作物的重要依据。二是作为植物引种的科学依据。积温是作物与品种特性的主要指标之一,依据植物品种所需的积温,对照当地可提供的热量条件,进行引种或推广,可避免盲目性。三是为农业气象预报服务。作为物候期、收获期、病虫害发生期等预报重要依据,也可根据杂交育种、制种工作中父母本花期相遇的要求,或农产品上市、交货期的要求,利用积温来推算适宜的播种期。四是作为农业气候专题分析与区划的重要依据之一。积温是热量资源的主要标志,根据积温多少,确定某作物在某地种植能否正常成熟,预计能否高产、优质。例如,分析积温多少与某地棉花霜前花比例的关系,既涉及产量又涉及品质。此外,还可以根据积温分析,为确定各地种植制度(如复种指数、前后茬作物的搭配等)提供依据,并可用积温作为指标之一进行区划。

2. 空气温度与植物生长

空气温度对植物生长的影响主要体现在气温日变化、气温年变化和非周期变化等方面。

(1) 空气温度的日变化　空气温度的日变化与土壤温度的日变化一样,只是最高、最低温度出现的时间推迟,通常最高温度出现在 14~15 时,最低温度出现在日出前后的 5~6 时。气温的日较差小于土壤温度的日较差,并且随着距地面高度的增加,气温日较差逐渐减小,位相也在不断落后。

气温的日较差受纬度、季节、地形、土壤变化、地表状况等因素影响。气温日较差随着纬度的增加而减小。热带气温日较差平均为 10~20℃;温带为 8~9℃;而极地只有 3~4℃。一般夏季气温的日较差大于冬季,而一年中气温日较差在春季最大。凸出地形气温日较差比平地小;低凹地形气温日较差较平地大。陆地上气温日较差大于海洋,而且距海愈远,日较差愈大。沙土、深色土、干松土的气温日较差,分别比黏土、浅色土和潮湿土大。在有植物覆盖的地方,气温日较差小于裸地。晴天气温日较差大于阴天;大风天和有降水时,气温日较差小。

(2) 空气温度的年变化 气温的年变化与土壤温度的年变化十分相似。大陆性气候区和季风性气候区,一年中最热月和最冷月分别出现在 7 月和 1 月,海洋性气候区落后 1 个月左右,分别在 8 月和 2 月。

影响气温年较差的因素有纬度、距海洋远近、地面状况、天气等。气温年较差随着纬度的增高而增大,赤道地区年较差仅为 1℃ 左右,中纬度地区为 20℃ 左右,高纬度地区可达 30℃。海上气温年较差较小,距海近的地方年较差小,越向大陆中心,年较差越大;一般情况下,温带海洋上年较差为 11℃,大陆上年较差可达 20~60℃。凹地的年较差大于凸地的气温年较差,且随海拔升高而减小。一年中晴天较多地区,气温年较差较大,一年中阴(雨)天较多地区,气温年较差较小。

(3) 气温的非周期性变化 气温除具有周期性日、年变化规律外,在空气大规模冷暖平流影响下,还会产生非周期性变化。在中高纬度地区,由于冷暖空气交替频繁,气温非周期性变化比较明显。气温非周期性变化对植物生产危害较大,如我国江南地区 3 月份出现的"倒春寒"天气,秋季出现的"秋老虎"天气,便是气温非周期性变化的结果。

(4) 大气中的逆温 逆温是指在一定条件下,气温随高度的增高而增加,气温直减率为负值的现象。逆温按其形成原因,可分为辐射逆温、平流逆温、湍流逆温、下沉逆温等类型。这里重点介绍辐射逆温和平流逆温。

① 辐射逆温。辐射逆温是指夜间由地面、雪面或冰面等辐射冷却形成的逆温。辐射逆温通常在日落以前开始出现,半夜以后形成,夜间加强,黎明前强度最大。日出以后地面及其邻近空气增温,逆温便自下而上逐渐消失。辐射逆温在大陆常年都可出现,中纬度地区秋、冬季节尤为常见,其厚度可达 200~300 m。

② 平流逆温。平流逆温是指当暖空气平流到冷的下垫面时,使下层空气冷却而形成的逆温。冬季从海洋上来的气团流到冷却的大陆上,或秋季空气由低纬度流向高纬度时,容易产生平流逆温。平流逆温在一天中任何时间都可出现。白天,平流逆温可因太阳辐射使地面受热而变弱,夜间可由地面有效辐射而加强。

逆温现象在农业生产上应用很广泛,如寒冷季节晾晒一些农副产品时,常将晾晒的产品置于一定高度,以免近地面温度过低而冻害。有霜冻的夜间,往往有逆温存在,熏烟防霜,烟雾正好弥漫在贴地气层,保温效果好。防治病虫害时,也往往利用清晨逆温层,使药剂不致向上乱飞,而均匀地洒落在植株上。

技能训练

空气温度测定

(1) 基本原理 与土壤温度测定相同。气温的观测包括定时的气温、日最高温度、日最低温度以及用温度计作气温的连续记录。

(2) 材料用具　干湿球温度表、最高温度表、最低温度表、温度计、百叶箱等。

(3) 训练规程　选取当地以种植作物为主的田块,准备测定气温的工具和仪器,完成以下操作:

① 仪器安置。在小百叶箱的底板中心,安装一个温度表支架、干球温度表和湿球温度表垂直悬挂在支架两侧,球部向下,干球在东,湿球在西,感应球部距地面1.5 m左右,如图5-6所示。湿球下部的下侧方是一个带盖的水杯,杯口离湿球约3 cm,湿球纱布穿过水杯盖上的狭缝浸入杯内的蒸馏水中。在湿度表支架的下端有两对弧形钩,分别放置最高温度表和最低温度表,感应部分向东。

② 气温观测。按干球、湿球、最高、最低温度表、自记温度计、自记湿度计的顺序,在每天2时、8时、14时、20时进行4次干湿球温度的观测,在每天20时观测最高温度和最低温度各1次。

图5-6　小型百叶箱安置

③ 最高、最低温度表调整。最高温度表调整:用手握住表身中部,球部向下,手臂向外伸出约30°角度,用大臂将表前后甩动,使毛细管内的水银落到球部,使示度接近于当时的干球温度。调整时动作应迅速,调整后放回原处时,先放球部,后放表身。

最低温度表调整:将球部抬高,表身倾斜,使游标滑动到酒精的顶端为止,放回时应先放表身,后放球部,以免游标滑向球部一端。

④ 读数和记录。各种温度表读数时,要迅速、准确、避免视觉误差,视线必须和水银柱顶端齐平,最低温度表视线应与酒精柱的凹液面最低处齐平。先读小数,后读整数,并应复读。读数精确到小数点后一位,小数位数是"0"时,不得将"0"省略。若计数在零下,数值前应加上"–"号。

⑤ 仪器和观测地段的维护。各种温度表应经常检查,保持干净和完好状态,发现异常应立即纠正。当冬季地面温度降到–36.0℃以下时,停止观测地面和最高温度表,并将温度表取回。

(4) 结果分析　根据观测资料,画出定时观测空气温度和时间变化图。从图中可以了解空气温度的变化情况和求出日平均气温值。其统计方法是:

日平均气温 =(2时气温 +8时气温 +14时气温 +20时气温)÷4

如果2:00时气温不观测,可用下式求日平均气温:

日平均气温 =[(当日最低气温 + 前一日20时气温)/2+8时、14时、20时气温之和]÷4

任务巩固

1. 简述植物生长的温度指标。
2. 简述气温的变化规律以及对植物生长的影响。

任务 5.3 植物生长温度环境调控

任务目标

- 知识目标：认识植物的感温性及温周期现象；了解植物对温度环境的适应。
- 能力目标：熟悉当地植物生长的温度状况，能正确地进行温度调控。

知识学习

1. 植物的感温性与温周期现象

植物生长环境中的温度是不断变化的，既有规律性的周期性变化，又有无规律性的变化。如昼夜温度的不同，四季温度的变化等都是有节律的温度变化，而夏季的炎热和冬季的冻害发生时的温度变化都是无节律的，没有周期性的。植物会对其所生长的环境温度变化产生一定的适应性或抗性。

（1）植物的感温性　植物感温性是指植物长期适应环境温度的规律性变化，形成其生长发育对温度的感应特性。不同植物在不同发育阶段，对温度的要求不同，大多数植物生长发育过程中需要一定时期的较高温度，在一定的温度范围内随温度升高生长发育速度加快，有些植物或品种在较高温度的刺激下发育加快，即感温性较强。如水稻的感温性，晚稻强于中稻，中稻强于早稻。春化作用是植物感温性的另一表现。

（2）植物的温周期现象　植物的温周期现象是指在自然条件下气温呈周期性变化，许多植物适应温度的这种节律性变化，并通过遗传成为其生物学特性的现象。植物温周期现象主要是指日温周期现象。如热带植物适应于昼夜温度高，振幅小的日温周期，而温带植物则适应于昼温较高，夜温较低，振幅大的日温周期。

在一定的温度范围内，昼夜温差较大更有利于植物的生长和产品质量的提高。如在不同昼夜温度下培育的火炬松苗，在昼夜温差最大时（日温 30℃、夜温 17℃）生长最好，苗高达 32.2 cm；昼夜温度均在 17℃时，苗高 10.9 cm，差异十分明显（表 5-6）。温周期对植物生长的有利作用，是由于生长期中白天很少出现极端的、不利于植物生长的温度，白天适当高温有利于光合作用，夜间适当低温减弱呼吸作用，使光合产物消耗减少，净积累相应增多。

表 5-6　不同昼夜温度下火炬松苗高生长量　　　　　　　　cm

日温	夜温 11℃	夜温 17℃	夜温 23℃
30℃	—	32.2	—
23℃	30.2	24.9	19.9
17℃	16.8	10.9	15.8

2. 植物对温度适应的生态类型

根据植物对温度的不同要求,一般可将植物分为以下 5 种类型:

(1) 耐寒的多年生植物　这类植物的地上部分能耐高温,但一到冬季地上部分枯死,而以地下部分的宿根越冬,一般能耐 0℃ 以下的低温。这类植物如金针菜、茭白、藕等。

(2) 耐寒的一二年生植物　这类植物能忍受 –2~–1℃ 的低温,短期内可耐 –10~–5℃ 的低温。这类植物如大蒜、大葱、菠菜、白菜等。

(3) 半耐寒植物　这类植物不能长期忍受 –2~–1℃ 的低温,在长江流域以南地区可露地越冬。这类植物如豌豆、蚕豆、萝卜、胡萝卜、芹菜、甘蓝等,在云南滇中、滇西以南等地还能冬季露地生长。

(4) 喜温植物　这类植物的最适温度为 20~30℃,当温度超过 40℃ 时,则几乎停止生长;而当温度在 10~15℃ 时,又会出现授粉不良,导致落蕾落花增加。因此在长江以南可以春播和秋播,北方则以春播为主。这类植物如黄瓜、辣椒、番茄、茄子、菜豆等。

(5) 耐热植物　这类植物在 30℃ 左右光合作用最旺盛,而西瓜、甜瓜及豇豆等在 40℃ 的高温下仍能生长。不论是华南或华北,还是云南德宏、西双版纳等地都可春播,夏、秋收获。这类植物如西瓜、冬瓜、南瓜、丝瓜、甜瓜、豇豆、刀豆等。

3. 设施增温

设施增温是指在不适宜植物生长的寒冷季节,利用增温或防寒设施,人为地创造适于植物生长发育的气候条件进行生产的一种方式。设施增温的主要方式有:智能温室、日光温室和塑料大棚等。

(1) 智能温室　智能温室也称为自动化温室,是指配备了由计算机控制的可移动天窗、遮阳系统、保温系统、升温系统、湿窗帘/风扇降温系统、喷滴灌系统或滴灌系统、移动苗床等自动化设施,基于农业温室环境的高科技"智能"温室。智能温室的控制一般由信号采集系统、中心计算机、控制系统三大部分组成。

(2) 日光温室　日光温室是采用较简易的设施,充分利用太阳能,在寒冷地区一般不加温进行蔬菜越冬栽培,而生产新鲜蔬菜的栽培设施。日光温室的结构各地不尽相同,分类方法也比较多。按墙体材料分主要有干打垒土温室,砖石结构温室,复合结构温室等。按后屋面长度分,有长后坡温室和短后坡温室;按前屋面形式分,有二折式、三折式、拱圆式、微拱式等。按结构分,有竹木结构、钢木结构、钢筋混凝土结构、全钢结构、全钢筋混凝土结构、悬索结构、热镀锌钢管装配结构等。

日光温室前坡面夜间用保温被覆盖,东、西、北三面为围护墙体。其雏形是单坡面玻璃温室,前坡面透光覆盖材料用塑料膜代替玻璃即演化为早期的日光温室。日光温室的特点是保温好、投资低、节约能源,非常适合我国经济欠发达的农村使用。

(3) 塑料大棚　塑料大棚俗称为冷棚,是一种简易实用的保护地栽培设施,由于其建造容易、使用方便、投资较少,随着塑料工业的发展,被世界各国普遍采用。利用竹木、钢材等材料,并覆盖塑料薄膜,搭成拱形棚,供栽培蔬菜,能够提早或延迟供应,提高单位面积产量,有利于防御自然灾害,特别是北方地区能在早春和晚秋淡季供应鲜嫩蔬菜。

塑料大棚充分利用太阳能,有一定的保温作用,并通过卷膜能在一定范围调节棚内的温度和湿度。因此,塑料大棚在我国北方地区,主要是起到春提前、秋延后的保温栽培作用,一般春季可提前 30~35 d,秋季能延后 20~25 d,但不能进行越冬栽培;在我国南方地区,塑料大棚除了冬春季节用于蔬菜、花卉的保温和越冬栽培外,还可更换遮阳网用于夏、秋季节的遮阳降温和防雨、防风、防雹等的设施栽培。

技能训练

植物生长温度环境调控

(1) 材料用具　网站、杂质、图书等资料;笔记本、笔等用具。气象站、农田、设施农业场所等。

(2) 调查活动　组织学生到农业生产场所、设施农业场所等地,通过访问当地农业技术人员、技术能手、种植大户等,参考下面资料,写一篇当地植物生长温度环境调控经验总结。

(3) 调控技术　结合当地实际情况,根据案例选择适当的调控技术。

植物生长温度环境调控技术

1. 一般条件下温度调控技术

(1) 土壤温度的调控技术　一是合理耕作。通过耕翻松土、镇压、垄作等措施,改变土壤水、热状况,进行适当提高或降低地温,满足植物生长。耕翻松土的作用主要有疏松土壤、通气增温、调节水汽、保肥保墒等。镇压是松土的相反过程,可以增温、稳温和提墒。垄作的目的在于:增大受光面积,提高土温,排除渍水,土松通气。

二是地面覆盖。农业生产中常用覆盖方式有:地膜覆盖、秸秆覆盖、有机肥覆盖、草木灰覆盖、地面铺沙等。地面覆盖的目的在于保温、增温,抑制杂草,减少蒸发,保墒等。

三是灌溉排水。一般中纬度地区在小雪前后"日消夜冻"时对越冬植物进行灌溉,是防止冻害发生的有效措施。水分灌溉对植物生产有重要意义,除了补充植物需水外,还可以改善农田小气候环境。春季灌水可以抗御干旱,防止低温冷害;夏季灌水可以缓解干旱,降温,减轻干热风危害;秋季灌水可以缓解秋旱,防止寒露风的危害;冬季灌水可为越冬植物的安全越冬创造条件。温暖季节灌溉会引起降温,寒冷季节灌溉可以保温。水分过多地区,采用排水,可以提高地温。

四是增温剂和降温剂的使用:寒冷季节使用增温剂提高地温,高温季节使用降温剂降低地温。

(2) 气温的调控技术　生产上在高温季节常常需要降温:

一是采用先进灌溉技术。在植物茎、叶生长高温期间,可通过喷灌、滴灌、雾灌等灌溉技术,进行叶面喷洒降温,调节茎、叶环境湿度。注意灌水量和时间,并且要注意喷洒均匀。

二是遮阳处理。遮阳处理主要用于花卉、食用菌等植物生产。对于一些需要遮阳的植物,可采取:搭建遮阳网;在阴棚四周搭架种植藤蔓作物如南瓜等,提高遮阳效果;在棚顶安装自动旋转自来水喷头或喷雾管,在每天上午 10 时至下午 4 时进行喷水降温。

2. 设施条件下温度调控技术

(1) 保温技术　一是减少贯流放热和通风换气量。近年来主要采用外盖膜、内铺膜、起垄种植再加盖草席、草毡子、纸被或棉被以及建挡风墙等方法来保温。在选用覆盖物时,要注意尽量选用导热率低的材料。其保温原理为:减少向设施内表面的对流传热和辐射传热;减少覆盖材料自身的传导散热;减少设施外表面向大气的对流传热和辐射传热;减少覆盖面的露风而引起的对流传热。二是增大保温比。适当降低设施的高度,缩小夜间保护设施的散热面积,有利于提高设施内昼夜的气温和地温。三是增大地表热流量。通过增大保护设施的透光率、减少土壤蒸发以及设置防寒沟等,增加地表热流量。

(2) 加温技术　加温的方法有酿热加温、电热加温、水暖加温、汽暖加温、暖风加温、太阳能贮存系统加温等,根据作物种类和设施规模和类型选用。

(3) 降温技术　当外界气温升高时,为缓和设施内气温的继续升高对植物生长产生不利影响,需采取降温措施:一是换气降温。打开通风换气口或开启换气扇进行排气降温。二是遮光降温。夏天光照太强时,可以用旧薄膜或旧薄膜加草帘、遮阳网等遮盖降温。三是屋面洒水降温。在设备顶部设有孔管道,水分通过管道小孔喷于屋面,使得室内降温。四是屋内喷雾降温。一种是由设施侧底部向上喷雾,另一种是由大棚上部向下喷雾,应根据植物的种类来选用。

任务巩固

1. 简述植物对温度的适应。
2. 结合当地情况,怎样进行温度调控?

考证提示

获得农业技术员、农作物植保员等中级资格证书,需具备以下知识和能力:

1. 土壤温度、空气温度的变化及对植物生长的影响;
2. 植物生长的三基点温度、农业界限温度、积温等温度指标;
3. 土壤温度和空气温度的测定;
4. 能正确进行露地条件和设施条件下的温度调控。

项目六　气候环境与植物生长

项目导读

　　与农业关系最密切的气象要素主要有：气压、风等。气压随高度和时间的变化而发生变化，气压系统的主要类型有低压、高压、低压槽、高压脊和鞍形场；风随时间和高度而发生不同的变化，风主要有季风和地方性风。如气团、锋、气旋、反气旋、高压脊、低压槽等天气系统都与一定的天气相联系。二十四节气反映了一年中季节、气候、物候等自然现象的特征和变化，起源于黄河流域地区，在其他地区运用时必须因地制宜地灵活运用。气候形成的基本因素主要有太阳辐射、大气环流、下垫面性质和人类活动。全球有 11 个气候带，常见的气候型有海洋性气候、大陆性气候、季风气候等。由于自然和人类活动的结果，特别是一些农业技术措施的影响，各种下垫面的特征常有很大差异，因而形成了不同的农业小气候。我国农业气象灾害频繁，应根据当地情况，及时做好防御。

任务 6.1　气象要素

任务目标

- 知识目标：认识气压和风等主要气象要素。
- 能力目标：能熟练进行气压和风的观测操作，会目测风向风力。

知识学习

　　大气中所发生的各种物理现象（风、雨、雷、电、云、雪、霜、雾、光等）和物理过程（气温的升高或降低，水分的蒸发或凝结等）常用各种定性和定量的特征量来描述，这些特征量被称为气象要素。与农业关系最密切的气象要素主要有：气压、风、云、太阳辐射、土壤温度、空气温度、空气湿度、降水等。这里主要介绍气压和风。

1. 气压

　　地球周围的大气，在地球重力场和空气的分子运动综合作用下，对处于其中的物体表面产生的压力称为大气压力。被测高度在单位面积上所承受的大气柱的重量称为大气压强，简称为气压。国际上规定，将纬度 45° 的海平面上，气温为 0℃时，760 mmHg 的大气压力称为一个标准大气压。气压单位是帕斯卡（Pa），1 Pa=1 N/m^2。气压单位常用百帕（hPa）和毫米水银柱高（mmHg）表示。而两者的关系为：1 hPa=100 Pa，1 hPa=0.75 mmHg。一般一个标准大气压等于 1 013.25 hPa。

（1）气压的变化 气压随高度和时间的变化而发生变化。

① 气压随高度变化。在同一时间同一地点，气压随高度升高而减小。当温度一定时，地面气压随海拔高度的升高而降低的速度是不等的。据实测，近地层大气中，高度每升高 100 m，气压平均降低 12.7 hPa，在高层则小于此数值，因此在低空随高度增加，气压很快降低，而高空的递减较缓慢。气压随高度的分布如表 6-1 所示。

表 6-1 气压随高度的变化（气柱平均温度 0℃ ）

海拔高度 /km	海平面	1.5	3.0	5.5	11.0	16.0	30.0
气压 /hPa	1 000	850	700	500	250	100	12

② 气压随时间变化。由于同一个地方的空气密度决定于气温，气温升高，空气密度减小，则气压降低；气温下降，空气密度增大，则气压升高。因此，一天中，一般夜间气压高于白天，上午气压高于下午；一年中，冬季（1 月份）气压高于夏季（7 月份）。而当暖空气来临时，会引起气压下降；当冷空气来临时，则会使气压升高。

（2）气压的水平分布 气压随高度增加而降低，由于各地热力和动力条件不同，使得在同一高度水平面上各处气压值也不同，气压在水平方向上的分布，常用等压线或等压面来表示。等压线是指在海拔高度相同的平面上，气压相等各点的连线；等压面是指空间气压相等的各点所构成的面。海平面图上等压线的各种组合形式称为气压系统。气压系统的主要类型有低压、高压、低压槽、高压脊和鞍形场。

低压是由一组闭合等压线构成的中心气压低、四周气压高的区域；等压面形状类似于凹陷的盆地。高压是由一组闭合等压线构成的中心气压高、四周气压低的区域；等压面形状类似凸起的山丘。低压槽是指由低压延伸出的狭长区域；在槽中各等压线弯曲最大处的连线，称为槽线；气压沿槽线向两边递增，槽线附近的空间等压面形如山谷。高压脊是指由高压延伸出的狭长区域；在脊中各条等压线弯曲最大处的连线，称为脊线；气压沿脊线向两边递减，脊线附近的空间等压面形如山脊。鞍形场是指由两个高压和两个低压交错相对而组成的中间区域；其空间分布形如马鞍。

2. 风

空气时刻处于运动状态，空气在水平方向上的运动称为风。它是重要的植物生态因子，直接或间接地影响作物的生长和发育，对热量、水汽和二氧化碳的输送和交换起重要作用。风是矢量，包括风向和风速，具有阵性。风向是指风吹来的方向，风速是单位时间内空气水平移动的距离，单位是 m/s。气象预报中常用风力等级来表示风的大小。通常用 13 个等级表示，如表 6-2 所示。

（1）风的变化 风随时间和高度而发生不同的变化。

① 风的日变化。在气压形势稳定时，可以观测到风有明显的日变化。在 50~100 m 的近地大气层内，风速以清晨为最小，日出后风速逐渐增大，午后最大，夜间风速逐渐减小；100 m 以上的大气中，风速的日变化与下层大气的变化情况正好相反，最大值出现在夜间，

最小值出现在午后。

表 6-2　风力等级表

风力等级	名称	海面和渔船征象	陆上地面物征象	相当风速 /(m·s⁻¹)	
				范围	中数
0	无风	静	静,烟直上	0~0.2	0.1
1	软风	有微波,通常渔船略觉摇动	烟能表示风向,树叶略有摇动	0.3~1.5	0.9
2	轻风	有小波纹,渔船摇动	人面感觉有风,树叶有微响,旌旗开始飘动	1.6~3.3	2.5
3	微风	有小波,渔船渐觉簸动	树叶及小枝摇动不息,旌旗展开	3.4~5.4	4.4
4	和风	浪顶有些白色泡沫,渔船满帆时,可使船身倾于一侧	能吹起地面灰尘和纸张,树枝摇动	5.5~7.9	6.7
5	清风	浪顶白色泡沫较多,渔船缩帆	有叶的小树摇摆,内陆的水面有小波	8.0~10.7	9.4
6	强风	白色泡沫开始被风吹离浪顶,渔船加倍缩帆	大树枝摇动,电线呼呼有声,撑伞困难	10.8~13.8	12.3
7	劲风	白色泡沫离开浪顶被吹成条纹状,渔船停泊港中,在海面下锚	全树摇动,大树枝弯下来,迎风步行感觉不便	13.9~17.1	15.5
8	大风	白色泡沫被吹成明显的条纹状,进港的渔船停留不出	可折毁小树枝,人迎风前行感觉阻力甚大	17.2~20.7	19.0
9	烈风	被风吹起的浪花使水平能见度减小,机帆船航行困难	烟囱及瓦屋屋顶受到损坏,大树枝可折断	20.8~24.4	22.6
10	狂风	被风吹起的浪花使水平能见度明显减小,机帆船航行颇危险	陆地少见,树木可被吹倒,一般建筑物遭破坏	24.5~28.4	26.5
11	暴风	吹起的浪花使水平能见度显著减小,机帆船遇之极危险	陆上很少,大树可被吹倒,一般建筑物遭严重破坏	28.5~32.6	30.6
12	飓风	海浪滔天	陆上绝少,其摧毁力极大	>32.6	>30.6

② 风的年变化。风的年变化与气候和地理条件有关,在北半球的中纬度地区,一般风速的最大值出现在冬季,最小值出现在夏季。我国大部分地区春季风速最大,因为春季是冷暖空气交替较为频繁的时期。

③ 风随高度的变化。运动着的空气质点与地面之间、空气与空气之间,都有摩擦作用存在。自地面至 2 000 m 的大气层称为摩擦层。在摩擦层中,空气运动受到的摩擦力随海拔高度的升高而减弱。因此,随着海拔高度的升高,风速增大。同理,海洋上空的风速大于陆地上空;沿海的风速大于山区。它们都是由于摩擦力影响不同造成的。

④ 风的阵性。风的阵性是指摩擦层中,由于空气运动受山脉、丘陵、建筑物或森林等影

响,呈涡旋状的乱流,造成风向不定,风速忽大忽小的现象。一日之中,夏季中午前后,风的阵性较大,夜晚阵性较小。一年之中,春季风的阵性较大,冬季风的阵性较小。

（2）风的类型　风的类型主要有季风和地方性风。

季风是指以一年为周期,随着季节的变化而改变风向的风。冬季大陆冷却快而剧烈,海洋冷却慢且降温小,因此,在大陆上因温度下降使气压升高,风从大陆吹向海洋,称为冬季风;夏季则相反,风从海洋吹向大陆,称为夏季风。我国的季风很明显,夏季盛行温暖而潮湿的东南风;冬季盛行寒冷而干燥的西北风。我国的西南地区还受印度洋的影响,夏季吹西南风,冬季吹东北风。

地方性风是由于局部自然、地理条件的影响,常形成某些局地性空气环流。常见的地方性风有:海陆风、山谷风和焚风。

① 海陆风。在沿海地区,以一天为周期,随昼夜交替而转换方向的风,称为海陆风。白天,风从海洋吹向陆地,称为海风;夜间,风从陆地吹向海洋,称为陆风。白天,陆地增温比海洋强烈,近地面低层大气中,产生从海洋指向陆地的水平气压梯度力,下层风从海洋吹向陆地形成海风。上层则相反,风从陆地吹向海洋,构成白天的海风环流;夜间,陆地降温比海洋剧烈而迅速,低层大气中,产生了从陆地指向海洋的水平气压梯度力,下层风从陆地吹向海洋形成陆风。上层风则从海洋吹向陆地,构成夜间的陆风环流（图6-1）。

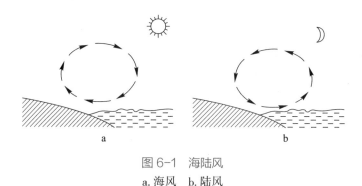

图6-1　海陆风

a. 海风　b. 陆风

海风给沿海地区带来丰沛的水汽,易在陆地形成云雾,缓和了温度的变化。所以海滨地区,夏季比内陆凉爽,冬季比内陆温和。

② 山谷风。在山区,风随昼夜交替而转换方向。白天,风从山谷吹向山坡,称为谷风;夜间,风从山坡吹向山谷,称为山风。两者合称为山谷风。白天,靠近山坡的空气温度比同高度谷地上空的气温要高,其空气密度较小,因此暖空气沿山坡上升到山顶,然后流向谷地上空。谷中气流则下沉补充坡面上升的空气,就形成了谷风环流;夜晚,山坡由于地面有效辐射强烈使气温比同高度谷地上空气温降低得快,冷而重的空气沿坡下滑,流入山谷,气流在谷地又辐合上升形成了山风环流（图6-2）。

谷风能把暖空气向山上输送,使山前的物候期、成熟期提前。谷风还可以把谷地水汽带上山顶,在夏季水汽充足时常常成云致雨,对山区林木和作物生长有利。山风可以降低温度,对植物同化产物的积累尤其是在秋季对块根、块茎等贮藏器官的膨大比较有利。山风还可使冷空气聚集在谷地,在寒冷季节造成"霜打洼"现象（图6-3）。而山腰和坡地中部,由于冷

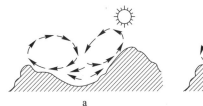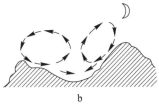

图 6-2　山谷风

a. 谷风　b. 山风

空气不在此沉积,霜冻往往较轻。

③ 焚风。当气流跨过山脊时,在山的背风坡,由于空气的下沉运动产生一种热而干燥的风,称为焚风。焚风的形成是由于未饱和的暖湿空气在运行途中遇山受阻,在山的迎风坡被迫抬升,温度下降,上升到一定高度后,因气温降低,空气中水汽达到饱和,水汽凝结产生云、雨、雪降落在迎风坡。气流到达山顶之后,由于失去了那部分已凝结降落的水汽而变得干燥了。当气流越过山顶后,就沿背风坡下滑,空气在下沉运动中温度升高,空气相对湿度减小,形成了炎热而干燥的焚风(图6-4)。不论冬夏昼夜,焚风在山区都可出现。焚风易形成旱灾和森林火灾,也可使初春的冰雪融化,利于灌溉。夏季的焚风可使谷物和水果提早成熟。

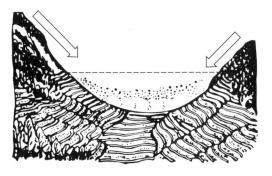

图 6-3　霜打洼示意

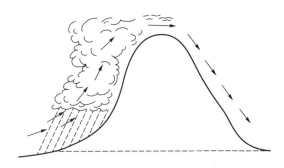

图 6-4　焚风示意

技能训练

1. 气压的观测

(1) 基本原理　可以利用水银气压表、空盒气压表和气压计来测定气压。

① 水银气压表。水银气压表有动槽式和定槽式两种,下面介绍动槽式水银气压表的构造原理。动槽式水银气压表是根据水银柱的重量与大气压力相平衡的原理制成的,其构造如图6-5所示,主要由内管、外套管、水银槽3部分组成。

② 空盒气压表。空盒气压表是利用空盒弹力与大气压力相平衡的原理制成的。空盒气压表不如水银气压表准确,但其使用和携带都比较方便,适于野外考察。其构造如图6-6所示。空盒气压表是以弹性金属做成的薄膜空盒作为感应元件,它将大气压力转换成空盒的弹性位移,通过杠杆和传动机构带动指针。当顺时针方向偏转时,指针就指示出气压升高的变化量,反之,当指针逆时针方向偏转时,指示出气压降低的变化量。当空盒的弹性

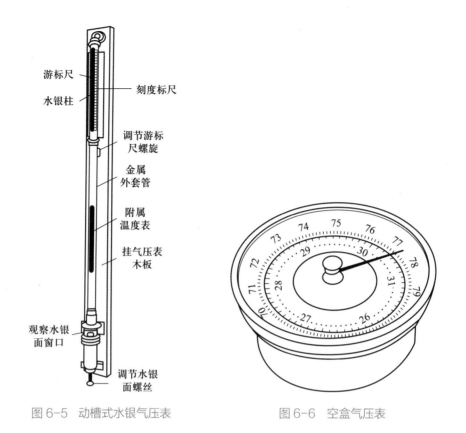

图6-5　动槽式水银气压表　　　　　　图6-6　空盒气压表

应力与大气压力相平衡时,指针就停止转动,这时指针所指示的气压值就是当时的大气压力值。

　　③ 气压计。气压计是连续记录气压变化的自记仪器,分为感应、传递放大和自记装置3部分。感应部分是由几个空盒串联而成的,最上的一个空盒与机械部分连接,最下一个空盒的轴固定在一块双金属板上,用以补偿对空盒变形的影响。传递放大部分:由于感应部分的变形很小,常采用两次放大。空盒上的连接片与杠杆相连,此杠杆的支点为第一水平轴,杠杆借另一连接片与第二水平轴的转臂连接。这一部分的作用是将空盒的变化放大后传到自记部分去。这样两次放大能够提高仪器的灵敏度。

　　(2) 材料用具　水银气压表、空盒气压表、气压计、温度表、笔、记录纸等。

　　(3) 训练规程

　　① 水银气压表安装与观测。首先,将气压表安装在温度少变的气压室内,室内既要保持通风,又无太大的空气流动。气压室要求门窗少开,经常关闭,光线要充足,但又要避免太阳光的直接照射。

　　其次,观测附属温度表,调整水银槽内的水银面与象牙针尖恰好相接,直到与象牙针尖相接完全无空隙为止;调整游尺,先使游尺稍高于水银柱顶端,然后慢慢下降直到游尺的下缘恰与水银柱凸面顶点刚刚相切为止。读数后转动调整螺旋使水银面下降。

　　最后,读数并记录:先在刻度标尺上读取整数,然后在游尺上找出一条与标尺上某一刻度相吻合的刻度线,则游尺上这条刻度线的数字就是小数读数。

② 空盒气压表的安装与观测。观测和记录时先打开盒盖,先读附温;轻击盒面(克服机械摩擦),待指针静止后再读数;读数时视线应垂直于刻度面,读取指针尖所指刻度示数,精确到 0.1;读数后立即复读,并关好盒盖。

③ 气压计的安装与观测。气压计应水平安放,调整离地高度以便于观测为宜。气压计读数要精确到 0.1 hPa。

(4) 结果分析　由于水银气压表的读数常常是在非标准条件下测得的,须经仪器差、温度差、重力差订正后,才是测点气压,未经订正的气压读数仅供参考。

空盒气压表上的示度经过刻度订正、温度订正和补充订正,即为测点气压。

2. 风的观测

(1) 基本原理　风的测定包括风向和风速。常用的测风仪器有电接风向风速计和轻便风向风速表。前者用于台站长期定位观测;后者多用于野外流动观测。在没有测风仪器或仪器出现故障时,可用目测风向风力。

① EL 型电接风向风速计。此测风仪是由感应器、指示器和记录器组成的有线遥测仪器。

感应器的上部分是风速部分,由风杯、交流发电机、涡轮等组成;下半部分是风向部分,由风向标、指南杆、风向方位块、导电环、接触簧片等组成(图 6-7)。

指示器由电源、瞬时风速指示盘、瞬时风向指示盘等组成。记录器由 8个风向电磁铁、1 个风速电磁铁、自记钟、自记笔、笔档、充放电线路等组成。

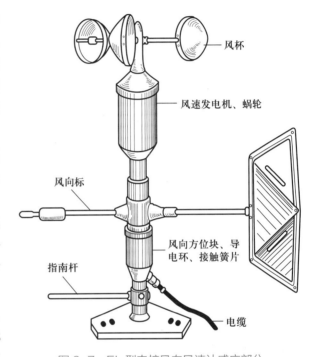

图 6-7　EL 型电接风向风速计感应部分

② 轻便风向风速表。仪器结构如图 6-8 所示,由风向部分(包括风向标、风向指针、方位盘和制动小套)、风速部分(包括十字护架、风杯和风速表主机体)和手柄 3 个部分组成。

(2) 材料用具　EL 型电接风向风速计、便风向风速表、笔、记录纸等。

(3) 训练规程

① EL 型电接风向风速计的安装与观测。首先,将感应器安装在牢固的高杆或塔架上,并附设避雷装置,风速感应器(风杯)中心距地面高度 10~12 m;指示器、记录器平稳地安放在室内桌面上,用电缆与感应器相连接,电源使用交流电 220 V 或干电池 12 V。

其次是观测和记录:打开指示器的风向、风速开关,观测 2 min 风速指针摆动的平均位置,读取整数记录。风速小时开关拨到"20"挡上,读 0~20 m/s 标尺刻度;风速大时开关拨到"40"挡上,读 0~40 m/s 标尺刻度。观测风向指示灯,读取 2 min 的最多风向,用 16 个方位记录。静风时,风速记"0",风向记"C";平均风速超过 40 m/s,记为 >40。

② 轻便风向风速表的安装与观测。在测风速时,待风杯旋转约 0.5 min,按下风速按钮,待 1 min 后指针停止转动,即可从刻度盘上读出风速示值(m/s),根据此值从风速检定曲线中查出实际风速(取一位小数),即为所测的平均风速。

观测者应站在仪器的下风向,将方位盘的制动小套管向下拉,并向右转一角度,启动方位盘,使其能自由转动,按地磁子午线的方向固定下来,注视风向指针约 2 min,记录其最多的风向,就是所观测的风向。观测完毕后将方位盘自动小套管向左转一小角度,让小套管弹回上方,固定好方位盘。

③ 目测风向风力。根据风对地面或海面物体的影响而引起的各种现象,按风力等级表估计风力,并记录其相应风速的中数。根据炊烟、旌旗、布条展开的方向及人的感觉,按 8 个方位估计风向。

(4) 结果分析 用仪器观测风向风速将结果记录入表 6-3;目测风向风力将结果记录入表 6-4,并与仪器测定比较。

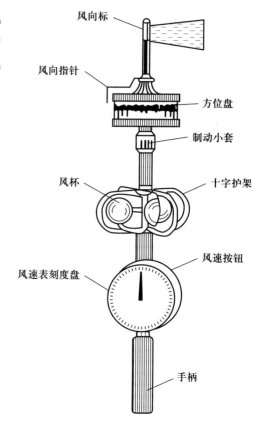

图 6-8 轻便风向风速表

表 6-3 仪器观测风向风速记录表

观测地点:　　　　　　　　　　　　　　观测日期:

时间				
EL 型电接风向风速计 /(m·s⁻¹)				
轻便风向风速表 /(m·s⁻¹)				

表 6-4 目测风向风力记录表

观测地点:　　　　　　　　　　　　　　观测日期:

地物征象	风向	风力等级	相当风速 /(m·s⁻¹)

任务巩固

1. 简述气压的变化和水平分布。

2. 简述风的变化特点。

3. 简述当地都有哪些风的类型?有何特点?

任务 6.2 天气与二十四节气

任务目标

- 知识目标:了解天气系统;熟悉二十四节气知识。
- 能力目标:能熟练根据二十四节气特点指导当地农业生产。

知识学习

天气是指一定地区气象要素和天气现象表示的一定时段或某时刻的大气状况,如晴、阴、冷、暖、雨、雪、风、霜、雾和雷等,是气候的基础。农业生产直接受天气条件的影响。

1. 天气系统

天气系统是表示天气变化及其分布的独立系统。活动在大气里的天气系统种类很多,如气团、锋、气旋、反气旋、高压脊、低压槽等。这些天气系统都与一定的天气相联系。

(1)气团 气团是占据广大空间的一大块空气,它的物理性质在水平方向上比较均匀,在垂直方向上的变化也比较一致,在它的控制下有大致相同的天气特点。影响我国大范围天气的主要气团有极地大陆气团和热带海洋气团,其次是热带大陆气团和赤道气团。

(2)锋 冷暖气团的交界面称为锋面,锋面与地面的交线称为锋线,习惯上把锋面和锋线统称为锋。锋的下面是冷气团,上面是暖气团。根据锋的移动方向,可以把锋分为暖锋、冷锋、准静止锋和锢囚锋。由于锋面两侧的气压、风、湿度等气象要素差异比较大,具有突变性,锋面附近常形成云、雨、风等天气,称为锋面天气。

(3)气旋和反气旋 气旋是占有三度空间的,在同一高度上中心气压低于四周的大尺度漩涡。反气旋也称为高压,是中心气压比四周气压高的水平空气涡旋(图6-9)。影响我国天气的反气旋,主要有蒙古高压和西太平洋副热带高压。蒙古高压是一种冷性反气旋即冷高压,是冬半年影响我国的主要天气系统,活动较频繁、势力强大。强冷高压侵入我国时,带来大量冷空气,气温骤降,出现寒潮天气。西太平洋副热带高压是夏半年影响我国的主要天气系统。

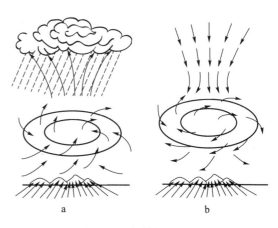

图 6-9 气旋与反气旋
a. 气旋 b. 反气旋

(4)低压槽和高压脊 大气中不同区域的气压是不均等的,不同气压区交错存在。低压区向高压区突出的部分称为低压槽,低压槽最突出点的连线称为槽线,槽线上任意一点的气压比它两侧的气压都低,槽线附近的空气是辐合上升的,易形成云雨天气(图6-10、图6-11)。高压区向低压区突出的部分称为高压脊,高压脊最突出点的连线称为脊线,脊线上任意一点的气压比它两侧的气压都高,脊线附近的

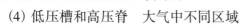

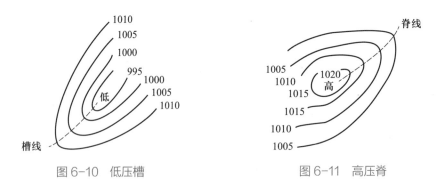

图 6-10 低压槽   图 6-11 高压脊

空气是下沉运动的,易形成晴朗的好天气。

2. 二十四节气

二十四节气的划分是从地球公转所处的相对位置推算出来的。地球围绕太阳转动称为公转,公转轨道为一个椭圆形,太阳位于椭圆的一个焦点上。地球的自转轴称为地轴,由于地轴与地球公转轨道面不垂直,地球公转时,地轴方向保持不变,致使一年中太阳光线直射地球上的地理纬度是不同的,这是产生地球上寒暑季节变化和日照长短随纬度和季节而变化的根本原因。地球公转一周需时约 365.23 d,公转一周是 360°,将地球公转一周均分为 24份,每一份间隔 15°,并给一"节气"名称。全年共分二十四节气,时间间隔大约为 15 d(图6-12)。

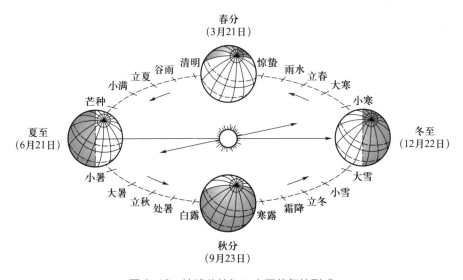

图 6-12 地球公转与二十四节气的形成

二十四节气是我国劳动人民几千年来从事农业生产,掌握气候变化规律的经验总结。为了便于记忆,总结出二十四节气歌:春雨惊春清谷天,夏满芒夏暑相连;秋处露秋寒霜降,冬雪雪冬小大寒;上半年逢六二一,下半年逢八二三,每月两节日期定;最多相差一两天。前四句是二十四节气的顺序,后四句是指每个节气出现的大体日期。按阳历计算,每月有两个节气,上半年一般出现在每月的 6 日和 21 日,下半年一般出现在 8 日和 23 日,年年如此,最多相差不过一二天(表 6-5)。

项目六 气候环境与植物生长

表 6-5 二十四节气的含义和农业意义

节气	月份	日期	含义和农业意义
立春	2	4 或 5	春季开始
雨水	2	19 或 20	天气回暖,降水开始以雨的形态出现,或雨量开始逐渐增加
惊蛰	3	6 或 5	开始打雷,土壤解冻,蛰伏的昆虫被惊醒开始活动
春分	3	21 或 20	平分春季的节气,昼夜长短相等
清明	4	5 或 6	气候温和晴朗,草木开始繁茂生长
谷雨	4	20 或 21	春播开始,降雨增加,雨生百谷
立夏	5	6 或 5	夏季开始
小满	5	21 或 22	麦类等夏熟作物的籽粒开始饱满,但尚未成熟
芒种	6	5 或 7	麦类等有芒作物成熟,夏播作物播种
夏至	6	22 或 21	夏季热天来临,白昼最长,夜晚最短
小暑	7	7 或 8	炎热季节开始,尚未达到最热程度
大暑	7	23 或 24	一年中最热时节
立秋	8	8 或 7	秋季开始
处暑	8	23 或 24	炎热的暑天即将过去,渐渐转向凉爽
白露	9	8 或 9	气温降低较快,夜间很凉,露水较重
秋分	9	23 或 24	平分秋季的节气,昼夜长短相等
寒露	10	8 或 9	气温已很低,露水发凉,将要结霜
霜降	10	24 或 23	气候渐冷,开始见霜
立冬	11	8 或 7	冬季开始
小雪	11	23 或 22	开始降雪,但降雪量不大,雪花不大
大雪	12	7 或 8	降雪较多,地面可以积雪
冬至	12	22 或 23	寒冷的冬季来临,白昼最短,夜晚最长
小寒	1	6 或 5	较寒冷的季节,但还未达到最冷程度
大寒	1	20 或 21	一年中最寒冷的节气

从表 6-5 中每个节气的含义可以看出,二十四节气反映了一年中季节、气候、物候等自然现象的特征和变化。立春、立夏、立秋、立冬,这"四立"表示农历四季的开始;春分、夏至、秋分、冬至,这"两分、两至"表示昼夜长短的更换。雨水、谷雨、小雪、大雪,表示降水。小暑、大暑、处暑、小寒、大寒,反映温度。白露、寒露、霜降,既反映降水又反映温度。而惊蛰、清明、芒种和小满,则反映物候。应该注意的是,二十四节气起源于黄河流域地区,在其他地区运用二十四节气时,不能生搬硬套,必须因地制宜地灵活运用。不仅要考虑本地区的特点,还要考虑气候的年际变化和生产发展的需求。

二十四节气与农事操作

（1）训练内容　根据当地气象条件，通过访问有经验的农民和气象部门技术人员，查阅当地气象资料，完成表 6-6 内容。

表 6-6　二十四节气与农事操作

工作环节	节气	农事操作指导
1 月份		
2 月份		
3 月份		
4 月份		
5 月份		
6 月份		
7 月份		
8 月份		
9 月份		
10 月份		
11 月份		
12 月份		

（2）结果分析　课余时间汇总当地有关二十四节气的农谚谚语，并研究农谚谚语是如何指导当地农业生产（表 6-7）。

表 6-7　当地常见二十四节气谚语

常见农谚谚语	含义	农业生产意义

项目六　气候环境与植物生长

1. 简述天气系统有哪些类型?
2. 简述二十四节气对当地农业有哪些指导意义?

任务 6.3　气候状况

任务目标

- 知识目标:了解气候、农田小气候知识;熟悉我国气候特征。
- 能力目标:通过训练,使学生能利用常见的观测仪器进行农田小气候观测,熟练掌握其主要的观测方法和农田小气候观测资料的整理和分析方法。

知识学习

1. 气候

气候是指一个地区多年平均或特有的天气状况,包括平均状态和极端状态,用温度、湿度、风、降水等气象要素的各种统计量来表达。因此,气候是天气的统计状况,在一定时期内具有相对的稳定性。

(1) 气候的形成　气候形成的基本因素主要有太阳辐射、大气环流和下垫面性质。不同地区间的气候差异和各地气候的季节交替,主要是太阳辐射在地球表面分布不匀及其随时间变化的结果。大气环流引导气团移动,使各地的热量、水分得以转移和调整,维持着地球的热量和水分平衡;大气环流常使太阳辐射的主导作用减弱,在气候的形成中起着重要作用。下垫面是指地球表面的状况,包括海陆分布、地形地势、植被及土壤等。由于它们的特性不同,因而影响辐射过程和空气的性质。

除上述 3 个自然因素对气候起重要作用外,人类活动对气候的形成也起着至关重要的作用。目前主要表现在:一是在工农业生产中排放至大气中的温室气体和各种污染物,改变了大气的化学组成;二是在农牧业发展和其他活动中改变下垫面的性质,如城市化、破坏森林和草原植被,海洋石油污染等。

(2) 气候带和气候型

① 气候带。气候带是指围绕地球表面呈纬向带状分布、气候特征比较一致的地带。划分气候带的方法很多,通常把全球划分成 11 个气候带(图 6-13),即赤道气候带,南、北热带,南、北副热带,南、北暖温带,南、北寒温带,南、北极地气候带。

② 气候型。在同一气候带内或在不同的气候带内,由于下垫面的性质和地理环境相似,往往出现一些气候特征相似的气候类型称为气候型。常见的气候型有海洋性气候和大陆性气候、季风气候和地中海气候、高原气候和高山气候、草原气候和沙漠气候。

海洋性气候是夏日凉爽,冬天不冷,日温差小,多是消暑的好地方。大陆性气候,气候干燥,冬冷夏热,气温的年、日较差都比较大。

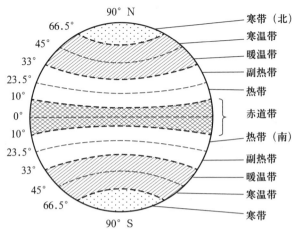

图 6-13 气候带示意图

季风气候夏季高温潮湿多雨,气候具有海洋性;冬季气候寒冷,干燥少雨,气候具有大陆性。地中海气候夏季炎热干燥、冬季温和多雨。

高原气候低压缺氧,出现高原反应;寒冷干燥;日照时间长,太阳辐射强;风力大,多大风、雷暴和冰雹等天气。高山气候变化急剧,气温低、气压低,多露、多风。

草原气候降雨量偏少,气候干燥,高大的树木无法生长;冬季寒冷而漫长,夏季短促,气温不很高。沙漠气候空气干燥,终年少雨或几乎无雨,气温日变化剧烈,日较差可达 50℃以上。

2. 中国气候特征

我国地域辽阔,南北跨纬度 49° 33',相距约 5 400 km。地形极为复杂,气候类型复杂多样,气候资源丰富。我国气候的主要特点是:季风性气候明显,大陆性气候强,气候类型多样,气象灾害频繁。

(1) 季风气候明显　我国处于欧亚大陆的东南部,东临辽阔的太平洋,南临印度洋,西部和西北部是欧亚大陆。在海陆之间常形成大气环流,因而出现季风气候。冬季盛行大陆季风,风从大陆吹向海洋,我国大部分地区天气寒冷干燥;夏季盛行海洋季风,我国多数地区为东南风到西南风,天气高温多雨。

(2) 大陆性气候强　我国背靠欧亚大陆,而气候受大陆的影响大于受海洋的影响,为大陆性季风气候。气温年较差大,气温年较差分布的总趋势是北方大,南方小;冬季寒冷,南北温差大,夏季普遍高温,南北温差小,最冷月多出现在 1 月,最热月多出现在 7 月。降水季节分配不均匀,夏季降水量最多,冬季最少;年降水量分布的总趋势是东南多、西北少,从东南向西北递减。

(3) 气候类型多样　从气候带来看,自南到北有热带、亚热带、温带,还有高原寒冷气候。温带、亚热带、热带的面积占 87%,其中亚热带和南温带面积占 41.5%。从干燥类型来说,从东到西有湿润、半湿润、半干旱、干旱、极干旱等类型,其中半干旱、干旱面积占 50%。

(4) 气象灾害频繁　特点是气象灾害种类多,范围广,发生频率高,持续时间长,群发性突出,连续效应显著,灾情严重,给农业生产造成巨大损失。

3. 农田小气候

小气候就是指在小范围的地表状况和性质不同的条件下,由于下垫面的辐射特征与空气交换过程的差异而形成的局部气候。小气候的特点主要是范围小、差异大、很稳定。近代小气候学在各生产领域得到迅速的发展,如农田小气候、设施小气候、地形小气候、防护林带小气候、果园小气候等。

(1)农田小气候特征 农田小气候是以农作物为下垫面的小气候。不同的农作物有不同的小气候特征;同一种作物又因不同品种、种植方式、生育期、生长状况,以及田间管理措施等形成不同的作物群体,并产生相应的小气候特征。

① 农田中光的分布。太阳辐射到达农田植被表面后,一部分辐射能被植物叶片吸收,一部分被反射,还有一部分透过枝叶空隙,或透过叶片到达下面各层或地面上。农田植被中,光照度由株顶向下逐渐减弱,株顶附近递减较慢,植株中间迅速减弱,再往下又缓慢下来。光照度在株间的分布直接影响作物对光能的有效利用,植株稀少,漏光严重,单株光合作用强,但群体光能利用不充分;农田密度较大,株间各层光强相差较大,株顶光过强,冠层下部光不足,单株生长不良,易产生倒伏现象。

② 农田中温度的分布。作物生育初期,因茎、叶幼小稀疏,不论昼夜,农田的温度分布和变化,白天的最高温度和夜间的最低温度均在地表附近。作物封行以后,进入生长盛期,茎高叶茂,农田外活动面形成,午间活动层附近热量容易保持,温度可达最高。夜间农田放热多,降温快,外活动面的温度达到最低。因此,生育盛期昼夜的最高最低温度由地表转向作物的外活动面。作物生育后期,茎、叶枯黄脱落,太阳投入株间的光合辐射增多,农田温度分布又接近于生育初期,昼夜温度的最高和最低又出现在地面附近。

③ 农田中湿度的分布。农田中湿度分布和变化决定于温度、农田蒸发和乱流交换强度的变化。植物生育初期基本相似于裸地,不论白天和夜间,相对湿度都随高度的增加而降低。植物到了生育盛期,白天由于蒸腾作用的结果,外活动面附近相对湿度最大,内活动面较低;夜间由于气温较低,株间相对湿度在所有高度上都比较接近。植物生育后期,白天相对湿度都随高度的增加而降低,夜间因为地表温度较低,相对湿度最大。

④ 农田中风的分布。作物生长初期,植株矮小,这时农田中风的分布与裸地相似,越接近地面风速越小,风速趋于零的高度在地表附近,随着高度增加风速增大。作物生长旺盛时期,进入农田中的风因受作物的阻挡,一部分被抬升由植株冠层顶部越过,风速随高度增加按指数规律增大;另一部分气流进入作物层中,株间风速的变化呈 S 形分布(图 6-14)。农田中风速的水平分布自边行向里不断递减。

⑤ 农田中二氧化碳的分布。农田中二氧化碳浓度有明显的日变化。白天作物进行光合作用要大量地吸收二氧化碳,使农田二氧化碳浓度降低,通常在午后达到最低;夜间作物的呼吸作用要放出二氧化碳,使农田二氧化碳浓度增高。由于土壤一直是地面二氧化碳的源地,株间二氧化碳浓度常常是贴地层最大。夜间二氧化碳浓度随高度升高而降低,而白天二氧化碳浓度随高度升高而增大。

一般说来,在作物层以上二氧化碳浓度逐渐增加,作物层以内则迅速减少,在叶面积密度最大层附近为最低。白天特别是中午,农田的二氧化碳从上向下输送,到地面附近则从

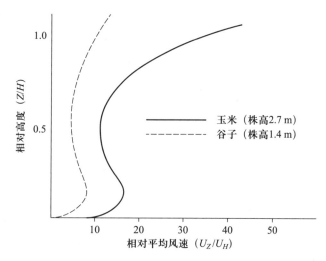

图6-14　玉米、谷子株间风速的垂直分布示意图

地面向上输送。

(2) 农田小气候的改良　植物生产中,由于自然和人类活动的结果,特别是一些农业技术措施的影响,各种下垫面的特征常有很大差异,光、热、水、气等要素有不同的分布和组合,形成小范围的性质不同的气候特征,称为农业小气候。如农田小气候、果园小气候、防护林小气候等。这里主要介绍农田小气候的改良,即一些农业技术措施的小气候效应(表6-8)。

表6-8　耕作、栽培措施的小气候效应

措施	小气候效应
耕翻	使土壤疏松,增加透水性和透气性,提高土壤蓄水能力,对下层土壤有保墒效应。使土壤热容量和导热率减小,削弱上下层间的热交换,增加土壤表层温度的日较差。低温季节,上土层有降温效应,下层有增温效应;高温季节,上层有升温效应,下层有降温效应
垄作	使土壤疏松,小气候效应同耕翻。增加了土表与大气的接触面积,白天增加对太阳辐射的吸收面,热量聚集在土壤表面,温度比平作高;夜间垄上有效辐射大,垄温比平作温度低。蒸发面大,上层土壤有效辐射大,下层土壤湿润;有利于排水防涝;有利于通风透光
间套作	间套作变平面受光为立体受光,增加光能利用率;同时可以延长光合作用时间,增加光合面积,延续、交替合理利用光能,增加复种指数,提高光能利用率。间套作可增加边行效应,改善通风条件,加强株间乱流交换,调节二氧化碳浓度,提高光合效率。高型植物对矮型植物能起到一定的保护作用
种植行向	改善植物受光时间和辐射强度。若行向与植物生育关键期盛行的风向一致,可调节农田中二氧化碳、温度和湿度
种植密度	适宜的种植密度可增加光合面积和光合能力;调节田间温度和湿度
灌溉	调节田间辐射平衡,由于灌溉的土壤湿润,颜色变暗,一方面使反射率减小,同时也使地面温度下降,空气湿度增加,导致有效辐射减小,使辐射平衡增加。调节农田蒸散,在干旱条件下,灌溉使蒸发耗热急剧增大。影响土壤热交换和土壤的热学特性

技能训练

农田小气候观测

（1）基本原理　主要体现在观测地段、观测项目、观测高度、观测深度、观测时间等的确定。

① 观测地段的确定。农田小气候观测中选择测点时应该掌握以下四点原则：一是代表性原则。指选定的测点在自然地理条件、作物种类、作物长势以及农业技术措施等方面要能够代表农田或研究地段的一般情况。二是比较性原则。指作为对比因子的观测时间、观测高度等要保持一致。三是测点面积的确定。进行多个项目观测时，仪器要布置在一定面积的地段上。当研究地段的活动面与周围地段的活动面差异大时，观测地段的最小面积要大些；反之，可适当小些。一般情况下，可掌握在 10 m² 即可。四是测点的布置原则。农田小气候观测点一般分为基本测点和辅助测点两种。基本测点应选在观测地段中最有代表性的点上，其观测项目、高度、深度要求比较齐全和完整，观测时间要求固定，观测次数要求多些；辅助测点可以是流动的，也可以是固定的，其观测项目、观测高度和深度应与基本测点一致，辅助测点的多少应根据人力和仪器的条件而定。

② 观测项目的确定。农田小气候的观测项目要根据研究目的和任务来确定。例如，要研究防护林带的防风效应时，观测项目重点放在林带迎风面和背风面风速上；如要研究防护林带的气象效应时，一般应对温度（包括空气温度和土壤温度）、湿度（空气湿度和土壤湿度）、风速进行对比观测。常见的观测项目有：不同高度的空气温湿度、不同深度的土壤温度和土壤含水量、风速风向、光照度、地面最高温度、地面最低温度以及观测时的日光状况等。根据需要还可以进行太阳直接辐射、天空反射辐射以及地面反射辐射的观测。

③ 观测高度和深度的确定。进行农田小气候观测时，各要素的观测高度和深度一般为：空气温度和湿度一般取 20 cm 和 150 cm、作用面附近（一般为株高 2/3 处）和作物层顶处。风的观测通常取 20 cm、作用面和作物层顶以上 1 m 三个高度。光照度的观测通常取作物层顶（代表植株外自然光照）、作用面（反映作物冠层的受光情况）和地面（反映作物下部的透光情况）三个高度。土壤温度的观测通常取 0 cm、5 cm、10 cm、15 cm、20 cm 等深度。当然，根据研究对象的需要可适当调整。

实际工作当中还应当注意：以上所列各观测高度和深度是指一般情况，观测中可以根据研究任务的具体要求进行调整。例如，要研究气象要素在农业环境中的垂直分布时，可在此基础上增加观测高度和深度，以便准确反映出气象要素的变化规律。需要进行全生育期观测时，由于作物在不断长高，仪器高度也要相应调整，一般作物每长高 20 cm 仪器高度就要调整一次。

④ 观测时间的确定。观测时间对于观测资料的准确性和比较性有很大的影响。小气候观测时间的确定应遵循以下原则：所选观测时间应尽可能包括气象台站的观测时间，以便相互比较；所选观测时间得到的日平均值，要尽可能接近实际的日平均值；所选观测时间要能够反映出气象要素的日变化特征，包括振幅和位相；根据研究目的确定观测时间，如逆温、干热风、霜冻的观测。

(2) 材料用具 通风干湿表、风向风速表、照度计、地面温度表和曲管地温表;特制纱布、铁锹、测杆、直尺。

(3) 训练规程

① 观测仪器的设置。在一个测点上观测不同项目的仪器设置,必须遵循仪器间互不影响、尽量与观测顺序一致的原则。通风干湿表应与地面、地中温度表间隔 1.5 m 左右,与其他仪器间隔也要 1.0 m 左右;轻便风速表要安装在上风位置上。在农田中,可安装在同一行间或相邻行间,若作物行间很窄,地面温度表和地面最高、最低温度表也可排成一线。在垂直方向上,由于越靠近活动面,气象要素的铅直变化就越大。因此,设置的观测高度必须越靠近活动面越密,而不能机械地按几何等距离分布。

② 资料的整理。一个测点的原始记录,在确定所测数据无误的情况下,将数据填写在资料整理表中,进行器差订正,并检查记录有无突变现象,根据日光情况和风的变化决定取舍。然后计算读数的平均值及湿度查算等工作,再根据报表资料绘制气象要素的时间变化图和空间变化分布图。

气象要素时间分布图,以纵坐标表示要素值,横坐标表示时间,从图中可以得出气象要素随时间变化的特点。

气象要素空间分布图,以纵坐标表示高度或深度,横坐标表示气象要素值,从图中可以得出气象要素随高度(或深度)的分布情况和变化规律。

通过气象要素随时间和空间分布及变化规律,可以了解测点气象要素的变化特点,并且对各测点资料进行分析,还可以从图中检查各记录的准确性等。在时间变化图上,发现某一时间记录有突变等不连续现象,可从天气变化情况(如云况、日光等)寻找原因,然后对时间变化图进行订正。

③ 各测点资料的对比分析。在完成各测点的基本资料整理后,为在各测点的小气候特征中寻找它们的差异,必须根据研究任务,进行测点资料对比分析。如只有同裸地的资料比较,才能显示出农田小气候特征;只有同其他作物田的小气候资料进行对比,才能发现某一作物的小气候特征。在对比分析时,要特别注意与自然地理环境条件以及天气情况的一致性。

(4) 结果分析 当对比分析完成以后,就可以书面总结,其中要对测点情况、观测项目、高度(深度)、使用仪器和天气条件进行说明,对观测过程也要适当介绍,但中心内容是气象要素的定性和定量的对比描述,对产生的现象和特征,必须根据气象学的原理,说明物理本质,用表格和图解来揭示各现象之间的联系,从而得出农田小气候观测的初步结论。

任务巩固

1. 简述气候的形成因素有哪些?
2. 我国有哪些气候带和气候型?
3. 我国气候有什么特征?
4. 简述农田小气候有什么特征?
5. 举例说明农田小气候的改良。

任务 6.4 我国主要气象灾害及其防御

任务目标

- 知识目标:了解我国主要气象灾害的发生、类型及危害。
- 能力目标:能根据当地情况,进行极端温度灾害等气象灾害的防御。

知识学习

1. 极端温度灾害

温度的变化对农业生产影响很大,过高和过低都会给农业生产带来一定的危害。在农业生产中影响较大的极端温度灾害主要有:寒潮、霜冻、冻害、冷害、热害等。

(1) 寒潮　寒潮是在冬半年,由于强冷空气活动引起的大范围剧烈降温的天气过程。冬季寒潮引起的剧烈降温,造成北方越冬作物和果树经常发生大范围冻害,也使江南一带作物遭受严重冻害。同时,冬季强大的寒潮给北方带来暴风雪,常使牧区畜群被大风吹散,草场被大雪掩盖,导致大量牲畜冻饿死亡。春季,寒潮天气常使作物和果树遭受霜冻危害。尤其是晚春时节,当一段温暖时期来临时,作物和果树开始萌芽和生长,如果此时突然有强大的寒潮侵入,常使幼嫩的作物和果树遭受霜冻危害。另外,春季寒潮引起的大风,常给北方带来风沙天气。因为内蒙古、华北一带土壤已解冻,气温升高、地表干燥,一遇大风便尘沙飞扬,摧毁庄稼,吹走肥沃的表土并影响春播。另外,大风带来的风沙淹没农田,造成大面积沙荒。秋季,寒潮天气虽然不如冬春季节那样强烈,但它能引起霜冻,使农作物不能正常成熟而减产。夏季,冷空气的活动已达不到寒潮的标准,但对农业生产也产生不同程度的低温危害。同时这些冷空气的活动对我国东部降水有很大影响。

(2) 霜冻　霜冻指在温暖季节(日平均气温在 0℃ 以上)土壤表面或植物表面的温度下降到足以引起植物受到伤害或死亡的短时间低温冻害。

霜冻按季节分类主要有秋霜冻和春霜冻两种。一是秋霜冻。秋季发生的霜冻称为秋霜冻,又称为早霜冻,是秋季作物尚未成熟、陆地蔬菜还未收获时产生的霜冻。秋季发生的第一次霜冻称为初霜冻。秋季初霜冻来临越早,对作物的危害越大。纬度越高,初霜日越早,霜冻强度也越大。二是春霜冻。春季发生的霜冻称为春霜冻,又称为晚霜冻。是春播作物苗期、果树花期、越冬作物返青后发生的冻害。春季最后一次霜冻称为终霜冻。春季终霜冻发生越晚,作物抗寒能力越弱,对作物危害就越大。纬度越高,终霜日越晚,霜冻强度也越弱。从终霜冻至初霜冻之间持续的天数称为无霜冻期。无霜冻期的长短,是反映一个地区热量资源的重要指标。

当冷空气入侵时,晴朗无风或微风,空气湿度小的天气条件最有利于地面或贴地气层的强烈辐射冷却,容易出现较严重的霜冻。洼地、谷地、盆地等闭塞地形,冷空气容易堆积,容易形成较严重的霜冻,故有"风打山梁霜打洼"之说;此外,霜冻迎风坡比背风坡重,北坡比南坡重,山脚比山坡中段重,缓坡比陡坡重。由于沙土和干松土壤的热容量和导热率较小,所以,易发生霜冻;黏土和坚实土壤则相反。在临近湖泊、水库的地方霜冻较轻,并且早霜冻会晚来,晚霜冻提前结束。

(3) 冻害　冻害是指在越冬期间,植物较长时间处于 0℃ 以下的强烈低温或剧烈降温条件下,引起体内结冰,丧失生理活动,甚至死亡的现象。不论何种作物,都可用 50% 植株死亡的临界致死温度作为其冻害指标。此外也有用冬季负积温、极端最低气温、最冷月平均温度等作为冻害指标。我国作物的冻害类型主要有 3 类:一是冬季严寒型,当冬季有 2 个月以上平均气温比常年偏低 2℃ 以上时,可能发生这种冻害。如果冬季积温偏少,麦苗弱,则受害更重。二是入冬剧烈降温型,是指麦苗停止生长前后因气温骤降而发生的冻害。另外,如播种过早或前期气温偏高,生长过旺,再遇冷空气,更易使冬小麦受害。三是早春融冻型,早春回暖解冻,麦苗开始萌动,这时抗寒力下降,如遇较强冷空气可使麦苗受害。

(4) 冷害　冷害是指在作物生育期间遭受到 0℃ 以上(有时在 20℃ 左右)的低温危害,引起作物生育期延迟或使生殖器官的生理活动受阻,造成农业减产的低温灾害。春季在长江流域,将冷害称为春季冷害或倒春寒。倒春寒是指春季在天气回暖过程中,出现间歇性的冷空气侵袭,形成前期气温回升正常或偏高、后期明显偏低而对作物造成损害的一种灾害性天气。

秋季在长江流域及华南地区将冷害称为秋季冷害,在广东、广西称为寒露风。寒露风是指寒露节气前后,由于北方强冷空气侵入,使气温剧烈下降,北风(通常可使南方气温连续降低 4~5℃)致使双季晚稻受害的一种低温天气。东北地区将 6~8 月份出现的低温危害称为夏季冷害。主要影响水稻孕穗期减数分裂,造成抽穗灌浆后形成大量空粒,对产量影响极大。

根据对农作物危害的特点划分:一是延迟型冷害,是指作物营养生长期(有时生殖生长期)遭受较长时间低温,削弱了作物的生理活性,使作物生育期显著延迟,以至不能在初霜前正常成熟,造成减产。二是障碍型冷害,是指作物生殖生长期(主要是孕穗和抽穗开花期)遭受短时间低温,使生殖器官的生理活动受到破坏,造成颖花不育而减产的冷害。秋后突出表现是空粒增多。三是混合型冷害,是指延迟型冷害与障碍型冷害交混发生的冷害,对作物生育和产量影响更大。

(5) 热害　热害是高温对植物生长发育以及产量形成所造成的一种农业气象灾害。包括高温逼熟和日灼。

高温逼熟是高温天气对成熟期作物产生的热害。华北地区的小麦、马铃薯,长江以南的水稻,北方和长江中下游地区的棉花常受其害。形成热害的原因是高温,因为高温使植株叶绿素失去活性,阻滞光合作用的暗反应,降低光合效率,呼吸消耗大大增强;高温使细胞内蛋白质凝聚变性,细胞膜半透性丧失,植物的器官组织受到损伤;高温还能使光合同化物输送到穗和粒的能力下降,酶的活性降低,致使灌浆期缩短,籽粒不饱满,产量下降。

日灼是因强烈太阳辐射所引起的果树枝干、果实伤害,亦称为日烧或灼伤。日灼常常在干旱天气条件下产生,主要危害果实和枝条的皮层。由于水分供应不足,使植物蒸腾作用减弱。在夏季灼热的阳光下,果实和枝条的向阳面受到强烈辐射,因而遭受伤害。受害果实上出现淡紫色或淡褐色干陷斑,严重时出现裂果,枝条表面出现裂斑。夏季日灼在苹果、桃、梨和葡萄等果树上均有发生,它的实质是干旱失水和高温的综合危害。冬季日灼发生在隆冬和早春,果树的主干和大枝的向阳面白天接受阳光的直接照射,温度升高到0℃以上,使处于休眠状态的细胞解冻;夜间树皮温度又急剧下降到0℃以下,细胞内又发生结冰。冻融交替的结果使树干皮层细胞死亡,树皮表面呈现浅红紫色块状或长条状日烧斑。日灼常常导致树皮脱落、病害寄生和树干朽心。

2. 旱灾

(1) 干旱　因长期无雨或少雨,空气和土壤极度干燥,植物体内水分平衡受到破坏,影响正常生长发育,造成损害或枯萎死亡的现象称为干旱。干旱是气象、地形、土壤条件和人类活动等多种因素综合影响的结果。干旱对作物的危害,就作物生长发育的全过程而言,在下列3个时期危害最大:一是作物播种期,此时干旱,影响作物适时播种或播种后不出苗,造成缺苗断垄。二是作物水分临界期,指作物对水分供应最敏感的时期。对禾谷类作物来说,一般是生殖器官的形成时期。此时干旱会影响结实,对产量影响很大。如玉米水分临界期是在抽雄前的大喇叭口时期,此时干旱会影响抽雄,农民称之为"卡脖旱"。三是谷类作物灌浆成熟期,此时干旱影响谷类作物灌浆,常造成籽粒不饱满,秕粒增多,千粒重下降而显著减产。

根据干旱的成因分类,可将干旱分为土壤干旱、大气干旱和生理干旱。土壤干旱是指土壤水分亏缺,植物根系不能吸收到足够的水分,致使体内水分平衡失调而受害。大气干旱是由于高温低湿,作物蒸腾强烈而引起的植物水分平衡的破坏而受害。生理干旱是指土壤有足够的水分,其他原因使作物根系的吸水发生障碍,造成体内缺水而受害。

根据干旱发生季节分类,可分为春旱、夏旱、秋旱和冬旱。春旱是春季移动性冷高压常自西北经华北、东北东移入海;在其经过地区,晴朗少云,升温迅速而又多风,蒸发很盛,而产生干旱。夏旱是夏季西太平洋副热带高压向北推进,长江流域常在它的控制下,7、8月份有时甚至一个多月,天晴酷热,蒸发很强,造成干旱。秋旱是秋季西太平洋副热带高压南退,西伯利亚高压增强南伸,形成秋高气爽天气,而产生干旱。冬旱是冬季西太平洋副热带高压减弱,使得我国华南地区有时被冬季风控制,造成降水稀少,易出现冬旱。

(2) 干热风　干热风是指高温、低湿、并伴有一定风力的大气干旱现象。主要影响小麦和水稻。北方麦区一般出现在5~7月份。小麦受到干热风危害后,轻者使茎尖干枯、炸芒、颖壳发白、叶片卷曲;重者严重炸芒,顶部小穗、颖壳和叶片大部分干枯呈现灰白色,叶片卷曲,枯黄而死。雨后突然放晴遇到干热风,则使茎秆青枯,麦粒干秕,提前枯死。水稻受到干热风危害后,穗呈灰白色,秕粒率增加,甚至整穗枯死,不结实。小麦受害主要发生在乳熟中、后期,水稻在抽穗和灌浆成熟期。

我国北方麦区干热风主要有3种类型:高温低湿型、雨后枯熟型和旱风型。高温低湿型的特点是:高温、干旱,地面吹偏南或西南风而加剧干、热的影响;这种天气易使小麦干尖、炸芒、植株枯黄、麦粒干秕,而影响产量;它是北方麦区干热风的主要类型。雨后枯熟型的特点是:雨后高温或猛晴,日晒强烈,热风劲吹,造成小麦青枯或枯熟;多发生在华北和西北地区。旱风型的特点是:湿度低、风速大(多在3~4级),但日最高气温不一定高于30℃;常见于苏北、皖北地区。

北方麦区干热风指标风表6-9,水稻干热风指标见表6-10。

表6-9 小麦干热风指标

麦类	区域	轻干热风			重干热风		
		T_M/℃	R_{14}/%	V_{14}/(m·s⁻¹)	T_M/℃	R_{14}/%	V_{14}/(m·s⁻¹)
冬麦区	黄淮海平原	≥32	≤30	≥2	≥35	≤25	≥3
	旱塬	≥29	≤30	≥3	≥32	≤25	≥4
	汾渭盆地	≥31	≤35	≥2	≥34	≤30	≥3
春麦区	河套与河西走廊东部	≥31	≤30	≥2	≥34	≤25	≥3
	新疆与河西走廊西部	≥34	≤25	≥2	≥36	≤20	≥2

注:T_M是指日平均气温;R_{14}是指14时相对湿度;V_{14}是指14时风速。

表6-10 水稻干热风指标

区域	日平均气温/℃	14时相对湿度/%	14时风速/(m·s⁻¹)
长江中下游	≥30	≤60	≥5

3. 雨涝灾害

(1) 湿害及其危害　湿害是指土壤水分长期处于饱和状态使作物遭受的损害,又称为渍害。雨水过多,地下水位升高,或水涝发生后排水不良,都会使土壤水分处于饱和状态。土壤水分饱和时,土中缺氧使作物生理活动受到抑制,影响水、肥的吸收,导致根系衰亡,缺氧又会使厌氧过程加强,产生硫化氢,恶化环境。

湿害的危害程度与雨量、连阴雨天数、地形、土壤特性和地下水位等有关,而且不同作物及不同发育期耐湿害的能力也不同。麦类作物苗期虽较耐湿,但也会有湿害。表现为烂根烂种,拔节后遭受湿害,常导致根系早衰,茎、叶早枯,灌浆不良,并且容易感染赤霉病,湿害是南方小麦的主要灾害之一。玉米在土壤水分超过田间持水量的90%以上时,也会因湿害造成严重减产。幼苗期遭受湿害,减产更重,有时甚至绝收。油菜受湿害后,常引起烂根、早衰、倒伏、结实率和千粒重降低,并且容易发生病虫害。棉花受害时常引起棉苗烂根、死苗、抗逆力减弱,后期受害引起落铃、烂桃,影响产量和品质。

(2) 洪涝及其危害　洪涝是指由于长期阴雨和暴雨,短期的雨量过于集中,河流泛滥,山洪暴发或地表径流大,低洼地积水,农田被淹没所造成的灾害。洪涝是我国农业生产中仅次于干旱的一种主要自然灾害。每年都有不同程度的危害。1998年6~7月,我国长江、嫩江、松花江流域出现了有史以来的特大洪涝灾害,直接经济损失达1 660亿元。

洪涝对农业生产的危害包括物理性破坏、生理性损伤和生态性危害。物理性破坏主要指洪水泛滥引起的机械性破坏。洪水冲坏水利设施,冲毁农田,撕破作物叶片,折断作物茎秆,以至冲走作物等;物理性的破坏一般是毁坏性的,当季很难恢复。生理性损伤是指作物被淹后,因土壤水分过多,旱田作物根系的生长及生理机能受到严重影响,进而影响地上部分生长发育;作物被淹后,土壤中缺乏氧气并积累了大量的二氧化碳和有机酸等有毒物质,严重影响作物根系的发育,并引起烂根,影响正常的生命活动,造成生理障碍以至死亡。生态性危害则是在长期阴雨湿涝环境条件下,极易引发病虫害的发生和流行。同时,洪水冲毁水利设施后,使农业生产环境受到破坏,引起土壤条件、植被条件的变化。

根据洪涝发生的季节和危害特点,洪涝可分为春涝、春夏涝、夏涝、夏秋涝和秋涝等几种类型。春涝及春夏涝主要发生在华南及长江中下游一带,多由准静止锋形成的连阴雨造成,引起小麦和油菜烂根、早衰、结实率低、千粒重下降;阴雨高湿还会引起病虫害流行。夏涝主要发生在黄淮海平原、长江中下游、华南、西南和东北;多数由暴雨及连续大雨造成。夏秋涝或秋涝主要发生在西南地区,其次是华南沿海、长江中下游地区及江淮地区;由暴雨和连绵阴雨造成,对水稻、玉米、棉花等作物的产量品质影响很大。

4. 大风灾害

(1) 大风的标准及危害　风力大到足以危害人们的生产活动和经济建设的风,称为大风。我国气象部门以平均风力达到或超过6级或瞬间风力达到或超过8级,作为发布大风预报的标准。在我国冬春季节,随着冷空气的暴发,大范围的大风常出现在北方各省,以偏北大风为主。夏、秋季节大范围的大风主要由台风造成,常出现在沿海地区。此外,局部强烈对流形成的雷暴大风在夏季也经常出现。

大风是一种常见的灾害性天气,对农业生产的危害很大。主要表现在以下几个方面:一是机械损伤。大风造成作物和林木倒伏、折断、拔根或造成落花、落果、落粒。北方春季大风造成吹走种子吹死幼苗,造成毁种;南方水稻花期前后遇暴风侵袭而倒伏,造成严重减产。秋季大风可使成熟的谷类作物严重落粒或成片倒伏,影响收割而造成减产。大风能使东南沿海的橡胶树折断或倒伏。二是生理危害。干燥的大风能加速植被蒸腾失水,致使林木枯顶,作物萎蔫直至枯萎。北方春季大风可加剧土壤蒸发失墒,引起作物旱害,冬季大风会加剧越冬作物冻害。三是风蚀沙化。在常年多风的干旱半干旱地区,大风使土壤蒸发加剧,吹走地表土壤,形成风蚀,破坏生态环境。在强烈的风蚀作用下,可造成土壤沙化,沙丘迁移,埋没附近的农田、水源和草场。四是影响农牧业生产活动。在牧区大风会破坏牧业设施,造成交通中断,农用能源供应不足,影响牧区畜群采食或吹散牧群。冬季大风可造成牧区大量牲畜受冻饿死亡。

(2) 大风的类型　按大风的成因,将影响我国的大风分为下列几种类型:一是冷锋后偏北大风,即寒潮大风,主要由于冷锋(指冷暖气团相遇,冷气团势力较强)后有强冷空气活动而形成。一般风力可达6~8级,最大可达10级以上。可持续2~3 d。春季最多,冬季次之,夏季最少,影响范围几乎遍及全国。二是低压大风,由东北低压、江淮气旋、东海气旋发展加深时形成。风力一般6~8级。如果低压稳定少动,大风常可持续维持几天,以春季最多。在东北及内蒙古东部,河北北部,长江中下游地区最为常见。三是高压后偏南大风,随大陆高压东移入海,在其后出现偏南大风,多出现在春季。在我国东北、华北、华东地区最为常见。四是雷暴大风。多出现在强烈的冷锋前面,在发展旺盛的积雨云前部因气压低气流猛烈上升,而云中的下沉气流到达地面时受前部低压吸引,而向前猛冲,形成大风。阵风可达8级以上,破坏力极大,多出现在炎热的夏季,在我国长江流域以北地区常见。其中内蒙古、河南、河北、江苏等地每年均有出现。

技能训练

根据当地气象灾害发生类型,积极进行防御,并进行总结。

1. 极端温度灾害防御

(1) 寒潮防御　防御寒潮灾害,必须在寒潮来临前,根据不同情况采取相应的防御措施。

① 牧区防御。在牧区采取定居、半定居的放牧方式,在定居点内发展种植业,搭建塑料棚,以便在寒潮天气引起的暴风雪和严寒来临时,保证牲畜有充足的饲草饲料和温暖的保护牲畜场所,达到抗御寒潮的目的。

② 农业区防御。可采用露天增温、加覆盖物、设风障、搭拱棚等方法保护菜畦、育苗地和葡萄园。对越冬作物除选择优良抗冻品种外,还应加强冬前管理,提高植株抗冻能力。此外还应改善农田生态条件,如冬小麦越冬期间可采用冬灌、搂麦、松土、镇压、盖粪(或盖土)等措施,改善农田生态环境,达到防御寒潮的目的。

(2) 霜冻防御　首先要采取避霜措施,减少霜冻危害。

① 避霜措施　一是选择气候适宜的种植地区和适宜的种植地形。二是根据当地无霜期长短选用与之相当的成熟期品种和选择适宜的播(栽)期,做到"霜前播种,霜后出苗"。育苗移栽作物,移栽时间要以能避开霜冻为准。三是用一些化学药剂处理作物或果树,使其推迟开花或萌芽。如用生长抑制剂处理油菜,能推迟抽薹开花;用 2,4-D 或马来酰肼喷洒茶树、桑树,能推迟萌芽,从而避开霜冻,使作物遭受霜冻的危险性降低。四是采取其他避霜技术。如树干涂白,反射阳光,降低体温,推迟萌芽;在地面逆温很强的地区,把葡萄枝条放在高架位上,使花芽远离地面;果树修剪时去掉下部枝条,植株成高大形,从而避开霜冻。

② 减慢植株体温下降速度,使日出前不出现能引起霜冻的低温。主要有:

一是覆盖法。利用芦苇、草帘、秸秆、泥土、厩肥、草木灰、树叶及塑料薄膜等覆盖物,可以减小地面有效辐射,达到保温防霜冻的目的。对于果树采用不传热的材料(如稻草)包裹树干,根部堆草或培土 10~15 cm。也可以起到防霜冻的作用。

二是加热法。霜冻来临前在植株间燃烧草、油、煤等燃料,直接加热近地气层空气。一般用于小面积的果园和菜园。

三是烟雾法。利用秸秆、谷壳、杂草、枯枝落叶,按一定距离堆放,上风方向分布要密些,当温度下降到霜冻指标 1℃时点火熏烟。一直持续到日出后 1~2 h 气温回升时为止。也可用沥青、硝酸铵、锯末、煤沫等按一定比例制成防霜弹,防霜效果也很好。防霜冻的原理在于:燃烧物产生的烟幕能减小地面有效辐射,并直接放出热量,同时,水汽在烟粒上凝结放热。烟雾法能提高温度 1~2℃。

四是灌溉法。在霜冻来临前 1~2 d 灌水,灌水后土壤热容量和导热率增大,夜间土壤温度下降缓慢,同时由于空气湿度增大,减小了地面有效辐射,促进了水汽凝结放热。灌水后可提高温度 2~3℃。也可采用喷水法,利用喷灌设备在霜冻前把温度在 10℃左右的水喷洒到作物或果树的叶面上。水温高于植株体,能释放大量的热量,达到防霜冻的目的。喷水时不能间断,霜冻轻时15~30 min喷一次,如霜冻较重7~8 min喷一次。

五是防护法。在平流辐射型霜冻比较重的地区,采取建立防护林带、设置风障等措施都可以起到防霜冻的作用。

③ 提高作物的抗霜冻能力。主要措施有:选择抗霜冻能力较强的品种;科学栽培管理;北方大田作物多施磷肥,生育后期喷施磷酸二氢钾;在霜冻前1~2 d在果园喷施磷、钾肥;在秋季喷施多效唑,翌年11月采收时果实抗冻能力大大提高。

(3) 冻害防御

① 合理布局。确定合理的冬小麦种植北界和上限。一般以年绝对最低气温 -22℃为北界或上限指标;冬春麦兼种地区可根据当地冻害、干热风等灾害的发生频率和经济损失确定合理的冬春麦种植比例;根据当地越冬条件选用抗寒品种,采用适应当地条件的防冻保苗措施。

② 提高植株抗性。选用适宜品种,适时播种。强冬性品种以日平均气温降到17~18℃,或冬前0℃以上的积温500~600℃时播种为宜,弱冬性品种则应在日平均气温15~16℃时播种。此外可采用矮壮素浸种,掌握播种深度使分蘖节达到安全深度,施用有机肥、磷肥和适量氮肥作种肥以利于壮苗,提高抗寒力。

③ 改善农田生态条件。提高播前整地质量,冬前及时松土,冬季耱麦、反复进行镇压,尽量使土达到上虚下实。在日消夜冻初期适时浇上水,以稳定地温。停止生长前后适当覆土,加深分蘖节,稳定地温,返青时注意清土。在冬麦种植北界地区,黄土高原旱地、华北平原低产麦田和盐碱地上可采用沟播,不但有利于苗全、苗壮,还可以在越冬期间起到代替覆土、加深分蘖节的作用。

(4) 冷害防御

① 合理布局。搞好品种区划,适区种植,根据冷害的规律合理选择和搭配早、中、晚熟品种。

② 加强农田基本建设。加强农田基本建设,防旱排涝,可以防止或减轻旱涝对作物生长发育的抑制,从而减少作物对积温的浪费,达到御冷害的目的。

③ 建立保护设施。利用地膜覆盖、建防风墙、设防风障等措施提高土壤温度和气温,防御冷害。

④ 加强田间管理,促进作物早熟。在冷害将要发生或已经发生时,应采取农业综合技术措施,促进作物早熟,战胜冷害。

(5) 热害防御

① 高温逼熟的防御。可以通过改善田间小气候,加强田间管理,改革耕作制度,合理布局,选择抗高温品种。

② 日灼的防御。夏季可采取灌溉和果园保墒等措施,增加果树的水分供应。满足果树生育所需要的水分;在果面上喷洒波尔多液或石灰水,也可减少日灼病的发生;冬季可采用在树干涂白以缓和树皮温度骤变;修剪时在向阳方向应多留些枝条,以减轻冬季日灼的危害。

2. 旱灾防御

(1) 干旱防御

① 建设高产稳产农田。农田基本建设的中心是平整土地,保土、保水;修建各种形式的沟坝地;进行小流域综合治理,以小流域为单位,工程措施与生物措施相结合,实行缓坡修梯田,种耐旱作物,陡坡种草种树,坡下筑沟,坝地种经济作物,综合治理充分发挥拦土蓄水、改善生态环境、兴利除害的作用。

② 合理耕作蓄水保墒。在我国北方运用耕作措施防御干旱,其中心是伏雨春用,春旱秋抗。具体措施是:一是秋耕壮垡。秋收后先浅耕,耙去根茬杂草,平整土地,施足底肥,深耕翻下,有利于接纳秋冬雨雪。二是浅耕塌墒。已壮垡的地春季不再耕翻,只在播种前4~5 d浅串,耙耢后播种,以减少土壤水分蒸发;早春土壤刚解冻时就进行顶凌耙耢,镇压提墒。

③ 兴修水利、节水灌溉。为防止大水漫灌,发挥灌溉水的作用,首先要根据当地条件实行节水灌溉,即根据作物的需水规律和适宜的土壤水分指标进行科学灌溉。其次采用先进的喷灌、滴灌和渗灌技术。

④ 地面覆盖栽培,抑制蒸发。利用沙砾、地膜、秸秆等材料覆盖在农田表面,可有效地抑制土壤蒸发,起到很好的蓄水保墒效果。

⑤ 选育抗旱品种。选用抗旱性强、生育期短和产量相对稳定的作物和品种。

⑥ 抗旱播种。抗旱播种是北方地区抗御春旱的重要措施。其方法有:抢墒早播、适当深播、垄沟种植、镇压提墒播种、"三湿播种"(即湿种、湿粪、湿地)和育苗移栽等。

⑦ 化学控制措施。化学控制措施是防旱抗旱的一种新途径。目前运用的化学控制物质有:化学覆盖剂、保水剂和抗旱剂一号等。

⑧ 人工降雨。人工降雨是利用火箭、高炮和飞机等工具把冷却剂(干冰、液氮等)或吸湿性凝结核(碘化银、硫化铜、盐粉、尿素等)送入对流性云中,促使云滴增大而形成降水的过程。

(2) 干热风防御

① 浇麦黄水。在小麦乳熟中、后期至蜡熟始期,适时灌溉,可以改善麦田小气候条件,降低麦田气温和土壤温度。

② 药剂浸种。播种前用氯化钙溶液浸种或闷种,能增加小麦植株细胞内钙离子,提高小麦抗高温和抗旱的能力。

③ 调整播期。根据当地干热风发生的规律,适当调整播种期,使最易受害的生育期与干热风发生期错开。

④ 选用抗干热风品种。根据品种特性,选用抗干热风或耐干热风的品种。

⑤ 根外追肥。在小麦拔节期喷洒草木灰溶液、磷酸二氢钾溶液等。

⑥ 营造防护林带。可以改善农田小气候,削弱风速,降低气温,提高相对湿度,减少土壤水分蒸发,减轻或防止干热风的危害。

3. 雨涝灾害防御

(1) 湿害防御　主要是开沟排水,田内挖深沟与田外排水渠要配套,以降低湿度和地下水位。此外,深耕和大量施用有机肥,能改善土壤物理性状,提高土壤渗水能力,作物布局应避免由于秧田、水旱田交错导致湿害。

(2) 洪涝防御

① 治理江河,修筑水库。通过疏通河道、加筑河堤、修筑水库等措施,既能有效地控制洪涝灾害,又能蓄水防旱。治水与治旱相结合是防御洪涝的根本措施。

② 加强农田基本建设。在易涝地区,田间合理开沟,修筑排水渠,畅通排水,搞好垄、腰、围三沟配套,降低地下水位,使地表水、浅层水和地下水能迅速排出。同时要抓住有利天气及时进行田间管理,改善通气性,防止地表结皮及盐渍化。

③ 改良土壤结构,降低涝灾危害程度。通过合理的耕作栽培措施,改良土壤结构,增强土壤的透水性,可有效地减轻洪涝灾害程度。实行深耕打破犁底层,提高土壤的透水能力,消除或减弱犁底层的滞水作用,降低耕层水分。增加有机肥,使土壤疏松。采用秸秆还田或与绿肥作物轮作等措施,减轻洪涝灾害的影响。

④ 调整种植结构,实行防涝栽培。在洪涝灾害多发地区,适当安排种植旱生与水生作物的比例,选种抗涝作物种类和品种。根据当地条件合理布局,适当调整播栽期,使作物易受害时期躲过灾害多发期。实行垄作,有利于排水,提高地温,散表墒。

⑤ 封山育林,增加植被覆盖。植树造林能减少地表径流和水土流失,从而起到防御洪涝灾害的作用。

⑥ 加强涝后管理,减轻涝灾危害。洪涝灾害发生后,要及时清除植株表面的泥沙,扶正植株。如农田中大部分植株已死亡,则应补种其他作物。此外,要进行中耕松土,施速效肥,注意防止病虫害,促进作物生长。

4. 风灾防御

(1) 植树造林 营造防风林、防沙林、固沙林、海防林等,扩大绿色覆盖面积,防止风蚀。

(2) 建造小型防风工程 设防风障、筑防风墙、挖防风坑等,减弱风力,阻拦风沙。

(3) 保护植被 调整农林牧结构,进行合理开发。在山区实行轮牧养草,禁止陡坡开荒和滥砍滥伐森林,破坏草原植被。

(4) 营造完整的农田防护林网 农田防护林网可防风固沙,改善农田的生态环境,从而防止大风对作物的危害。

(5) 农业技术措施 选育抗风品种,播种后及时培土镇压。高秆作物及时培土,将抗风力强的作物或果树种在迎风坡上,并用卵石压土等。此外,加强田间管理,合理施肥等多项措施。

任务巩固

1. 简述寒潮、霜冻、冻害、冷害、热害等极端温度灾害的特征。
2. 简述干旱、干热风等旱灾的特征。
3. 简述湿害、洪涝灾害的特征。
4. 简述大风灾害特征。

项目七 营养环境与植物生长

项目导读

　　植物必需营养元素有 16 种,可分为大量营养元素和微量营养元素,不同的植物必需营养元素在植物体内具有独特的生理作用。植物对养分的吸收有根部营养和根外营养两种方式,根部营养是主要的,根外营养是补充。植物营养要满足两个关键时期的需要,如果供应不足常表现出一定的缺素症状,需要及时补充养分予以矫正。

任务 7.1 植物生长营养规律

任务目标

　　■ 知识目标:了解植物必需营养元素及其生理作用,认识植物根系吸收养分与根外营养的基本知识。

　　■ 能力目标:能正确掌握及运用根部营养的施肥方法;正确识别当地植物缺素的典型症状。

知识学习

　　植物营养是指植物体从外界环境中吸取其生长发育和生命活动所需要的物质。营养元素是指植物体所需要的化学元素。植物的组成十分复杂,一般新鲜的植物体含有 75%~95% 的水分和 5%~25% 的干物质。在干物质质量中有机物占 90%~95%,其组成元素主要是碳、氢、氧和氮等;余下的 5%~10% 为矿物质,也称为灰分,由很多元素组成,包括磷、钾、钙、镁、硫、铁、锰、锌、铜、钼、硼、氯、硅、钠、钴、铝、镍、钒、硒等。现代分析技术研究表明,在植物体内可检测出 70 多种矿质元素,几乎自然界里存在的元素在植物体内都能找到。

　　1. 植物必需营养元素

　　(1) 植物必需营养元素的判断标准　植物体内的营养元素并不全部是植物生长发育所必需的。判断某种元素是否为植物生长发育所必需的营养元素,一般必须符合以下三条标准:一是不可缺少。植物的营养生长和生殖生长必须有这种元素,是植物完成整个生命周期不可缺少。二是特定的症状。缺少该元素时植物会显示出特殊的、专一的缺素症状,其他营养元素不能代替它的功能,只有补充这种元素后,病症才能减轻或消失。三是直接营养作用。该元素必须对植物起直接的营养作用,并非由于它改善了植物生活条件所产生的间接作用。

某一营养元素只有符合这三条标准,才能被确定为是植物必需的营养元素。到目前为止,已经确定为植物生长发育所必需的营养元素有 16 种,即碳、氢、氧、氮、磷、钾、钙、镁、硫、铁、锰、硼、铜、锌、钼、氯。

在植物必需的营养元素中,碳、氢、氧三种元素主要来自空气和水分;氮主要是植物通过根系从土壤中吸收,部分由根际微生物的联合固氮和根瘤菌的共生固氮从土壤空气中吸收;其他灰分元素主要来自土壤(图 7-1)。氮、磷、钾常被称为"肥料三要素"。

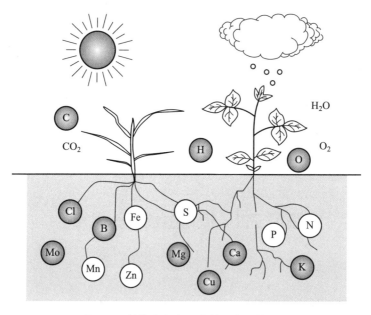

图 7-1　植物生长必需营养元素及其来源

(2) 植物必需营养元素的分组　通常根据植物对 16 种必需营养元素的需要量不同,可以分为大量营养元素和微量营养元素。大量营养元素一般占植株干物质质量的百分之几十到千分之几,它们是碳、氢、氧、氮、磷、钾、钙、镁、硫 9 种;微量营养元素占植株干物质质量的千分之几到十万分之几,它们是铁、硼、锰、铜、锌、钼、氯 7 种。也有把钙、镁、硫称为中量营养元素。

(3) 植物必需营养元素的生理作用　不同的植物必需营养元素在植物体内具有独特的生理作用(表 7-1)。

表 7-1　植物必需营养元素的生理作用

元素名称	生理作用
氮	构成蛋白质和核酸的主要成分;叶绿素的组成成分,增强植物光合作用;植物体内许多酶的组成成分,参与植物体内各种代谢活动;植物体内许多维生素、激素等成分,调控植物的生命活动
磷	磷是植物体许多重要物质(核酸、核蛋白、磷脂、酶等)的成分;在糖代谢、氮素代谢和脂肪代谢中有重要作用;磷能提高植物抗寒、抗旱等抗逆性
钾	是植物体内 60 多种酶的活化剂,参与植物代谢过程;能促进叶绿素合成,促进光合作用;是呼吸作用过程中酶的活化剂,能促进呼吸作用;增强作物的抗旱性、抗高温、抗寒性、抗盐、抗病性、抗倒伏、抗早衰等能力

元素名称	生理作用
钙	构成细胞壁的重要元素,参与形成细胞壁;能稳定生物膜的结构,调节膜的渗透性;能促进细胞伸长,对细胞代谢起调节作用;能调节养分离子的生理平衡,消除某些离子的毒害作用
镁	是叶绿素的组成成分,并参与光合磷酸化和磷酸化作用;是许多酶的活化剂,具有催化作用;参与脂肪、蛋白质和核酸代谢;是染色体的组成成分,参与遗传信息的传递
硫	是构成蛋白质和许多酶不可缺少的组分;参与合成其他生物活性物质,如维生素、谷胱甘肽、铁氧还蛋白、辅酶 A 等;与叶绿素形成有关,参与固氮作用;合成植物体内挥发性含硫物质,如大蒜油等
铁	是许多酶和蛋白质组分;影响叶绿素的形成,参与光合作用和呼吸作用的电子传递;促进根瘤菌作用
锰	是多种酶的组分和活化剂;是叶绿体的结构成分;参与脂肪、蛋白质合成,参与呼吸过程中的氧化还原反应;促进光合作用和硝酸还原作用;促进胡萝卜素、维生素、核黄素的形成
铜	是多种氧化酶的成分;是叶绿体蛋白—质体蓝素的成分;参与蛋白质和糖代谢;影响植物繁殖器官的发育
锌	是许多酶的成分;参与生长素合成;参与蛋白质代谢和糖类运转;参与植物繁殖器官的发育
钼	是固氮酶和硝酸还原酶的组成成分;参与蛋白质代谢;影响生物固氮作用;影响光合作用;对植物受精和胚胎发育有特殊作用
硼	能促进糖类运转;影响酚类化合物和木质素的生物合成;促进花粉萌发和花粉管生长,影响细胞分裂、分化和成熟;参与植物生长素类激素代谢;影响光合作用
氯	能维持细胞膨压,保持电荷平衡;促进光合作用;对植物气孔有调节作用;抑制植物病害发生

(4) 必需营养元素之间的相互关系　植物必需营养元素在植物体内的相互关系主要表现为同等重要和不可代替,即必需营养元素在植物体内不论含量多少都是同等重要的,任何一种营养元素的特殊生理功能都不能被其他元素所代替。

第一,各种营养元素对植物来讲是同等重要的。虽然植物体内各种营养元素的含量不同,但它们在植物营养中的作用,并没有重要和不重要之分。缺少大量营养元素固然会影响植物的生长发育;缺少微量营养元素也同样会影响植物生长发育。例如,棉花缺氮时,叶片失绿;缺铁时,叶片失绿。氮是叶绿素的主要成分,铁不是叶绿素的成分,但铁对叶绿素的形成是必需的。没有氮不能形成叶绿素,没有铁同样不能形成叶绿素。所以说铁和氮对植物营养来说是同等重要的。

第二,植物体内必需营养元素是不可代替的。如氮不能代替磷,磷不能代替钾。由于各种营养元素在植物体内的生理功能有其独特性和专一性,即使有些元素能部分地代替另一必需营养元素的作用,也只是部分或暂时的代替,是不可能完全代替的。

第三,植物必需营养元素之间具有以下相互作用(表 7-2)。一是颉颃作用,是指一种营养元素阻碍或抑制另一种元素吸收的生理作用。产生颉颃作用的原因很多。凡离子大小、电荷和配位体结构以及电子排列相类似的元素,其竞争作用大,互相抑制吸收。二是协同作用,是指一种营养元素促进另一种元素吸收的生理效应,即两种元素结合后的效应超过其单独效应之和,也称为相互效应。显然,协同作用能导致植物体中另外一种元素或多种元素含量的增加,而颉颃作用则使其含量或有效性降低。由于元素间的相互作用,均是以特定的植物、品种以及一定的养分浓度范围为前提的。因此,从植物营养的观点来看,协同作用或者颉颃作用的实际效果,均可能有有利的和不利的两个方面。

表 7-2　植物体中大量元素与微量元素的相互关系

常量元素	颉颃元素	协同元素
Ca	B、Cu、Fe、Mn、Zn、Co、Al、Cd、Cr、Ni、Pb	Cu、Mn、Zn
Mg	Mn、Zn、Cu、Fe、Co、Al、Cr、Ni、F	Al、Zn
P	B、Cu、Fe、Mo、Mn、Zn、Al、As、Cd、Cr、F、Hg、Ni、Pb、Si	Al、B、Cu、Fe、Mo、Mn、Zn
K	B、Mo、Mn、Al、Hg、Cd、Cr、F、Rb	—
S	Fe、Mo、Se、As、Pb	F、Fe
N	Cu、B、F	B、Cu、Fe、Mo
Cl	Br、I	B、Cu、Fe、Mo

2. 植物营养两个关键期

植物通过根系从土壤中吸收养分的整个时期,称为植物营养期。在植物营养期中,植物对养分的吸收又有明显的阶段性。这主要表现在植物不同生育期中,对养分的种类、数量和比例有不同的要求。在植物营养期中,植物对养分的需求,有两个极为关键的时期:一个是植物营养的临界期,另一个是植物营养的最大效率期。

(1) 植物营养的临界期　在植物营养过程中,有一时期对某种养分的要求在绝对数量上不多,但需要十分迫切,此时如缺乏这种养分,植物生长发育和产量都会受到严重影响,即使以后补施该种养分也很难纠正和弥补。这个时期称为植物营养的临界期。植物营养的临界期一般出现在植物生长的早期阶段。如水稻磷素营养临界期在三叶期,棉花在二、三叶期,油菜在五叶期以前;水稻氮素营养临界期在三叶期和幼穗分化期,棉花在现蕾初期,小麦和玉米一般在分蘖期、幼穗分化期。

(2) 植物营养最大效率期　在植物生长发育过程中还有一个时期,植物需要养分的绝对数量最多,吸收速率最快,这个时期称为植物营养最大效率期。植物营养最大效率期一般出现在植物生长的旺盛时期,或在营养生长与生殖生长并进时期。如玉米氮肥的最大效率期一般在喇叭口至抽雄初期,棉花的氮、磷最大效率期在盛花始铃期。为了获得作物的增产效果,应在植物营养最大效率期给予适当追肥,以满足植物生长发育的需要。

3. 植物对养分的吸收

植物对养分的吸收有根部营养和根外营养两种方式。

(1) 植物的根部营养　根部营养是指植物根系从环境中吸收养分的过程。

① 植物根系吸收养分的部位。根系是植物吸收养分和水分的重要器官。在植物生长发育过程中,根系不断地从土壤中吸收养分和水分。对于活的植物来说,根毛区是根尖吸收养分最活跃的区域。

② 植物根系吸收养分的形态。植物根系可吸收离子态和分子态的养分,一般以离子态养分为主,其次为分子态养分。土壤中呈离子态的养分主要有一、二、三价阳离子和阴离子,

如 K^+、NH_4^+、Ca^{2+}、Mg^{2+}、Cu^{2+}、NO_3^-、$H_2PO_4^-$、SO_4^{2-}、MoO_4^{2-}、$B_4O_7^{2-}$ 等离子。分子态养分主要是一些小分子有机化合物,如尿素、氨基酸、磷脂、生长素等。大部分有机态养分需要经过微生物分解转变为离子态养分后,才能被植物吸收利用。

③ 养分向根系迁移的途径。植物根系主要从土壤溶液或土壤颗粒表面吸收矿质养分。分散在土壤各个部位的养分到达根系附近或根表的过程称为土壤养分的迁移。其方式有三种,即截获、扩散和质流。

截获是指植物根系在生长与伸长过程中直接与土壤中养分接触而获得养分的方式,一般只占植物吸收总量的 $0.2\%\sim10\%$(图 7-2)。

扩散是指植物根系吸收养分而使根系附近和离根系较远处的养分离子浓度存在浓度梯度,而引起的土壤中养分的移动的方式。NO_3^-、Cl^-、K^+、Na^+ 等在土壤中的扩散系数大,容易扩散;$H_2PO_4^-$ 扩散系数小,在土壤中扩散慢。

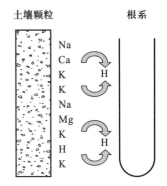

图 7-2 土壤截获养分示意图

质流是指由于植物蒸腾作用,植物根系吸水而引起水流中所携带养分由土壤向根部流动的过程。在土壤中容易移动的养分,如 NO_3^-、Cl^-、SO_4^{2-}、Na^+ 等,这些养分主要通过质流到达根系表面。

扩散和质流是使土壤养分迁移至植物根系表面的两种主要方式。但在不同的情况下,这两个因素对养分的迁移所起的作用却不完全相同。一般认为,在长距离时,质流是补充养分的主要形式;在短距离内,扩散作用则更为重要。

④ 根系对无机养分的吸收。土壤养分到达植物根系的表面,只是为根系吸收养分准备了条件。大部分养分进入植物体,要经过一系列复杂的过程。养分种类不同,进入细胞的部位不同,其机制也不同。目前比较一致的看法是植物对离子态养分的吸收方式主要有被动吸收和主动吸收两种。

被动吸收是指养分离子通过扩散等不需要消耗能量的方式,通过细胞膜进入细胞质的过程,又称为非代谢吸收。解释被动吸收的机理主要有杜南平衡学说、扩散学说和离子交换学说。

主动吸收,又称为代谢吸收,是一个逆电化学势梯度且消耗能量的有选择性地吸收养分的过程。究竟养分是如何进入植物细胞膜内,到目前为止还不十分清楚。很多研究学者提出了不少假说。解释主动吸收的机理主要有载体学说、离子泵学说等。

⑤ 根对有机养分的吸收。植物根系不仅能吸收无机态养分,也能吸收有机态养分。有机养分究竟以什么方式进入根细胞,目前还不十分清楚。解释机理主要是胞饮学说。胞饮作用是指吸收附在质膜上含大分子物质的液体微滴或微粒,通过质膜内陷形成小囊泡,逐渐向细胞内移动的主动转运过程。胞饮现象是一种需要能量的过程,也属于主动吸收(图 7-3)。

(2)植物的根外营养　根外营养是植物营养的一种补充方式,特别是在根部营养受阻的情况下,植物可及时通过叶、茎等吸收营养予以补救。因此,根外营养是补充根部营养的一种辅助方式。

① 根外营养的特点。根外营养和根部营养比较起来，一般具有以下特点：

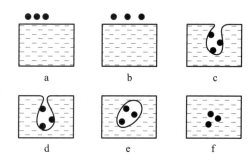

图 7-3　胞饮作用示意图

一是直接供给养分，防止养分在土壤中的固定。根外营养直接供给植物吸收养分，可防止养分在土壤中被固定。尤其是易被土壤固定的元素，如铜、铁、锌等，叶部喷施效果较好。

二是吸收速率快，能及时满足植物对养分的需要。叶部对养分的吸收和转化都比根部快，能及时满足植物的需要。这一措施对消除某种缺素症，及时补救由于自然灾害造成的损失以及解决植物生长后期所需养分等均有重要作用。

三是直接促进植物体内的代谢作用。据试验，根外追肥可增加光合作用和呼吸作用的强度，明显提高酶的活性，直接影响到植物体内一系列重要的生理机能，同时也改善了植物向根部供应有机养分的状况，增强植物根系吸收水分和养分的能力。

四是节省肥料，经济效益高。根外施肥用肥量小，仅为土壤施肥用量的 10% 左右。喷施微量元素，不仅节省肥料，还可以避免因土壤施肥不匀和施用量过多所造成的危害。

② 提高根外营养施用效果。主要考虑以下因素：

一是注意溶液的组成。喷施的溶液中不同的溶质被叶片吸收的速率是不相同的。钾被叶片吸收速率依次为 $KCl>KNO_3>K_2HPO_4$，而氮被叶片吸收的速率则为尿素 > 硝酸盐 > 铵盐。在喷施生理活性物质和微量元素肥料时，加入尿素可提高吸收速率和防止叶片出现暂时黄化。

二是注意溶液的浓度及反应。一般在叶片不受害的情况下，适当提高溶液的浓度和调节 pH，可促进叶部对养分的吸收。如果主要目的在于供给阳离子时，溶液的 pH 应调至微碱性；当主要目的在于供给阴离子时，溶液的 pH 则应调至弱酸性。

三是延长溶液湿润叶片的时间。喷施时间应选在下午或傍晚，以防止叶面很快变干。如果同时施用"湿润剂"，可降低溶液的表面张力，增大溶液与叶片的接触面积，更能增强叶片对养分的吸收。

四是最好在双子叶植物上施用。双子叶植物叶面积大，叶片角质层较薄，溶液中的养分易被吸收；对单子叶植物应适当加大浓度或增加喷施次数，以保证溶液能很好地被吸收利用。喷施溶液时，应对叶片正面、背面一起喷。

五是注意养分在叶内的移动性。各种养分在叶细胞内的移动性顺序为：氮 > 钾 > 钠 > 磷 > 氯 > 硫 > 锌 > 铜 > 锰 > 铁 > 钼；不移动的元素有硼、钙等。在喷施比较不易移动的元素时，喷施 2~3 次为宜，同时喷施在新叶上效果好。

4. 植物缺素症状诊断

植物正常生长发育需要吸收各种必需的营养元素，如果缺乏任何一种营养元素，其生理代谢就会发生障碍，使植物不能正常生长发育，而且根、茎、叶、花或果实在外形上表现出一定的症状，通常称为缺素症。当营养元素严重缺乏时，植物外部形态表现出一定的缺素症状，故常先用形态诊断进行诊断，有时也配合使用其他诊断方法。

（1）形态诊断　植物缺乏某种营养元素时，一般都会在形态上表现出某些特有的缺素症。这样的缺素症包括苗期的死苗、植株矮化、各生育阶段出现的特殊叶片症状、生育期成熟推迟、产量降低、品质低劣等现象。现将植物缺乏营养元素的一般形态特征汇集整理后列入表7-3、表7-4。

表7-3　植物大量元素的缺素症状

元素	缺素症状			
	植株形态	叶	根茎	生殖器官
氮	生长受到抑制，植株矮小瘦弱。地上部分影响较严重	叶片薄而小，整个叶片呈黄绿色，严重时下部老叶呈黄色，干枯死亡	茎细小、多木质。根瘦，受抑制，较细小。分蘖少（禾本科）或分枝少（双子叶）	花果穗发育迟缓，不正常地早熟。种子少而小，千粒重低
磷	植株矮小，生长缓慢。地下部严重受影响	叶色暗绿，无光泽或呈紫红色。从下部叶开始表现症状至逐渐死亡脱落	茎细小、多木质。根发育不良，主根瘦长，次生根极少或无	花少、果少，果实迟熟。易出现秃尖、脱荚或落花落蕾，种子小而不饱满
钾	植株较小且较柔弱，易感染病虫害	开始从老叶尖端或叶缘逐渐变黄，严重时干枯死亡。叶缘似烧焦状，有时出现斑点状褐斑，或叶卷曲显皱纹	茎细小，柔弱，节间短，易倒伏	分蘖多但结穗少，果子瘦小。果肉不饱满。有时果实出现畸形，有棱角。籽粒干瘪，皱缩
钙	植株矮小，组织坚硬。病态先发生于根部和地上幼嫩部分，未老先衰	幼叶卷曲，脆弱，叶缘发黄，逐渐枯死，叶尖有枯化现象	茎、根尖的分生组织受损，根尖生长不好。茎软下垂，根尖细胞易腐烂、死亡。有时根部出现枯斑或裂伤	结实不好或很少结实
镁	病态发生在生长后期。黄化，植株大小没有明显变化	首先从下部老叶开始缺绿，但只有叶肉变黄，而叶脉仍保持绿色，以后叶肉组织逐渐变褐而死亡	变化不大	开花受抑制，花的颜色变苍白
硫	植株普遍缺绿，后期生长受抑制	幼叶开始发黄，叶脉先缺绿，严重时老叶变为黄白色，但叶肉仍为绿色	茎细小，很稀疏，支根少。豆科作物根瘤少	开花结实期延迟，果实减少

表7-4　植物微量元素的缺素症状

缺素名称	病症表现
硼	顶端停止生长并逐渐死亡，根系不发达，叶色暗绿，叶片肥厚。皱缩，植株矮化，茎及叶柄易开裂。花发育不全，蕾花易脱落，果穗不实。块根、浆果心腐或坏死。如油菜"花而不实"，棉花"蕾而不花"，小麦"穗而不实"，大豆"缩果病"，甜菜"心腐病"，芹菜"茎裂病"等
锌	叶小簇生，中下部叶片失绿，主脉两侧出现不规则的棕色斑点，植株矮化，生长缓慢。玉米早期出现"白苗病"，生长后期果穗籽粒秃尖。水稻基部叶片沿主脉出现失绿条纹，继而出现棕色斑点，植株萎缩，造成"矮缩病"。果树顶端叶片呈"莲座"状或簇状，叶片变小，称"小叶病"

缺素名称	病症表现
钼	生长不良,植株矮小,叶片凋萎或焦枯,叶缘卷曲,叶色褪淡发灰。大豆叶片上出现许多细小的灰褐色斑点,叶片向下卷曲,根瘤发育不良。柑橘呈斑点状失绿,出现"黄斑病"。番茄叶片的边缘向上卷曲,老叶上呈现明显黄斑。甘蓝形成瘦长畸形叶片
锰	症状从新叶开始。叶片脉间失绿,叶脉仍为绿色,叶片上出现褐色或灰色斑点,逐渐连成条状,严重时叶色失绿并坏死。如烟草"花叶病",燕麦"灰斑病",甜菜"黄斑病"等
铁	引起"失绿病",幼叶叶脉间失绿黄化,叶脉仍为绿色。以后完全失绿,有时整个叶片呈黄白色。因铁在体内移动性小,新叶失绿,而老叶仍保持绿色,如果树新梢顶端的叶片变为黄白色。新梢顶叶脱落后,形成"梢枯"现象
铜	多数植物顶端生长停止和顶枯。果树缺铜常产生"顶枯病",顶部枝条弯曲,顶梢枯死。枝条上形成斑块和瘤状物;树皮变粗出现裂纹,分泌出棕色胶液。在新开垦的土地上种植禾本科作物,常出现"开垦病",表现为叶片尖端失绿,干枯和叶尖卷曲。分蘖很多但不抽穗或很少,不能形成饱满籽粒

(2) 根外喷施诊断　如果形态诊断不能肯定缺乏某种元素,可采用此法。具体做法是配制一定浓度的含某种元素的溶液,喷到病株叶部或采用浸泡、涂抹等将溶液喷洒或涂抹在病叶上,观察施肥前后叶色、长相、长势等变化,予以确认。

(3) 化学诊断　采用化学分析方法测定土壤和植株中营养元素含量,对照各种营养元素缺乏的临界值加以判断。有土壤诊断和植株化学诊断等方法。

技能训练

1. 植物根外营养应用

(1) 基本原理　目前新型水溶肥料已成为肥料市场的新宠,大量元素水溶肥料、中量元素水溶肥料、微量元素水溶肥料、含腐植酸水溶肥料、含氨基酸水溶肥料、有机水溶肥料等大量产品出现,可以通过叶面喷施等途径及时补充作物对营养元素的需要,但要提高其使用效果,就必须对肥料的种类、肥料浓度、喷施时期和时间、喷施部位、喷施次数等予以合理选择。

(2) 材料用具　新型水溶肥料、喷雾器、水、不同作物、地块等。

(3) 训练规程　选择种植大田作物、蔬菜、果树等地块,根据选择的作物,进行新型水溶肥料喷施,观察施用效果。

① 肥料品种。一是根据作物种类进行选择,不同作物对营养元素的需求不同,特别是对中微量元素的选择有着特殊的需求,如油菜、棉花对硼,果树对锌、铜、铁等,玉米对锌,花生对铁,温室番茄、黄瓜对钙、硼等。因此,应首先选择对该种作物施用效果显著的肥料。二是根据肥料性质选择。氮应优先选用尿素,磷、钾应优先选用磷酸二氢钾,硼应优先选用八硼酸钠(钾)或硼砂,锌优先选用硫酸锌,铁优先选用硫酸亚铁或螯合铁,钼优先选用钼酸铵,锰优先选用硫酸锰,铜优先选择硫酸铜,钙优先选择糖醇钙、氯化钙或硝酸钙。如果需要补充2~3种大量元素或微量元素可优先选择大量元素水溶肥料、微量元素水溶肥料,也可根

据需要有针对性地选择含腐植酸水溶肥料或含氨基酸水溶肥料。三是根据土壤养分状况选择。主要是根据土壤有效养分含量及土壤酸碱性来确定。一般认为，基肥不足、在植物脱肥情况下，可选择氮、磷、钾为主的肥料；在基肥充足或缺乏微量元素症状下，可选择以微量元素为主的肥料。四是根据根外追肥的目的选择。应根据植物生长的具体情况来选择，生长初期一般选择调节型肥料，植物营养缺乏或生长后期应选择营养型肥料，一般用于叶面喷施。

② 喷施时期。一是根据植物种类确定。一般以籽粒为产品的植物以始花期至灌浆期为宜；以茎、叶为产品的植物以上市前 25~30 d 为宜；瓜、果类植物以果实膨大期为宜。二是根据植物生育期确定。一般蔬菜为苗期、始花期、结果期；小麦、水稻、玉米等为拔节期、孕穗期、扬花灌浆期；西瓜为坐果期；大豆、油菜、花生等为始花期、结荚期；棉花为花铃期；甘薯、马铃薯为薯块生长期；芝麻为现蕾至始花期。三是根据肥料的种类确定。含植物生长调节剂的肥料应在生长前期喷施；硼、钼、锌等肥料宜在进入生殖期喷施；钼肥宜在开花前喷施。另外，植物遭遇病虫害，土壤过酸或过碱，植物盛果期，植物遭遇气害、热害或冻害后，植物遭遇洪涝灾害后等情况下，施用根外追肥效果好、收益大。

③ 喷施浓度。一是根据植物种类和植物生育期确定喷施浓度。双子叶植物浓度可低些，单子叶植物应加大浓度；苗期浓度适当低些，生育中后期浓度适当高些。二是根据植物营养状况确定喷施浓度。生长正常时，浓度应低些；出现脱肥缺素症时，浓度适当高些。三是根据喷施营养元素类型确定喷施浓度。微量元素喷施浓度宜低些，常量元素喷施浓度适当高些。另外，叶面喷施时，雾点要匀、细，喷施量以肥液将要从叶面上向下流但又未流下时最好；粉剂型肥料要先加水充分搅拌，待完全溶解后方可喷施；水剂型肥料在稀释时应严格按照说明书的要求进行浓度配制。

④ 喷施时间。喷施肥料的效果易受温度、湿度、光照、风速等因素影响，因此应选择无风的阴天或晴天的上午 9 时以前、露水干后及下午 4 时以后进行叶面喷施。喷施后 3~4 h 内遇大雨，待晴天时应补喷一次，但浓度要适当降低。

⑤ 喷施部位。一是根据植物类型确定。双子叶植物尽量喷施叶背面；单子叶植物正反两面都要喷，并以正面为主。二是根据养分的移动性确定。氮、钾可喷施植株的任何部位，且喷施次数可少些；磷着重喷施植株上部或中部叶片上；铜、铁、硼、钙等主要喷在上部新叶上，并适当增加喷施次数。三是对果树进行根外追肥时，要着重喷施新梢和上部叶片，既要喷树冠外围，更要喷内膛的枝叶；既要喷上部叶片，更要喷中下部叶片。

⑥ 喷施次数。生育期短的植物一般可喷施 2~3 次，生育期长的植物可喷施 3~5 次；两次喷施间隔时间应在 10 d 左右。果树上喷施含铁肥料应喷施 3~4 次，两次喷施间隔时间应在 7 d 左右。如果肥料中含有植物生长调节剂，喷施次数不宜过多，而且每次间隔时间至少要在 7 d 以上。

⑦ 混合喷施。肥料之间或肥药之间混合可以起到一喷多效，但应注意不能降低肥效或药效，保证对植物无损害，混合后溶液 pH 应在 7 左右。配制混喷溶液时，应现配现用，一定要搅拌均匀后再喷。肥药混合前，应先将肥料、农药各取少量溶液放入同一容器中，若无混浊、沉淀、冒气泡等现象产生，表明可以混喷。

（4）结果分析　根据上述情况,针对当地植物 1~2 个主要作物,制定一个根外追肥实施方案,观察使用效果。

2. 植物缺素症的观察与矫正

（1）基本原理　在植物生长过程中,若在某一种必需元素缺乏时,作物不能正常生长,并在外形上明显出现生长异常,表现为一定的典型症状。因此可以根据检索表、标本图片等进行外观诊断,有必要时也可采取喷施诊断或化学诊断进一步确定。

（2）材料用具　生长异常的植株实物、缺素检索图表（图 7-4）、对照标本或图片,用于喷施诊断的肥料及用具等。

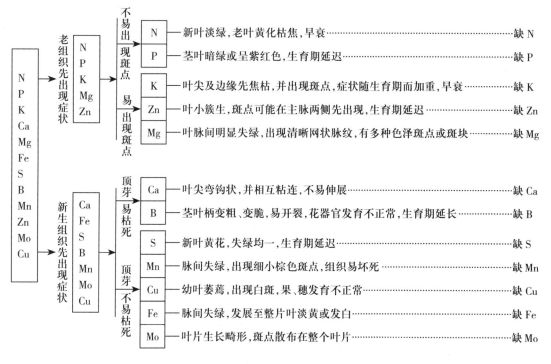

图 7-4　植物缺素症检索图表

（3）训练规程

① 观察准备。准备一些植物缺素症照片或标本,或当地出现缺素症的植物。

② 实物诊断。根据检索表或标本图片,首先看症状出现的部位。一般缺铁、锰、硼、钼、铜、钙、硫时,症状首先发生在新生组织上,从新叶、顶芽开始;而缺氮、磷、钾、镁、锌则先在老叶上出现症状。其次要看叶片大小和形状。缺锌叶片小而窄,枝条向上直立呈簇生状。再次要注意叶片失绿部位。如缺锌、镁的叶片只有叶脉间失绿;缺铁只有叶脉不失绿,其余全部失绿,然后对照图 7-4 进一步做出确定。

③ 喷施诊断。根据可能的缺素症状和植物种类,配制含某种元素（质量分数一般为 0.1%~0.2%）的溶液;喷到病株叶部,或采用浸泡、涂抹等办法,将病叶浸泡在溶液中 1~2 h 和将溶液涂抹在病叶上;隔 7~10 d 观察施肥前后叶色、长相、长势等变化,进行确认。

④ 化学诊断。在一般形态诊断和根外喷施诊断不能确定时,才采用化学诊断。采用化

学分析方法测定土壤和植株中营养元素含量,对照各种营养元素缺乏的临界值加以判断。有土壤诊断和植株化学诊断等方法。

⑤ 缺素症矫正。发现缺素后,一般通过叶面喷洒相应的养分肥料,是快速矫正的有效措施。缺氮一般用 1%~1.5% 尿素溶液做叶面喷施;缺磷一般用 1%~1.5% 过磷酸钙浸出液做叶面喷施;缺钾一般用 0.2%~0.3% 磷酸二氢钾或 1%~1.5% 硫酸钾溶液做叶面喷施;缺钙一般用 0.3%~0.5% 的硝酸钙或 0.3% 磷酸二氢钙溶液做叶面喷施;缺镁一般用 1%~2% 的硫酸镁溶液做叶面喷施;缺铁一般用 0.2%~1% 的柠檬酸铁或硫酸亚铁溶液做叶面喷施;缺锌一般用 0.1%~0.2% 的硫酸锌溶液做叶面喷施;缺硼一般用 0.2%~0.3% 的硼砂溶液做叶面喷施;缺锰一般用 0.3% 硫酸锰溶液做叶面喷施;缺钼一般用 0.02%~0.05% 钼酸铵溶液做叶面喷施;缺铜一般用 0.02%~0.04% 硫酸铜溶液做叶面喷施。

(4) 结果分析　在实际生产中不同作物同一元素的缺素症状是有差别的,因此应根据实际情况进行预防补救。如主要蔬菜缺硼等症状及补救措施都有所差别(表 7-5)。

表 7-5　主要蔬菜缺硼症状及补救措施

蔬菜	缺硼症状	补救措施
番茄	最显著的症状是叶片失绿或变橘红色。生长点发暗,严重时生长点凋萎死亡。茎及叶柄脆弱,易使叶片脱落。根系发育不良变褐色。易产生畸形果,果皮上有褐色斑点	一是提前施入含硼肥料;二是发现植株缺硼时,用质量分数为 0.1%~0.2% 的硼砂水溶液做叶面喷施,每隔 5~7 d 喷 1 次,连喷 2~3 次
茄子	茄子缺硼时,自顶叶黄化、凋萎,顶端茎及叶柄折断,内部变黑,茎上有木栓状龟裂	发现缺硼,及时用质量分数为 0.05%~0.2% 的硼砂或硼酸溶液做叶面喷施
黄瓜	生长点附近的节间明显缩短,上位叶外卷,叶脉呈褐色,叶脉有萎缩现象,果实表皮出现木质化或有污点,叶脉间不黄化	可喷质量分数为 0.12%~0.25% 的硼砂或硼酸水溶液
西瓜	新蔓节间变短,蔓梢向上直立,新叶变小,叶面凸凹不平,有异色不匀的斑纹,有时会被误诊为病毒病,因缺乏对症治疗而造成减产	及时用质量分数为 0.1%~0.2% 的硼砂溶液做叶面喷施
大白菜	开始结球时,心叶多皱褶,外部第 5~7 片幼叶的叶柄内侧生出横的裂伤,维管束呈褐色,随之外叶及球叶叶柄内侧也生裂痕,并在外叶叶柄的中肋内、外侧发生群聚褐色污斑,球叶中肋内侧表皮下发生黑点,呈木栓化、株矮,叶严重萎缩、粗糙、结球小、坚硬	在大白菜生长期间发生缺硼症,可配成质量分数为 0.1%~0.2% 的硼砂水溶液进行根际浇施,或用质量分数为 0.2%~0.3% 的硼砂水溶液做叶面喷施或用 1 500 倍的 20% 进口速乐硼喷施,每隔 7 d 喷一次,视白菜生长情况连续喷 2~3 次
芹菜	会引起茎裂病。初期叶缘出现病斑,同时茎变脆,并在茎表皮上出现褐色纹带,最后茎发生横裂纹,且破损组织向外卷曲,根系变褐,侧根死亡	用质量分数为 0.12%~0.25% 的硼砂或硼酸水溶液喷洒叶面
萝卜	茎尖死亡,叶和叶柄脆弱易断,肉质根变色坏死,折断可见其中心变黑	每公顷用硼砂 750~1 500 g,用热水融化后兑水 750 kg 做叶面喷施,连喷 2~3 次,每 7~10 d 喷 1 次

蔬菜	缺硼症状	补救措施
胡萝卜	胡萝卜叶变赤紫色,中心叶黄化萎缩,根颈部生出黑色龟裂,发生丛生叶,有时可见二次发生的小叶,纵切面观之,形成层处心部与周围部脱离	当出现缺硼症状,应及时对叶面喷施质量分数为 0.1%~0.2% 的硼砂溶液,7~10 d 喷 1 次,连续喷 2~3 次。硼砂是热水溶性的,配制溶液时应先用热水将其溶解,再加水至一定液量
韭菜	多发生在老茬韭菜上,茬口越老发病越重,发病时间也在出苗后的 10 天左右,发病时整株失绿,发病重时叶片上出现明显的黄白两色相间的长条斑,直至叶片扭曲,组织坏死	根据缺素症发生规律,可在出苗后 10 d 左右喷洒硼砂 200 倍液,出苗 20 d 左右喷洒硼砂 200 倍液。在喷用微肥时,在药液中添加 300 倍液的尿素效果更好
菜豆	植株生长点萎缩变褐干枯。新形成的叶芽和叶柄色浅、发硬、易折;上位叶向外侧卷曲,叶缘部分变褐色;当仔细观察上位叶叶脉时,有萎缩现象;荚果表皮出现木质化	土壤缺硼,预先施用硼肥;要适时浇水,防止土壤干燥;多施腐熟的有机肥,提高土壤肥力。也可用 0.12%~0.25% 的硼硝或硼酸水溶液喷洒叶面
花椰菜	变成空洞或花球内部开裂,花上现褐色斑点,带苦味,顶芽死亡,质地硬,失去食用价值	缺硼时每公顷施硼砂 15 kg,适时浇水,应急时可喷洒质量分数为 0.1%~0.25% 的硼砂水溶液

任务巩固

1. 植物必需营养元素的判断标准是什么?
2. 简述植物必需营养元素的生理作用。
3. 简述植物必需营养元素之间相互关系。
4. 简述植物的根部营养。
5. 植物的根外营养有什么特点? 怎样提高使用效果?
6. 举例说明当地主要作物缺素症的诊断。

任务 7.2 土壤养分状况

任务目标

■ 知识目标:了解土壤养分的来源与形态;认识合理施肥的基本原理、施肥时期和施肥方法。

■ 能力目标:能熟练测定当地土壤的碱解氮、有效磷和速效钾等有效养分含量,能正确评价土壤养分供应状况,为合理培肥地力提供依据。

1. 土壤养分

土壤养分是指存在于土壤中植物必需的营养元素,是土壤肥力的物质基础,也是评价土壤肥力水平的重要指标之一。

(1) 土壤养分来源　土壤养分的来源主要有:土壤矿物质风化所释放的养分;土壤有机质分解释放的养分;土壤微生物的固氮作用;植物根系对养分的集聚作用;大气降水对土壤加入的养分;施用肥料,包括化学肥料和有机肥料中的养分。

(2) 土壤养分形态　土壤养分由于其存在的形态不同,对植物的有效性差异很大。按其对植物的有效程度,土壤养分一般可分为 5 种类型。

① 水溶态养分。水溶态养分是指能溶于水的养分。它们存在于土壤溶液中,极易被植物吸收利用,对植物有效性高。水溶态养分包括大部分无机盐类的离子(如 K^+、Ca^{2+}、NO_3^- 等)和少部分结构简单、分子量小的有机化合物(如氨基酸、酰胺、尿素、葡萄糖等)。

② 交换态养分。交换态养分是指吸附于土壤胶体表面的交换性离子,如 NH_4^+、K^+、Ca^{2+}、$H_2PO_4^-$ 等。土壤溶液中的离子与土壤胶体上的离子可以互相交换,并保持动态平衡,二者没有严格的界限,对植物都是有效的。因此,水溶态养分和交换态养分合称速效养分。

③ 缓效态养分。缓效态养分是指某些矿物中较易释放的养分。如黏土矿物晶格中固定的钾、伊利石矿物以及部分黑云母中的钾。这部分养分对当季植物的有效性较差,但可作为速效养分的补给来源,在判断土壤潜在肥力时,其含量具有一定的意义。

④ 难溶态养分。难溶态养分是指存在于土壤原生矿物中且不易分解释放的养分。如氟磷灰石中的磷、正长石中的钾。它们只有在长期的风化过程中释放出来,才可被植物吸收利用。难溶态养分是植物养分的贮备。

⑤ 有机态养分。有机态养分是指存在于土壤有机质中的养分。它们多数不能被植物吸收利用,需经过分解转化后才能释放出有效养分。但它们的分解释放较矿物态养分容易得多。

土壤中各种形态的养分没有截然的界限。由于土壤条件和环境的变化,土壤中的养分能够发生相互的转化。

2. 合理施肥技术

土壤中含有的养分远远不能满足植物生长需要,需要通过施肥来予以补充。

(1) 合理施肥基本原理　合理施肥是综合运用现代农业科技成果,根据植物需肥规律、土壤供肥规律及肥料效应,以有机肥为基础,在生产前提出各种肥料的适宜用量和比例以及相应的施肥方法的一项综合性科学施肥技术。一般植物的施肥应掌握以下基本原理:

① 养分归还学说。植物从土壤中摄取其生活所必需的矿物质养分,由于人们不断地栽培作物,势必引起土壤中矿物质养分的消耗,长期不归还这部分养分,会使土壤变得十分贫瘠,甚至寸草不生。轮作倒茬只能减缓土壤中养分的贫竭,但不能彻底地解决问题。为了保持土壤肥力,就必须把植物从土壤中所摄取的养分,以施肥的方式归还给土壤,否则就是掠夺式的农业生产。

② 最小养分律。植物生长发育需要多种养分,但决定产量的却是土壤中相对含量最少的那种养分——养分限制因子,且产量的高低在一定范围内随这个因子的变化而增减。忽视这个养分限制因素,即使继续增加其他养分,也难以提高植物产量。

③ 报酬递减律。从一定土地上所得到的报酬随着向该土地投入的劳动和资本量的增大而有所增加,但达到一定限度后,随着投入的劳动和资本量的增加,单位投入的报酬增加却在逐渐减少。施肥量与植物产量的关系往往呈正相关,但随着施肥量的提高,植物的增产幅度随施肥量的增加而逐渐递减,因而并不是施肥量越大产量和效益越高。

④ 因子综合作用律。植物获得高产是综合因素共同作用的结果,除养分外,还受到温度、光照、水分、空气等环境条件与生态因素等的影响和制约。在这些因素中,必然有一个起主导作用的限制因子,产量也在一定程度上受该限制因子的制约。即施肥还要考虑土壤、气候、水文及农业技术条件等因素。

(2) 合理施肥时期　一般来说,施肥时期包括基肥、种肥和追肥三个环节。只有三个环节掌握得当,肥料用得好,经济效益才能高(表7-6)。

表7-6　施肥时期的3个环节

施肥时期	基肥	种肥	追肥
含义	是指在播种或定植前以及多年生植物越冬前结合土壤耕作施入的肥料	是指播种或定植时施入土壤的肥料	是指在植物生长发育期间施入的肥料
作用	满足整个生育期内植物营养连续性的需求;培肥地力,改良土壤,为植物生长发育创造良好的土壤条件	为种子发芽和幼苗生长发育创造良好的土壤环境	及时补充植物生长发育过程中所需要的养分,有利于产量的提高和品质的形成
肥料种类	以有机肥为主,无机肥为辅;以长效肥料为主,以速效肥料为辅	速效性化学肥料或腐熟的有机肥料	速效性化学肥料,腐熟的有机肥料
施肥方法	撒施、条施、分层施肥、穴施、环状和放射状施肥等	拌种、醮秧根、浸种、条施、穴施、盖种肥等	撒施、条施、随水浇施、根外施肥、环状和放射状施肥等

(3) 合理施肥方法　施肥方法就是将肥料施于土壤和植株的途径与方法,前者称为土壤施肥,后者称为植株施肥。

① 土壤施肥。在生产实践中,常用的土壤施肥方法主要有:

一是撒施。撒施是施用基肥和追肥的一种方法,即将肥料均匀撒于地表,然后将肥料翻入土中。凡是施肥量大的或密植植物如小麦、水稻、蔬菜等封垄后追肥以及根系分布广的植物都可采用撒施法。

二是条施。条施也是基肥和追肥的一种方法,即开沟条施肥料后覆土。一般在肥料较少的情况下施用,玉米、棉花及垄栽甘薯多用条施,再如小麦在封行前可用施肥机或耧耩施入土壤。

三是穴施。穴施是在播种前把肥料施在播种穴中,而后覆土播种。其特点是施肥集中,用肥量少,增产效果较好,果树、林木多用穴施法。

四是分层施肥。将肥料按不同比例施入土壤的不同层次内。例如,河南的超高产麦田将作基肥的 70% 氮肥和 80% 的磷钾肥撒于地表随耕地而翻入下层,然后把剩余的 30% 氮肥和 20% 磷钾肥于耙地前撒入垡头,通过耙地而进入表层。

五是环状和放射状施肥。环状施肥常用于果园施肥,是在树冠外围垂直的地面上,挖一环状沟,深、宽各 30~60 cm(图 7-5),施肥后覆土踏实。来年再施肥时可在第一年施肥沟的外侧再挖沟施肥,逐年扩大施肥范围。放射状施肥是在距树木一定距离处,以树干为中心,向树冠外围挖 4~8 条放射状直沟,沟深、宽各 50 cm,沟长与树冠相齐,肥料施在沟内(图 7-6),来年再交错位置挖沟施肥。

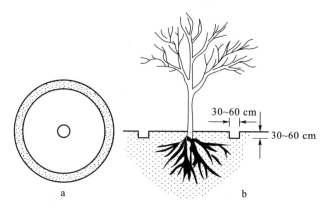

图 7-5　环状施肥示意图
a. 平面图　b. 断面图

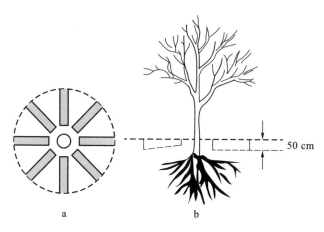

图 7-6　放射状施肥示意图
a. 平面图　b. 断面图

② 植株施肥。在生产实践中,常用的植株施肥方法主要有:

一是根外追肥,即把肥料配成一定浓度的溶液,喷洒在植物体上,以供植物吸收的一种施肥方法。此法省肥、效果好,是一种辅助性追肥措施。

二是注射施肥,是在树体、根、茎部打孔,在一定的压力下,将营养液通过树体的导管,输送到植株的各个部位的一种施肥方法。注射施肥又可分为滴注和强力注射。

滴注是将装有营养液的滴注袋垂直悬挂在距地面 1.5 m 左右高的树杈上,排出管道中气体,将滴注针头插入预先打好的钻孔中(钻孔深度一般为主干直径的 2/3),利用虹吸原理,将溶液注入树体中(图 7-7)。强力注射是利用踏板喷雾器等装置加压注射,压强一般为 $98.1 \times 10^4 \sim 147.1 \times 10^4 \, N/m^2$,注射结束后注孔用干树枝塞紧,与树皮剪平,并堆土保护注孔(图 7-7)。

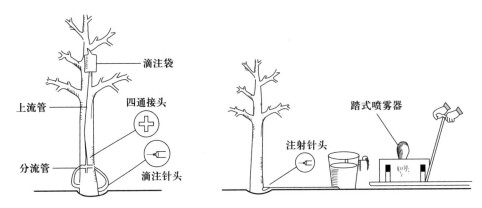

图 7-7　注射施肥示意图

三是打洞填埋法。适合于果树等木本植物施用微量元素肥料,是在果树主干上打洞,将固体肥料填埋于洞中,然后封闭洞口的一种施肥方法。

四是蘸秧根。对移栽植物如水稻等,将磷肥或微生物菌剂配制成一定浓度的悬浊液,浸蘸秧根,然后定植。

五是种子施肥。是指肥料与种子混合的一种施肥方法,包括拌种、浸种和盖种肥。拌种是将肥料与种子均匀拌和或把肥料配成一定浓度的溶液与种子均匀拌和后一起播入土壤的一种施肥方法。浸种是用一定浓度的肥料溶液来浸泡种子,待一定时间后,取出稍晾干后播种。盖种肥是开沟播种后,用充分腐熟的有机肥或草木灰盖在种子上面的施肥方法,具有供给幼苗养分、保墒和保温作用。

技能训练

1. 土壤碱解氮测定

(1) 基本原理　用氢氧化钠碱解土壤样品,使有效态氮碱解转化为氨气状态,并不断地扩散逸出,由硼酸吸收,再用标准酸滴定,计算出碱解氮的含量。因旱地土壤中硝态氮含量较高,需加硫酸亚铁还原为铵态氮。由于硫酸亚铁本身会中和部分氢氧化钠,须提高碱的浓度,使加入后的碱度保持在 1.2 mol/L,本实验选用 1.8 mol/L 氢氧化钠(旱田土壤)。因水田土壤中硝态氮极微,故可省去加入硫酸亚铁,而直接用 1.2 mol/L 氢氧化钠碱解。

(2) 材料用具　半微量滴定管(1~2 mL 或 5 mL),扩散皿(图 7-8),恒温箱,滴定台,玻璃棒,并提前进行下列试剂配制:

① 1.8 mol/L 氢氧化钠溶液。称取分析纯氢氧化钠 72 g,用水溶解后,冷却定容到 1 000 mL(适用于旱田土壤)。

② 2% 硼酸溶液。称取 20 g 硼酸(H_3BO_3),用热蒸馏水(约 60℃)溶解,冷却后稀释至 1 000 mL,

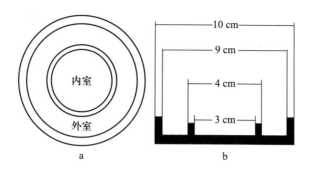

图 7-8 扩散皿示意图

a. 平面图　b. 断面图

用稀酸或稀碱调节 pH 至 4.5。

③ 0.01 mol/L 盐酸溶液。取 1∶9 盐酸 8.35 mL,用蒸馏水稀释至 1 000 mL,然后用标准碱或硼砂标定。

④ 定氮混合指示剂。分别称 0.1 g 甲基红和 0.5 g 溴甲酚绿指示剂,放入玛瑙研钵中,并用 100 mL 95% 酒精研磨溶解,此液用稀酸或稀碱调节 pH 至 4.5。

⑤ 特制胶水。阿拉伯胶(称取 10 g 粉状阿拉伯胶,溶于 15 mL 蒸馏水中)10 份,甘油 10 份,饱和碳酸钾 10 份,混合即成。

⑥ 硫酸亚铁(粉剂)。将分析纯硫酸亚铁磨细,装入棕色瓶中置阴凉干燥处贮存。

(3) 训练规程

① 称样。称取通过 1 mm 筛风干土样 2 g(精确到 0.01 g)和 1 g 硫酸亚铁粉剂,均匀铺在扩散皿外室内,水平地轻轻旋转扩散皿,使样品铺平。

② 扩散准备。在扩散皿内室加入 2 mL 2% 硼酸溶液,并滴加 1 滴定氮混合指示剂,然后在扩散皿的外室边缘涂上特制胶水,盖上皿盖,并使皿盖上的孔与皿壁上的槽对准,而后用注射器迅速加入 10 mL 1.8 mol/L 氢氧化钠于皿的外室中,立即盖严毛玻璃盖,以防逸失。

土壤碱解氮
测定

③ 恒温扩散。水平方向轻轻旋转扩散皿,使溶液与土壤充分混匀,随后放入 40℃ 恒温箱中。

④ 滴定。24 h 后取出扩散皿去盖,再以 0.01 mol/L 盐酸标准溶液用半微量滴定管滴定内室硼酸中所吸收的氨量(由蓝色滴到微红色)。

⑤ 空白实验。在样品测定的同时做空白实验。除不加土样外,其他步骤同样品测定。

(4) 结果记录　及时将有关数据记录于表 7-7 中。

表 7-7　土壤碱解氮测定记录表

土样号	土样重 /g	消耗盐酸数量 /mL	空白消耗盐酸数量 /mL	碱解氮含量 /(mg·kg⁻¹)

(5) 结果计算

$$碱解氮含量 = \frac{c(V-V_0) \times 14 \times 1\,000}{m}$$

式中：c 为标准盐酸溶液的浓度(mol/L)；V 为滴定样品时用去盐酸体积(mL)；V_0 为滴定空白样品时用去盐酸体积(mL)；14 为 1 mol 氮的克数；1 000 为换算成每 kg 样品中氮的 mg 数的系数；m 为烘干样品重(g)。

平行测定结果以算术平均值表示，保留整数；平行测定结果允许相对相差≤10%。

2. 土壤速效磷测定

(1) 基本原理　针对土壤质地和性质，采用不同的方法提取土壤中的速效磷，提取液用钼锑抗混合显色剂在常温下进行还原，使黄色的锑磷钼杂多酸还原成为磷钼蓝，通过比色计算得到土壤中的速效磷含量。在一般情况下，酸性土采用酸性氟化铵或氢氧化钠 – 草酸钠提取剂测定。中性和石灰性土壤采用碳酸氢钠提取剂，石灰性土壤也可用碳酸盐的碱溶液。

(2) 材料用具　天平，分光光度计，振荡机，容量瓶，三角瓶，比色管，移液管，无磷滤纸，并提前进行下列试剂配制：

① 无磷活性炭粉。为了除去活性炭中的磷，先用 1∶1 盐酸溶液浸泡 24 h，然后移至平板瓷漏斗抽气过滤，用水淋洗到无 Cl⁻ 为止(4~5 次)。再用碳酸氢钠浸提剂浸泡 24 h，在平板瓷漏斗抽气过滤，用水洗尽碳酸氢钠并检查到无磷为止，烘干备用。

② 100 g/L 氢氧化钠溶液。称取 10 g 氢氧化钠，用水定容至 100 mL。

③ 0.5 mol/L 碳酸氢钠溶液。称取化学纯碳酸氢钠 42 g 溶于 800 mL 蒸馏水中，冷却后，以 0.5 mol/L 氢氧化钠调节 pH 至 8.5，洗入 1 000 mL 容量瓶中，用水定容至刻度，贮存于试剂瓶中。

④ 3 g/L 酒石酸锑钾溶液。称取 0.3 g 酒石酸锑钾溶于水中，稀释至 100 mL。

⑤ 硫酸钼锑贮备液。称取分析纯钼酸铵 10 g 溶入 300 mL 约 60℃的水中，冷却。另取 181 mL 浓硫酸缓缓注入 800 mL 水中，搅匀，冷却。然后将稀硫酸溶液徐徐注入钼酸铵溶液中，搅匀，冷却。再加入 100 mL 3 g/L 酒石酸锑钾溶液，最后用水稀释至 2 mL，摇匀，贮于棕色瓶中备用。

⑥ 硫酸钼锑抗显色剂。称取 0.5 g 左旋抗坏血酸溶于 100 mL 钼锑贮备液中。此试剂有效期 24 h，必须在用前配制。

⑦ 100 μg/mL 磷标准贮备液。准确称取 105℃烘干过 2 h 的分析纯磷酸二氢钾 0.439 g 用水溶解，加入 5 mL 浓硫酸，然后加水定容至 1 000 mL。该溶液放入冰箱中可供长期使用。

⑧ 5 μg/mL 磷标准液。吸取 5.00 mL 磷标准贮备液于 100 mL 容量瓶中，定容。该液用时现配。

(3) 训练规程

① 磷标准曲线的绘制。分别吸取 5 mg/L 磷标准溶液 0 mL、1 mL、2 mL、3 mL、4 mL、5 mL 于 50 mL 容量瓶中，再逐个加入 0.5 mol/L 碳酸氢钠溶液至 10 mL，并沿容量瓶壁慢慢加入硫酸钼锑抗混合显色剂 5 mL，充分摇匀。排出二氧化碳后加蒸馏水定容至刻度，充分摇匀。此系列溶液磷的质量浓度分别为 0 mg/L、

土壤速效磷
测定

0.1 mg/L、0.2 mg/L、0.3 mg/L、0.4 mg/L、0.5 mg/L。静置 30 min,然后同待测液一起比色,以溶液质量浓度作横坐标,以吸光度作纵坐标(在方格坐标纸上),绘制标准曲线。

② 土壤浸提。称取通过 1 mm 筛孔的风干土壤样品 5 g(精确到 0.01 g)置于 250 mL 三角瓶中,用 100 mL 移液管准确加入 0.5 mol/L 碳酸氢钠溶液 100 mL,再加一小勺无磷活性炭,用橡皮塞塞紧瓶口,在振荡机上振荡 30 min,然后用干燥无磷滤纸过滤,滤液承接于 100 mL 干燥的三角瓶中。若滤液不清,重新过滤。

③ 待测液中磷的测定。吸取滤液 10 mL 于 50 mL 容量瓶中(含磷量高时吸取 2.5~5 mL,同时补加 0.5 mol/L 碳酸氢钠溶液至 10 mL)。然后沿容量瓶壁慢慢加入硫酸钼锑抗混合显色剂 5 mL,利用其中多余的硫酸来中和碳酸氢钠,充分摇匀。排出二氧化碳后加蒸馏水至刻度,再充分摇匀(最后的硫酸浓度为 0.325 mol/L)。放置 30 min 后在 722 型分光光度计上比色,波长 660 nm,比色时需同时作空白(即用 0.5 mol/L 碳酸氢钠代替待测液,其他步骤与上同)测定。根据测得的吸光度,对照标准曲线,查出待液中磷的含量,然后计算出土壤中有效磷的含量。

④ 注意事项。活性炭一定要洗到无磷,否则不能应用;显色时,加入硫酸钼锑抗混合显色剂 5 mL 取量要准确,除中和 10 mL0.5 mol/L 碳酸氢钠溶液外,保证最后酸度为 0.65 mol/L;室温低于 20℃时,若测定液中磷的含量大于 0.4 mg/kg,显色后的磷钼蓝会有沉淀产生,此时可将容量瓶放入 40~50℃恒温箱或热水中保温 20 min,稍冷至 30℃后比色。

(4) 结果记录　及时将测定结果记录于表 7-8 中。

表 7-8　土壤速效磷测定记录表

标准液质量分数 / (mg·kg^{-1})	0	0.1	0.2	0.3	0.4	0.5	0.6	待测液 1	待测液 2
吸光度值									

(5) 结果计算　可按下式计算:

$$土壤有效磷 = \rho \times \frac{V_显 \times V_提}{V_分 \times m}$$

式中:ρ 为标准曲线上查得的磷的质量分数(mg/kg);$V_显$为在分光光度计上比色的显色液体积(mL);$V_提$为土壤浸提所得提取液的体积(mL);m 为烘干土壤样品质量(g);$V_分$为显色时分取的提取液的体积(mL)。

平行测定结果以算术平均值表示,保留小数点后一位。平行测定结果允许误差:测定值 $P<10$ mg/kg,允许绝对差值≤0.5 mg/kg;测定值 $P=10~20$ mg/kg,允许绝对差值≤1.0 mg/kg;测定值 $P>20$ mg/kg 时,允许相对相差≤5%。

3. 土壤速效钾测定

(1) 基本原理　用中性 1 mol/L 乙酸铵溶液为浸提剂,NH_4^+ 与土壤胶体表面的 K^+ 进行交换,连同水溶性钾一起进入溶液。浸出液中的钾可直接用火焰光度计或原子吸收分光光度计测定。

(2) 材料用具　天平,分析天平,振荡机,火焰光度计或原子吸收分光光度计,容量瓶,三

角瓶,塑料瓶,滤纸。并提前进行下列试剂配制:

① 1 mol/L 乙酸铵溶液。称取 77.08 g 乙酸铵溶于近 1 L 水中。用稀乙酸或氨水(1∶1)调节至溶液 pH 为 7.0(绿色),用水稀释至 1 L。该溶液不宜久放。

② 100 μg/mL 钾标准溶液。准确称取经 110℃ 烘干 2 h 的氯化钾 0.190 7 g,用水溶解后定容至 1 L,贮于塑料瓶中。

(3) 训练规程

① 称样。称取通过 1 mm 筛孔的风干土壤样品 5.0 g 置于 250 mL 三角瓶中。样品称量精确到 0.01 g。

② 土壤浸提液制备。准确加入乙酸铵溶液 50 mL,塞紧瓶口,摇匀,在 20~25℃ 下,150~180 r/min 振荡 30 min,过滤。若滤液不清,重新过滤。

③ 标准曲线绘制。吸取钾标准液 0 mL、3.00 mL、6.00 mL、9.00 mL、12.00 mL、15.00 mL 于 50 mL 容量瓶中,用乙酸铵定容至刻度。此系列溶液钾的质量浓度分别为 0 μg/mL、6 μg/mL、12 μg/mL、18 μg/mL、24 μg/mL、30 μg/mL。

④ 空白实验。在测定样品的同时进行两个空白实验。除不加土样外,其他步骤同样品测定。

⑤ 比色测定。以乙酸铵溶液调节仪器零点,滤液直接在火焰光度计上测定或用乙酸铵稀释后在原子吸收分光光度计上测定。若样品含量过高需要稀释,应采用乙酸铵浸提剂稀释定容,以消除基体效应。

(4) 结果记录　及时将实验数据记录于表 7-9 中。

表 7-9　土壤速效钾测定记录表

标准液质量分数 / (mg·kg⁻¹)	0	6	12	18	24	30	待测液 1	待测液 2
吸光度值								

(5) 结果计算　计算待测液的质量分数后,按下式计算土壤速效钾含量。

$$土壤速效钾 = \frac{\rho \times V_提}{m}$$

式中:ρ 为从标准曲线上查得或计算待测液中钾的质量分数(mg/kg);$V_提$ 为土壤浸提液总体积(mL);m 为风干土样质量(g)。

平行测定结果以算术平均值表示,结果取整数。平行测定结果的相对相差≤5%。不同实验室测定结果的相对相差≤8%。

任务巩固

1. 简述土壤养分的来源和形态。
2. 简述合理施肥的基本原理。
3. 简述合理施肥的施肥时期的三个环节。
4. 简述合理施肥的基本方法。

任务目标

■ 知识目标：熟悉各种常见氮肥、磷肥、钾肥、中量元素肥料、微量元素肥料、复合(混)肥料的性质与施用方法。

■ 能力目标：熟练识别化学肥料的简易技术。

知识学习

化学肥料，简称为化肥，也称为无机肥料。是用化学和(或)物理方法人工制成的含有一种或几种作物生长需要的营养元素的肥料。生产中化学肥料常按其所含元素的多少分为：单质肥料(如氮肥：尿素等；磷肥：过磷酸钙等；钾肥：硫酸钾等)、复合肥料(如磷酸铵等)和微量元素肥料(如硼酸等)。化学肥料的基本特性主要体现在：成分单一、含量高；作物易吸收；易于人工调控；对贮存、运输条件有一定要求。

1. 氮肥

氮肥按氮素化合物的形态可分为铵态氮肥(如硫酸铵、碳酸氢铵、氯化铵等)、硝态氮肥(如硝酸钙、硝酸铵等)和酰胺态氮肥(如尿素等)等类型。常见的氮肥品种主要有碳酸氢铵、尿素、氯化铵、硫酸铵、硝酸铵等，其性质、施用及注意事项如表7-10。

表 7-10　常见氮肥的性质、施用及注意事项

肥料名称	基本性质	施用技术	适用作物注意事项
碳酸氢铵	简称碳铵，含氮16.5%~17.5%。白色或微灰色，呈粒状、板状或柱状结晶。易溶于水，化学碱性，容易吸湿结块、挥发，有强烈的刺激性臭味	适于作基肥，也可作追肥，但要深施。旱地作基肥每公顷用碳酸氢铵450~750 kg，追肥每公顷用碳酸氢铵300~600 kg。稻田作基肥每公顷用碳酸氢铵450~600 kg，面肥每公顷用碳酸氢铵150~300 kg，作追肥每公顷用碳酸氢铵450~600 kg	碳酸氢铵是生理中性肥料，适用于各类农作物和各种土壤。碳酸氢铵养分含量低，化学性质不稳定，温度稍高易分解挥发损失。产生的氨气对种子和叶片有腐蚀作用，故不宜作种肥和叶面施肥
尿素	含氮45%~46%。尿素为白色或浅黄色结晶体，无味无臭，稍有清凉感；易溶于水，水溶液呈中性反应。尿素吸湿性强。肥料级尿素吸湿性明显下降。尿素是生理中性肥料，在土壤中不残留任何有害物质，长期施用没有不良影响	尿素适于作基肥和追肥，也可作种肥。北方小麦基肥一般每公顷为225~300 kg，水田每公顷用量为225~300 kg。尿素最好不要作种肥。作追肥每公顷用尿素150~225 kg。旱作农作物可采用沟施或穴施，施肥深度7~10 cm，施后覆土。水田追肥可采用"以水带氮"深施法。尿素作追肥应提前4~8 d。尿素最适宜作根外追肥，一般水稻、小麦喷施质量分数为1.5%~2.0%，甘薯、花生的喷施质量分数为0.4%~0.8%	尿素是生理中性肥料，适用于各类农作物和各种土壤。尿素中缩二脲含量超过1%时不能作种肥、苗肥和叶面肥。尿素易随水流失，水田施尿素时应注意不要灌水太多，并应结合耘田使之与土壤混合，减少尿素流失。尿素作追肥时应提前4~8 d施用

肥料名称	基本性质	施用技术	适用作物注意事项
硫酸铵	简称硫铵,又称肥田粉,含氮20%~21%。纯品为白色,因含有杂质有时呈淡灰、淡绿或淡棕色,吸湿性小,但易受潮结块,故应在贮存和运输过程中注意保持干燥。易溶于水,肥效快。生理酸性肥料	宜作种肥、基肥和追肥。作基肥时应当深施覆土;作追肥时,对于沙土少量多次,黏土可减少次数;旱季施用最好结合灌水,水田施用可结合耘田,并应适当排水晒田	适于各种植物尤其是油菜、马铃薯、葱、蒜等喜硫植物。一般用在中性或碱性土壤中,酸性土壤谨慎施用。在酸性土壤中长期施用,应配施石灰和钙镁磷肥,以防土壤酸化。水田不宜长期大量施用,以防H_2S中毒
氯化铵	简称氯铵,含氮24%~25%。纯品白色或略带黄色,外观似食盐。其吸湿性比硫酸铵略大。易溶于水,肥效快	可作基肥、追肥,不宜作种肥。作基肥应早施,施后灌水;石灰性土壤追肥应深施覆土	适宜禾谷类作物、纤维类作物,不宜对忌氯作物施用。一般用在中性或碱性土壤中,对酸性土壤应谨慎施用。对酸性土壤施用最好配合石灰或有机肥
硝酸铵	简称硝铵,含氮量34%~35%。白色或浅黄色结晶,有颗粒和粉末状。粉末状硝酸铵,吸湿性强,易结块。颗粒状硝酸铵吸湿性弱。易溶于水,易燃烧和爆炸,属生理中性肥料	适于作追肥,不宜作种肥和基肥。硝酸铵特别适宜于北方旱地作追肥施用,每公顷可施150~225 kg。没有浇水的旱地,应开沟或挖穴施用;水浇地施用后,浇水量不宜过大。雨季应采用少量多次方式施用	一般不建议用于稻田。贮存时要防燃烧、爆炸、防潮。在水田中施用效果差,不宜与未腐熟的有机肥混合施用

2. 磷肥

按其中所含磷酸盐溶解度不同可分为三种类型:一是水溶性磷肥,主要有过磷酸钙和重过磷酸钙等,所含的磷易被植物吸收利用,肥效快,是速效性磷肥。二是枸溶性磷肥,主要有钙镁磷肥、钢渣磷肥、脱氟磷肥、沉淀磷肥和偏磷酸钙等。其肥效较水溶性磷肥要慢。三是难溶性磷肥,主要有磷矿粉、骨粉和磷质海鸟粪等。肥效迟缓而长,为迟效性磷肥。生产中常见的磷肥主要有过磷酸钙、重过磷酸钙和钙镁磷肥等,其性质、施用及注意事项如表7–11。

表 7-11　常见磷肥的性质、施用及注意事项

肥料名称	基本性质	施用技术	注意事项
过磷酸钙	主要成分为磷酸一钙和硫酸钙的复合物,其有效磷(P_2O_5)含量为 14%~20%。深灰色、灰白色或淡黄色等粉状物,或制成粒径为 2~4 mm 的颗粒。其水溶液呈酸性反应,具有腐蚀性,易吸湿结块。在贮运过程中要注意防潮	可以作基肥、种肥和追肥,具体施用方法为:旱地以条施、穴施、沟施的效果为好,水稻采用塞秧根和蘸秧根的方法。可与有机肥料混合施用,酸性土壤配施石灰。根外追肥质量分数为:水稻、大麦、小麦 1%~2%;棉花、油菜 0.5%~1%	过磷酸钙适宜各种农作物及大多数土壤,不宜与碱性肥料混用
重过磷酸钙	也称三料磷肥,简称重钙,含磷(P_2O_5)42%~45%。一般为深灰色颗粒或粉状,性质与过磷酸钙类似。粉末状重钙以吸潮、结块;含游离磷酸 4%~8%,呈酸性,腐蚀性强	宜作基肥、追肥和种肥,施用量比过磷酸钙减少一半以上,施用方法同过磷酸钙	适用于各种土壤和植物,但在喜硫作物上施用效果不如过磷酸钙
钙镁磷肥	有效磷(P_2O_5)为 14%~20%。黑绿色、灰绿色粉末,不溶于水,易溶于弱酸,物理性状好,呈碱性反应	多作基肥,施用时要深施、均匀施;在酸性土壤上也可作种肥或蘸秧根肥;与有机肥料混施有较好效果	适宜各种作物和缺磷的酸性土壤,特别是南方酸性红壤;不能与酸性肥料混用,要与普钙、氮肥分开施用

3. 钾肥

在生产上常见的钾肥主要有硫酸钾、氯化钾和草木灰等,其性质、施用及注意事项如表 7-12。

表 7-12　常见钾肥的性质、施用及注意事项

肥料名称	基本性质	施用技术	注意事项
硫酸钾	含钾(K_2O)48%~52%。一般呈白色或淡黄色结晶,易溶于水,物理性状好,不易吸湿结块,是化学中性、生理酸性肥料	可作基肥、追肥、种肥和根外追肥。旱田作基肥,应深施覆土,减少钾的固定;作追肥时,应集中条施或穴施到农作物根系较密集的土层;砂性土壤一般易追肥;作种肥时,一般每公顷用量 15~22.5 kg。叶面施用时配成 2%~3% 的溶液喷施	适宜各种农作物和土壤,对忌氯作物和喜硫作物(油菜、大蒜等)有较好效果;酸性土壤、水田上应与有机肥、石灰配合施用,不宜在通气不良土壤上施用
氯化钾	含钾(K_2O)50%~60%。一般呈白色或粉红色或淡黄色结晶,易溶于水,物理性状良好,不易吸湿结块,水溶液呈化学中性,属于生理酸性肥料	宜作基肥深施,作追肥要早施,不宜作种肥。作基肥,通常要在播种前 10~15 d,结合耕地施入;作早期追肥,一般要求在农作物苗长大后再追	适于大多数作物和土壤,但忌氯植物不宜施用,如茶树、马铃薯、甘薯、甜菜等,尤其是幼苗或幼龄期更要少用或不用;盐碱地不宜施用

肥料名称	基本性质	施用技术	注意事项
草木灰	草木灰的成分复杂,含有钾、钙、磷、镁和各种微量元素,含 K_2O 5%~15%。在不同植物灰分中磷、钾、钙等含量各不相同。草木灰中的钾,以 K_2CO_3 为主,K_2SO_4 次之,KCl 少量,都溶于水,贮存时应防雨淋。颜色灰白至灰黑色。它的水溶液呈碱性,是一种碱性肥料	可作基肥、种肥和追肥,也可用于拌种、盖种或根外追肥。作基肥可沟施或穴施,每公顷用量 750~1 025 kg,用湿土拌和均匀,防止被风吹散。作追肥条施或穴施,也可用 1% 草木灰浸出液进行根外喷施	适用于各种作物,尤其是喜钾和忌氯作物,如棉花、蔬菜及烟草、马铃薯等。草木灰不能与铵态氮肥、磷肥、腐熟的有机肥料混合施用,也不宜与人粪尿混存,以免造成氮素损失

4. 中量元素肥料

在作物生长过程中,需要量仅次于氮、磷、钾,但比微量元素肥料需要量大的营养元素肥料称为中量元素肥料。目前温室蔬菜生产中已大量施用,主要是含钙、镁、硫等元素的肥料。常用的主要有石膏、石灰、硫酸镁等(表 7–13)。

表 7-13　常见中量元素肥料的性质、施用及注意事项

肥料名称	基本性质	施用技术	注意事项
石灰	生石灰,主要成分为氧化钙。多为白色粉末或块状,呈强碱性,具吸水性,与水反应产生高热,并转化成粒状的熟石灰。熟石灰,又称消石灰,主要成分为氢氧化钙。多为白色粉末,溶解度大于石灰石粉,呈碱性反应。施用时不产生热,是常用的石灰。中和土壤酸度能力也很强。碳酸石灰,主要成分为碳酸钙,由石灰石、白云石或贝壳类磨碎而成的粉末。不易溶于水,但溶于酸,中和土壤酸度能力缓效而持久	作基肥:在整地时将石灰与农家肥一起施入土壤,也可结合绿肥压青和稻草还田进行。水稻秧田每公顷施熟石灰 225~375 kg,本田 750~1 500 kg;旱地 750~1 050 kg。如用于改土,可适当增加用量,每公顷 2 250~3 750 kg。在缺钙土壤上种植大豆、花生、块根作物等喜钙作物,每公顷施用石灰 225~375 kg,沟施或穴施;白菜、甘薯可在幼苗移栽时用石灰与农家肥混匀穴施。作追肥:水稻一般在分蘖和幼穗分化期结合中耕每公顷追施石灰 375 kg;旱地在作物生育前期可每公顷条施或穴施 225 kg 左右为宜	适宜酸性土壤和酸性土壤上种植的大多数作物,特别是喜钙作物。石灰施用要注意不应过量,否则会降低土壤肥力,引起土壤板结。石灰还要施用均匀,否则会造成局部土壤石灰过多,影响作物生长。石灰不能与氮、磷、钾、微肥等一起混合施用,一般先施石灰,几天后再施其他肥料。石灰肥料有后效,一般隔 3~5 年施用一次
硫酸镁	七水硫酸镁,化学式 $MgSO_4 \cdot 7H_2O$,易溶于水,稍有吸湿性,吸湿后会结块。水溶液为中性,属生理酸性肥料。目前,80% 以上用作农肥	可作基肥、追肥和叶面追肥施用。作基肥、追肥时应与铵态氮肥、钾肥、磷肥以及有机肥料混合施用,有较好效果。作基肥、追肥时每公顷用量 150~225 kg 为宜。作叶面追肥喷施质量分数为 1%~2%,一般在苗期喷施效果较好	硫酸镁是一种双养分优质肥料,硫、镁均为作物的中量元素,不仅可以增加作物产量,而且可以改善果实的品质

肥料名称	基本性质	施用技术	注意事项
石膏	生石膏,即普通石膏,俗称白石膏,主要成分是二水硫酸钙,它由石膏矿直接粉碎而成。呈粉末状,微溶于水,粒细有利于溶解,改土效果也好,通常以60目筛孔为宜。 熟石膏,又称雪花石膏,主要成分是二分之一水硫酸钙,是由生石膏加热脱水而成。吸湿性强,吸水后又变成生石膏,物理性质变差,施用不便,宜储存于干燥处。 磷石膏,化学式 $CaSO_4 \cdot Ca_3(PO_4)_2$,是硫酸分解磷矿石制取磷酸后的残渣,是生产磷铵的副产品。其成分因产地而异,一般含硫(S)11.9%,五氧化二磷2%左右	作为肥料施用,一般水田可结合耕作施用或栽秧后撒施,每公顷用量75~150 kg为宜;塞秧根每公顷用量37.5 kg;作基肥或追肥每公顷用量75~150 kg为宜。 旱地基施撒施于土表,再结合翻耕,也可条施或穴施作基肥,一般基肥用量每公顷225~375 kg为宜,种肥每公顷用量60~75 kg为宜。 花生可在果针入土后15~30 d施用石膏,每公顷用量225~375 kg	石膏主要用于碱性土壤改良或缺钙的沙质土壤、红壤、砖红壤等酸性土壤。施用量要合适,过量施用会降低硼、锌等微量元素的有效性。施用要配合有机肥料施用,还要考虑钙与其他营养离子间的相互平衡

5. 微量元素肥料

对于作物来说,含量(按干物重计)介于 0.2~200 mg/kg 的必需营养元素称为微量营养元素。主要有锌、硼、锰、钼、铜、铁、氯 7 种。由于氯因在自然界中比较丰富,未发现作物缺氯症状,因此一般不用作肥料施入。常见微量元素肥料的性质、施用可参考表 7-14。

表 7-14　常见微量元素肥料的性质、施用及注意事项

肥料名称	基本性质	施用技术	注意事项
硼肥	硼酸,化学式 H_3BO_3。外观白色结晶,含硼(B)17.5%,在冷水中溶解度较低,热水中较易溶解,水溶液呈微酸性。硼酸为速溶性硼肥。 硼砂,化学式 $Na_2B_4O_7 \cdot 10H_2O$。外观为白色或无色结晶,含硼(B)11.3%,在冷水中溶解度较低,热水中较易溶解	作基肥,一般每公顷施用 7.5~22.5 kg 硼酸或硼砂,一定要施的均匀,防止浓度过高而中毒。 作追肥,可在作物苗期每公顷用 7.5 kg 硼酸或硼砂拌干细土 150~225 kg,在离苗 7~10 cm 开沟或挖穴施入。 作根外追肥,每公顷可用 0.1%~0.2% 硼砂或硼酸溶液 750~1 125 kg,在作物苗期和由营养生长转入生殖生长时各喷一次	缺硼最敏感的经济作物有甜菜、油菜;需硼较高的经济作物有棉花等。硼肥当季利用率为2%~20%,具有后效,施用后可持续3~5年不施;轮作中,硼肥尽量用于需硼较多的作物,需硼较少的作物利用后效;条施或撒施不均匀、喷洒浓度过大都有可能产生毒害,应慎重对待

肥料名称	基本性质	施用技术	注意事项
硫酸锌	一般指七水硫酸锌,俗称皓矾,化学式 $ZnSO_4·7H_2O$,锌(Zn)质量分数 20%~30%。无色斜方晶体,易溶于水。在干燥环境下会失去结晶水变成白色粉末	作基肥,每公顷施用 15~30 kg 硫酸锌,可与生理酸性肥料混合施用。轻度缺锌地块隔 1~2 年再行施用,中度缺锌地块隔年或于翌年减量施用。 作根外追肥,一般作物喷施质量分数 0.02%~0.1% 的硫酸锌溶液。 作种肥,主要采用浸种或拌种方法,浸种用硫酸锌质量分数为 0.02%~0.05%,浸种 12 h,阴干后播种。拌种每千克种子用 2~6 g 硫酸锌	对锌敏感的经济作物有果树、玉米、甜菜、亚麻、棉花等。作基肥每公顷施用量不要超过 30 kg 硫酸锌,喷施浓度也不要过高,否则会引起毒害。锌肥不能与碱性肥料、碱性农药混合,否则会降低肥效。锌肥有后效,不需要连年施用,一般可隔年施用效果好
硫酸亚铁	又称黑矾、绿矾,化学式 $FeSO_4·7H_2O$,含铁(Fe)19%~20%,外观为浅绿色或蓝绿色结晶,易溶于水,有一定吸湿性。硫酸亚铁性质不稳定,极易被空气中的氧氧化为棕红色的硫酸铁,因此硫酸亚铁要放置于不透光的密闭容器中,并置于阴凉处存放	作基肥,一般施用硫酸亚铁,每公顷用 22.5~45 kg。 根外追肥,一般选用硫酸亚铁或螯合铁等,喷施浓度为一般,经济作物为 0.2%~1.0%,每隔 7~10 d 喷一次,连喷 3~4 次	对铁敏感的经济作物有大豆、甜菜、花生等。石灰性土壤易发生缺铁失绿症;铁肥在土壤中易转化为无效铁,其后效弱,需要年年施用
硫酸锰	硫酸锰,有一水硫酸锰和四水硫酸锰两种,化学式分别为 $MnSO_4·H_2O$ 和 $MnSO_4·4H_2O$,含锰(Mn)分别为 31% 和 24%,都易溶于水。外观淡玫瑰红色细小晶体。是目前常用的锰肥,速效	作基肥,一般每公顷用硫酸锰 30~60 kg。叶面喷施用 0.1%~0.3% 硫酸锰溶液在作物不同生长阶段 1 次或多次施用。种子处理,一般采用浸种,用 0.1% 硫酸锰溶液浸种 12~48 h,豆类 12 h 也可采用拌种,每千克种子用 2~6 g 硫酸锰少量水溶解后进行拌种	对锰高度敏感的经济作物有大豆、花生;中度敏感的经济作物有亚麻、棉花等。锰肥应在施足基肥和氮肥、磷肥、钾肥等基础上施用。锰肥后效较差,一般采取隔年施用
硫酸铜	最常用的五水硫酸铜,俗称胆矾、铜矾、蓝矾。化学式 $CuSO_4·5H_2O$,含铜 25%~35%。深蓝色块状结晶或蓝色粉末。有毒、无臭,带金属味。蓝矾常温下不潮解,于干燥空气中风化脱水成为白色粉末。能溶于水、醇、甘油及氨液,水溶液呈酸性	硫酸铜作基肥,每公顷用量 3~15 kg,可与细土混合均匀后撒施、条施、穴施。拌种时,每千克种子用 0.2~1 g 硫酸铜。浸种质量分数 0.01%~0.05%,浸泡 24 h 后捞出阴干即可播种。蘸秧根可采用 0.1% 硫酸铜溶液叶面喷施质量分数为 0.02%~0.1%,一般在作物苗期或开花前喷施,每公顷喷液量 750~1 125 kg	对铜敏感的经济作物有烟草等。土壤施铜具有明显的长期后效,其后效可维持 6~8 年甚至 12 年,依据施用量与土壤性质,一般为每 4~5 年施用 1 次

肥料名称	基本性质	施用技术	注意事项
钼酸铵	钼酸铵,化学式$(NH_4)_6Mo_7O_{24}\cdot4H_2O$,含钼 50%~54%。无色或浅黄色,棱形结晶,溶于水、强酸及强碱中,不溶于醇、丙酮。在空气中易风化失去结晶水和部分氨,高温分解形成三氧化钼	作基肥,在播种前每公顷用 150~750 g 钼酸铵与常量元素肥料混合施用,条施或穴施。拌种为每千克种子用 2~6 g 钼酸铵。浸种质量分数 0.05%~0.1%。根外追肥,喷施质量分数为 0.05%~0.1%,每公顷喷液量 750~1 125 kg	对钼敏感的经济作物甜菜、棉花、油菜、大豆等。酸性土壤容易缺钼

6. 复合(混)肥料

复合(混)肥料是指氮、磷、钾三种养分中,至少有两种养分标明量的,由化学方法和(或)掺混方法制成的肥料。由化学方法制成的称为复合肥料,由干混方法制成的称为复混肥料。常见复合(混)肥料的性质、施用可参考表 7-15。

表 7-15 常见复合(混)肥料的性质、施用及注意事项

肥料名称	基本性质	施用技术	注意事项
磷酸铵	磷酸一铵的化学式为 $NH_4H_2PO_4$,含氮 10%~14%、五氧化二磷 42%~44%。外观为灰白色或淡黄色颗粒或粉末,不易吸潮、结块,易溶于水,其水溶液为酸性,性质稳定,氨不易挥发。 磷酸二铵,简称二铵,化学式为 $(NH_4)_2HPO_4$,含氮 18%、五氧化二磷 46%。纯品白色,一般商品外观为灰白色或淡黄色颗粒或粉末,易溶于水,水溶液中性至偏碱,不易吸潮、结块。相对于磷酸一铵,性质不是十分稳定,在湿热条件下,氨易挥发	可用作基肥、种肥,也可以叶面喷施。作基肥一般每公顷用量 225~375 kg,通常在整地前结合耕地将肥料施入土壤;也可在播种后开沟施入。作种肥时,通常将种子和肥料分别播入土壤,每公顷肥料用量 37.5~75 kg	基本适合所有土壤和作物。磷酸铵不能和碱性肥料混合施用。磷酸铵用作种肥时要避免与种子直接接触
硝酸磷肥	主要成分是磷酸二钙、硝酸铵、磷酸一铵,另外还含有少量的硝酸钙、磷酸二铵。含氮 13%~26%、五氧化二磷 12%~20%。在冷冻法生产的硝酸磷肥中有效磷 75% 为水溶性磷、25% 为弱酸溶性磷;在碳化法生产的硝酸磷肥中磷基本都是弱酸溶性磷;硝酸-硫酸法生产的硝酸磷 30%~50% 为水溶性磷。硝酸磷肥一般为灰白色颗粒,有一定吸湿性,部分溶于水,水溶液呈酸性反应	硝酸磷肥主要作基肥和追肥。作基肥条施、深施效果较好,每公顷用量 675~825 kg。一般是在底肥不足情况下,作追肥施用	硝酸磷肥在储存、运输和施用时应远离火源。硝酸磷肥呈酸性,适宜施用在北方石灰质的碱性土壤上,不适宜施用在南方酸性土壤上。硝酸磷肥含硝态氮,容易随水流失

肥料名称	基本性质	施用技术	注意事项
硝酸钾	硝酸钾分子式为 KNO_3。含 N13%，含 K_2O46%。纯净的硝酸钾为白色结晶，粗制品略带黄色，有吸湿性，易溶于水，为化学中性，生理中性肥料。在高温下易爆炸，属于易燃易爆物质，在贮运、施用时要注意安全	硝酸钾适作旱地追肥，每公顷用量一般 75~150 kg，如用于其他作物则应配合单质氮肥以提高肥效。硝酸钾也可做根外追肥，适宜质量分数为 0.6%~1%。在干旱地区还可以与有机肥混合作基肥施用，每公顷用量 150 kg。硝酸钾还可用来拌种、浸种，质量分数为 0.2%	硝酸钾适合各种作物，对烟草、甜菜等喜钾而忌氯的作物具有良好的肥效，在豆科作物上反应也比较好。硝酸钾属于易燃易爆品，生产成本较高，所以用作肥料的比重不大。运输、贮存和施用时要注意防高温，切忌与易燃物接触
磷酸二氢钾	磷酸二氢钾是含磷、钾的二元复肥，分子式为 KH_2PO_4，含五氧化二磷 52%、氧化钾 35%，灰白色粉末，吸湿性小，物理性状好，易溶于水	可作基肥、追肥和种肥。因其价格贵，多用于根外追肥和浸种。喷施质量分数 0.1~0.3%，在作物生殖生长期开始时使用；浸种质量分数为 0.2%	磷酸二氢钾主要用作叶面喷施、拌种和浸种，适宜各种作物。磷酸二氢钾和一些氮素化肥、微肥及农药等做到合理配合，进行混施，可节省劳力，增加肥效和药效
磷铵系复合肥料	尿素磷酸盐有尿素磷铵、尿素磷酸二铵等。尿素磷酸铵含氮 17.7%、五氧化二磷 44.5%。尿素磷酸二铵养分含量有 37-17-0、29-29-0、25-25-0 等。 硫磷铵含有磷酸一铵、磷酸二铵和硫酸铵等成分，含氮 16%、五氧化二磷 20%，灰白色颗粒，易溶于水，不吸湿，易贮存，物理性状好。 硝磷铵的主要成分是磷酸一铵和硝酸铵，养分含量有 25-25-0、28-14-0 等品种。	可以作基肥、追肥和种肥	适宜于多种作物和土壤
硝铵-磷铵-钾盐复混肥系列	该系列复混肥可用硝酸铵、磷铵或过磷酸钙、硫酸钾或氯化钾等混合制成，也可在硝酸磷肥基础上配入磷铵、硫酸钾等进行生产。养分含量有 10-10-10(S) 或 15-15-15(Cl)。该系列复混肥呈淡褐色颗粒状。有一定的吸湿性，应注意防潮结块	一般作基肥和早期追肥，每公顷用量 450~750 kg	不含氯离子的系列肥可作为烟草专用肥施用，效果较好
磷酸铵-硫酸铵-硫酸钾复混肥系列	主要有铵磷钾肥，是用磷酸一铵或磷酸二铵、硫酸铵、硫酸钾按不同比例混合而生产的三元复混肥料。养分含量有 12-24-12(S)、10-20-15(S)、10-30-10(S) 等多种。物理性状良好，易溶于水，易被作物吸收利用	主要用作基肥，也可早期追肥，每公顷用量 450~600 kg	目前主要用在烟草等忌氯作物上，施用时可根据需要选用一种适宜的比例，或在追肥时用单质肥料进行调节

肥料名称	基本性质	施用技术	注意事项
尿素－过磷酸钙－氯化钾复混肥系列	是用尿素、过磷酸钙、氯化钾为主要原料生产的三元系列复混肥料,总养分质量分数在 28% 以上,还含有钙、镁、铁、锌等中量和微量元素。外观为灰色或灰黑色颗粒,不起尘,不结块,便于装卸和施用	一般作基肥和早期追肥,但不能直接接触种子和作物根系。基肥一般每公顷 750~900 kg,追肥一般每公顷 150~225 kg	适用于棉花、油菜、大豆、瓜果等作物
尿素－磷酸铵－硫酸钾复混肥系列	用尿素、磷酸铵、硫酸钾为主要原料生产的三元复混肥料,属于无氯型氮磷钾三元复混肥,其总养分量大于 54%,水溶性磷大于 80%。该产品有粉状和粒状两种。粉状肥料外观为灰白色或灰褐色均匀粉状物,不易结块,除了部分填充料外,其他成分均能在水中溶解。粒状肥料外观为灰白色或黄褐色粒状,pH5~7,不起尘,不结块,便于装、运和施肥	主要作基肥和追肥施用,基肥一般每公顷 600~750 kg,追肥一般每公顷 150~225 kg	可作为烟草等忌氯作物的专用肥料

技能训练

化学肥料简易识别

(1) 基本原理 可以简单地将化学肥料的简易识别方法总结为一看、二闻、三溶、四烧。

① 看。也就是直观识别法就是凭我们的感官对肥料的色、味、态及肥料的包装和标识进行观察、对比,从而作出判断。一是看肥料包装和标识。肥料的包装材料和包装袋上的标识都有明确的规定。肥料的国家标准 GB/T 8569—2009 规定:在肥料的包装上必须印有产品的名称、商标、养分含量、净重、厂名、厂址、标准编号、生产许可证号、肥料登记证号等标志。在肥料包装上的标识要符合 GB18382——2016 的要求。如果没有上述主要标志或标志不完整,就有可能是假冒伪劣肥料。另外,要注意肥料包装是否完好,有无拆封痕迹或重封现象,以防那些使用旧袋充装伪劣肥料的情况。二是看颜色。各种肥料都有其特殊颜色,据此可大体区分肥料和种类。氮肥除石灰氮为黑色,硝酸铵为棕、黄、灰等杂色外,其他品种一般为白色或无色。钾肥为白色和红色两种(磷酸二氢钾为白色)。磷肥大多有色,有灰色、深灰色或黑灰色。硅肥、磷石膏、硅钙钾肥也为灰色,但有冒充磷肥的现象。磷酸二铵为半透明、褐色。三是看结晶状况。氮肥除石灰氮外,多为结晶体。钾肥为结晶体。磷酸二氢钾、磷酸二氢钾铵和一些微肥(硼砂、硼酸、硫酸锌、铁、铜肥)均为晶体。磷肥多为块状或粉状、粒状的非晶体。

② 闻气味。一些肥料有刺鼻的氨味或强烈的酸味。如碳酸氢铵有强烈氨味,硫酸铵略有酸味,石灰氮有特殊的腥臭味,过磷酸钙有酸味,其他肥料无特殊气味。铵盐与碱性物质反应放出氨气,通过闻味或试纸颜色变化可以判断。

③ 溶解法。常用的溶解方法如下:一是水溶法。如果外表观察不易认识肥料品种,则可根据肥料在水中的溶解情况加以区别。盛肥料样品一小匙,慢慢倒入装有半杯清洁凉开水的玻璃烧杯中,用玻璃棒充分搅动,静置一会儿观察:全部溶解的多为硫酸铵、硝酸铵、氯

任务 7.3 化学肥料科学施用

化铵、尿素、硝酸钾、硫酸钾、磷酸铵等氮肥和钾肥,以及磷酸二氢钾、磷酸二氢铵、铜、锌、铁、锰、硼、钼等微量元素单质肥料;部分溶解的多为过磷酸钙、重过磷酸钙、硝酸铵钙等;不溶解或绝大部分不溶解的多为钙镁磷肥、磷矿粉、钢渣磷肥、磷石膏、硅肥、硅钙肥等。绝大部分不溶于水,发生气泡,并闻到有"电石"臭味的为石灰氮。二是醇溶法。大部分肥料都不溶于酒精,只有硝酸铵、尿素、磷酸钙等少数几个品种可在酒精中溶解。通过肥料在酒精中和水中溶解的情况就可以对肥料的成分初步判断。

④ 用烧灼法检验化肥,除需要有酒精灯外,还要准备 1 个铁片(铁片长 15 cm 左右、宽 2 cm 左右,最好装 1 个隔热的手柄)、吸水纸(最好是滤纸,剪成 1 cm 宽的纸条)、1 块木炭、1 把镊子。方法是:取少许肥料放在薄铁片或小刀上,或直接放在烧红的木炭上,观察现象。硫酸铵逐渐熔化并出现"沸腾"状,冒白烟,可闻到氨味,有残烬。碳酸氢铵直接分解,产生大量白烟,有强烈氨味,无残留物。氯化铵直接分解或升华产生大量白烟,有强烈氨味,冒白烟。硫酸钾或氯化钾无变化,但有爆裂声,没有氨味。燃烧并出现黄色火焰的是硝酸钠,出现紫色火焰的为磷酸钾。磷肥无变化(除骨粉有烧焦味外),但磷酸铵类肥料能熔化发烟,并且有氨味。

(2) 材料用具 玻璃烧杯(200~300 mL)、小天平(称量 200 g、500 g)、量筒或量杯(100 mL)、温度计(100 ℃)、三角架、石棉网、酒精灯、玻璃研钵、1 个铁片(铁片长 15 cm 左右、宽 2 cm 左右,最好装 1 个隔热的手柄)、吸水纸(最好是滤纸,剪成 1 cm 宽的纸条)、pH 试纸、1 块木炭、1 把镊子、95% 酒精(乙醇)、纯净水。

(3) 训练规程

根据肥料的简易识别的 4 种方法原理,我们将生产中常用的几种化肥简易识别总结如下:

① 尿素简易识别技术。一是外观识别。若化肥袋上下流动性好,白色半透明球状丸粒,外观光洁,无粉末或少有粉末,无味,手感冰凉,就是尿素。二是把肥料放在烧红的木炭或铁板上,迅速熔化,冒白烟,有氨味,就是尿素。

② 碳酸氢铵简易识别技术。常用内衬塑料薄膜加外套塑料袋紧密封装,封口质量好;白色结晶,袋内肥料常结块,流动性差;用小铁片铲取少许肥料在烧红铁片上,会发生大量白烟并有强烈的氨味,铁片上无残留物。可用试纸测试其溶液,呈弱碱性。

③ 磷酸二铵简易识别技术。一是放在手心用力握紧或按压转动,手感有"油湿感";二是看外包装袋的字迹是否清楚,缝口部是否整齐、严密,是否附带有质监部门出具的检验报告;三是颗粒均匀,光滑且有光泽;四是用手研磨不易粉碎,有一定强度。

④ 过磷酸钙简易识别技术。一是看外观,多为灰色、灰白色或浅黄色疏松状物;二是闻,一般有酸味;三是手摸,有一定腐蚀性;四是将肥料放入人粪尿中,粪表面产生大量气泡,俗称"冒泡子的磷肥"。

⑤ 钙镁磷肥简易识别技术。一是看包装:产品名称、商标、养分及含量、净重、执行标准号、生产许可证号、厂名、厂址等是否齐全,且印刷正规、清晰;二是看颜色及形状:灰白色、浅绿色、墨绿色、黑褐色等,粉末状;三是手感:无腐蚀性、不吸潮、不结块、流动性极好;四是闻气味及水溶性:在烧红的铁片上无变化,没有气味,不溶于水。

⑥ 硫酸钾简易识别技术。一是灼烧鉴别：在烧红的铁片上显示黄紫色火焰；二是溶解：硫酸钾能够少量溶解于水；三是酸碱性：优等品和一等品的硫酸钾呈酸性。

⑦ 氯化钾简易识别技术。一是看养分：正品或一等品氧化钾质量分数≥60%；二是溶解：在真品氯化钾溶解过程中保持原色，不褪色。三是烧灼：在烧红的铁片上，不熔融、无气味、受热产生蹦跳现象，会出现浅黄色火焰；四是看价格：假氯化钾价格明显低于市场价格。

⑧ 磷酸二氢钾简易识别技术。一是看标识：有些标注"磷酸二氢钾铵"、"高效复合肥Ⅰ型"等都是假的；二是溶解：用一个透明的瓶子装满小苏打水，撒入少量磷酸二氢钾，如果有剧烈泡沫而无臭味，就是真品；三是灼烧：将磷酸二氢钾放在铁片上加热，肥料会溶解为透明的液体，冷却后凝固为半透明的玻璃状物质——偏磷酸钾。

⑨ 农用硫酸锌简易识别技术。一是看标识：正品一般有"农用硫酸锌"字样，含锌复合微肥要有农业部肥料登记证号。如果标注"铁锌肥"、"镁锌肥"等肥料，一般主要成分是硫酸亚铁或硫酸镁，锌含量极低。二是看外观：外观为白色或微带颜色的针状结晶。三是溶解：能快速溶于水，水溶液酸性。

⑩ 进口颗粒硼肥简易识别技术。一是看外观：纯白色；二是手捏：进口颗粒硼，经造粒后，非常坚固，手指捏不散；三是看价格：假的颗粒硼肥，价格很低。

⑪ 农用硫酸铜简易识别技术。一是看外观：纯品为蓝色结晶；二是灼烧：用打火机烧灼，灼烧后失水变成白色，冷却后又变成蓝色，为真品。

⑫ 复混肥料简易识别技术。一是看包装：双层包装，肥料登记证号、养分含量、企业名称和地址、生产许可证号等；包装袋内是否有产品合格证。二是手摸：用手抓一把肥料进行揉搓，手上留有一层灰白色粉末并有黏着感的，或者摸其颗粒，可见细小白色晶体，表明质量优良。三是灼烧：放在烧红的铁片上，有氨味说明有氮；出现黄紫色火焰说明有钾，且氨味越浓，黄紫色火焰越紫，表明氮、钾含量高。四是闻：复混肥料一般无异味。五是溶解：优质复混肥料水溶性好，浸泡在水中绝大部分能溶解，即使有少量沉淀也较细小。

（4）结果分析　有些化肥在外观颜色、结晶形状等方面有很多相似之处，在运输、贮存过程中，因标识磨损辨认不清或缺乏必要的说明，无法确定是哪一种肥料。如果盲目施用会给农业生产带来损失，同时也造成肥料资源的浪费。因此，有必要对未知肥料进行定性鉴别。下面介绍一种用检索表判断化肥种类的方法（表7-16）。

任务巩固

1. 简述尿素、碳酸氢铵、硝酸铵等氮肥的性质、施用及注意事项。

2. 简述过磷酸钙、重过磷酸钙、钙镁磷肥等磷肥的性质、施用及注意事项。

3. 简述硫酸钾、氯化钾等钾肥的性质、施用及注意事项。

4. 简述石膏、石灰、硫酸镁等中量元素肥料的性质、施用及注意事项。

5. 简述常见微量元素肥料的性质、施用及注意事项。

6. 简述磷酸铵、磷酸二氢钾、硝酸磷肥、硝酸钾等复合肥料的性质、施用及注意事项。

表 7-16 未知肥料的定性鉴别检索表

1. 肥料在水中完全溶解或几乎完全溶解
   2. 肥料溶液与氢氧化钠溶液混合发生氨气
     3. 肥料溶液与硝酸银溶液起作用生成沉淀,生成的沉淀不溶于硝酸
       4. 沉淀颜色为黄色——磷酸一铵或磷酸二铵
       4. 沉淀颜色为白色。干燥的肥料放在烧红的木炭上不产生爆裂声,但发出白烟且有氨味和盐酸味——氯化铵
     3. 肥料溶液与硝酸银溶液起作用不生成沉淀,可能有些混浊现象
       4. 肥料溶液与氯化钡溶液作用生成白色沉淀,沉淀不溶于稀盐酸和乙酸
         5. 干燥肥料在铁片上加热不被熔化,将其投入烧红的木炭上不燃烧,但发出氨味——硫酸铵
         5. 干燥肥料在烧红木炭上不燃烧,但发出爆裂声——硫酸钾
       4. 肥料溶液与氯化钡溶液作用不产生白色沉淀,但可能发生浑浊。
         5. 干燥肥料在烧红的木炭上迅速熔化、沸腾,发出带有氨味的白烟——硝酸铵
         5. 干燥肥料在烧红的木炭上发出哗哗声而燃烧,火焰为紫色——硝酸钾
   2. 肥料溶液与氢氧化钠溶液混合不发生氨气
     3. 肥料溶液与硝酸银溶液起作用生成白色乳状沉淀,这种沉淀不溶于稀硝酸
       4. 细小白色或暗红色结晶、干燥不吸湿——氯化钾
       4. 白色细结晶或污白色晶块,具吸湿性——食盐
     3. 肥料溶液与磷酸银溶液作用不生成沉淀,但发生浑浊现象
       4. 肥料溶液与草酸铵作用生成白色沉淀,干燥肥料在烧红的木炭上熔化并且燃烧发亮,最后留下白色的石灰——硝酸钙
       4. 肥料溶液与草酸铵作用不生成白色沉淀,但可能出现浑浊现象。干燥肥料在铁片上的灼烧或在烧红的木炭上燃烧时,产生一种很易辨别的氨味——尿素
1. 肥料在水中几乎不溶解或溶解不显著
   2. 干燥肥料为白色
     3. 将肥料放入试管中加水 10~15 mL,用玻璃棒搅动 5 min 后静置,加入硝酸银溶液,上层发生黄色沉淀——磷酸氢钙
     3. 将肥料放入试管中加水 10~15 mL,用玻璃棒搅动 5 min 后静置,加入硝酸银溶液,上层沉淀不是黄色——硫酸钙
   2. 干燥肥料不是白色
     3. 肥料颜色为浅灰色或灰色,有酸味,浸出液呈酸性反应——过磷酸钙
     3. 肥料深灰色,其浸出液与氯化钡溶液产生明显沉淀;在水溶液中加入硝酸银溶液也浑浊——硫酸钾·镁肥($K_2SO_4·2MgSO_4$)。

任务 7.4 有机肥料科学施用

任务目标

- 知识目标:了解有机肥料的种类、作用;掌握生产中主要有机肥料的性质及施用。
- 能力目标:能熟练进行高温堆肥。

知识学习

有机肥料是指来源于植物和(或)动物,施于土壤,以提供植物养分为主要功效的含碳物

料。它是农村就地取材,就地积制,就地施用的一类自然肥料,也称农家肥料。有机肥料除能提供植物养分、维持地力外,在改善农产品品质、保障粮食安全、改善生态环境等方面是化学肥料无法代替的。目前在我国推广化肥减量增效中,有机肥替代化肥技术得到广泛应用。

1. 有机肥料种类和作用

(1) 有机肥料类型 有机肥料按其来源、特性和积制方法一般可分为四类:

① 粪尿肥类。主要是动物的排泄物,包括人粪尿、家畜粪尿、家禽粪、海鸟粪、蚕沙以及利用家畜粪便积制的厩肥等。

② 堆沤肥类。主要是有机物料经过微生物发酵的产物,包括堆肥(普通堆肥、高温堆肥和工厂化堆肥)、沤肥、沼气池肥(沼气发酵后的池液和池渣)、秸秆直接还田等。

③ 绿肥类。这类肥料主要是指直接翻压到土壤中作为肥料施用的植物整体和植物残体,包括野生绿肥、栽培绿肥等。

④ 杂肥类。包括各种能用作肥料的有机废弃物,如泥炭(草炭)和利用泥炭、褐煤、风化煤等为原料加工提取的各种富含腐殖酸的肥料,饼肥(榨油后的油粕)与食用菌的废弃营养基,河泥、湖泥、塘泥、污水、污泥,垃圾肥和其他含有有机物质的工农业废弃物等,也包括以有机肥料为主配置的各种营养土。

(2) 有机肥料的作用 有机肥料在农业生产中所起的作用,可以归结为以下几个方面。

① 为植物生长提供营养。有机肥料几乎含有作物生长发育所需的所有必需营养元素,尤其是微量元素,长期施用有机肥料的土壤,作物是不缺乏微量元素的。此外,在有机肥料中还含有少量氨基酸、酰胺、磷脂、可溶性碳水化合物等一些有机分子,可以直接为作物提供有机碳、氮、磷营养。

② 活化土壤养分,提高化肥利用率。施用有机肥料可以有效地增加土壤养分含量,有机肥料中所含的腐殖酸中含有大量的活性基团,可以和许多金属阳离子形成稳定的配位化合物,从而使这些金属阳离子(如锰、钙、铁等)的有效性提高,同时也间接提高了土壤中闭蓄态磷的释放,从而达到活化土壤养分的功效。应当注意的是,有机肥料在活化土壤养分的同时,还会与部分微量营养元素由于形成了稳定的配位化合物而降低了有效性,如锌、铜等。

③ 改良土壤理化性质。有机肥料含有大量腐殖质,长期施用可以起到改良土壤理化性质和协调土壤肥力因素状况的作用。有机肥料施入土壤中,所含的腐殖酸可以改良土壤结构,促进土壤团粒结构形成,从而协调土壤孔隙状况,提高土壤的保蓄性能,协调土壤水、气、热的矛盾;还能增强土壤的缓冲性,改善土壤氧化还原状况,平衡土壤养分。

④ 改善农产品品质和刺激作物生长。施用有机肥料能提高农产品的营养品质、风味品质、外观品质;有机肥料中还含有维生素、激素、酶、生长素和腐殖酸等,它们能促进作物生长和增强作物抗逆性;腐殖酸还能够刺激植物生长。

⑤ 提高土壤微生物活性和酶的活性。有机肥料给土壤微生物提供了大量的营养和能量,加速了土壤微生物的繁殖,提高了土壤微生物的活性,同时还使土壤中一些酶(如脱氢酶、蛋白酶、脲酶等)的活性提高,促进了土壤中有机物质的转化,加速了土壤有机物质的循环,有利于提高土壤肥力。

⑥ 提高土壤容量,改善生态环境。施用有机肥料还可以降低作物对重金属离子铜、锌、铅、汞、铬、镉、镍等的吸收,降低了重金属对人体健康的危害。有机肥料中的腐殖质对一部

分农药(如狄氏剂等)的残留有吸附、降解作用,有效地消除或减轻农药对食品的污染。

2. 主要有机肥料

(1) 人粪尿　人粪尿是一种养分含量高、肥效快的有机肥料。包括人粪、人尿、人粪尿混合物。

① 人粪尿的成分与性质。人粪是食物经过消化后未被吸收而排出体外的残渣,混有多种消化液、微生物和寄生虫等物质,含有 70%~80% 的水分、20% 左右的有机物和 5% 左右的无机物。新鲜人粪一般呈中性。

人尿是食物经过消化吸收,并参加人体代谢后产生的废物和水分,约含 95% 的水分、5% 的水溶性有机物和无机盐类,主要为尿素(占 1%~2%)、NaCl(约占 1%),少量的尿酸、马尿酸、氨基酸、磷酸盐、铵盐、微量元素和微量的生长素(吲哚乙酸等)。新鲜的尿液为淡黄色透明液体,不含有微生物,因含有少量磷酸盐和有机酸而呈弱酸性。

人粪尿的排泄量和其中的养分及有机质的含量因人而异,不同的年龄、饮食状况和健康状况都不相同。

② 人粪尿的合理施用技术。人粪尿适合于大多数植物,尤其是叶菜类植物(如白菜、甘蓝、菠菜等)、谷类植物(如水稻、小麦、玉米等)和纤维类植物(如麻类等)施用效果更为显著。但对忌氯植物(如马铃薯、甘薯、甜菜、烟草等)应当少用。

人粪尿适用于各种土壤,尤其是含盐量在 0.05% 以下的土壤,具有灌溉条件的土壤,以及雨水充足地区的土壤。但对于干旱地区灌溉条件较差的土壤和盐碱土,施用人粪尿时应加水稀释,以防止土壤盐渍化加重。

人粪尿可作基肥和追肥施用,人尿还可以作种肥用来浸种。人粪尿施用量一般为 7 500~15 000 kg/hm²,还应配合其他有机肥料和磷、钾肥。

(2) 厩肥　厩肥是以家畜粪尿为主,和各种垫圈材料(如秸秆、杂草、黄土等)与饲料残渣等混合积制的有机肥料统称。北方称为"土粪"或"圈粪",南方称为"草粪"或"栏粪"。

① 家畜粪尿。家畜粪成分较为复杂,主要是纤维素、半纤维素、木质素、蛋白质及其降解物、脂肪、有机酸、酶、大量微生物和无机盐类。家畜尿成分较为简单,全部是水溶性物质,主要为尿素、尿酸、马尿酸和钾、钠、钙、镁的无机盐。不同的家畜排泄物成分略有不同。各类家畜粪的性质可参考表 7-17。

表 7-17　家畜粪尿的性质

家畜粪尿	性质
猪粪	质地较细,含纤维少,碳氮比(C/N)低,养分含量较高,且蜡质含量较多;阳离子交换量较高;含水量较多,纤维分解细菌少,分解较慢,产热少
牛粪	粪质地细密,C/N 21∶1,含水量较高,通气性差,分解较缓慢,释放出的热量较少,冷性肥料
羊粪	质地细密干燥,有机质和养分含量高,C/N 12∶1,分解较快,发热量较大,热性肥料
马粪	纤维素含量较高,疏松多孔,水分含量低,C/N 13∶1,分解较快,释放热量较多,热性肥料
兔粪	富含有机质和各种养分,C/N 低,易分解,释放热量较多,热性肥料
禽粪	纤维素较少,粪质细腻,养分含量高于家畜粪,分解速度较快,发热量较低

② 厩肥的基本性质。厩肥中富含丰富的有机质和各种养分,属完全肥料(表7-18)。

表 7-18 新鲜厩肥的养分质量分数 %

种类	水分	有机质	N	P_2O_5	K_2O	CaO	MgO
猪厩肥(圈粪)	72.4	25.0	0.45	0.19	0.40	0.08	0.08
马厩肥	71.9	25.4	0.38	0.28	0.53	0.31	0.11
牛厩肥(栏粪)	77.5	20.3	0.34	0.18	0.40	0.21	0.14
羊厩肥(圈粪)	64.6	31.8	0.83	0.23	0.67	0.33	0.28

③ 厩肥的腐熟。除深坑圈下层厩肥外,其他方法积制的厩肥腐熟程度较差,都需要进行堆腐,腐熟后才能施用。目前,常采用的腐熟方法有冲圈和圈外堆制。冲圈是将家畜粪尿集中于化粪池沤制,或直接冲入沼气发酵池,利用沼气发酵的方法进行腐熟。此种方法多用于大型养殖场和家畜粪便能源化地区。

圈外堆制有两种方式,一种是紧密堆积法,将厩肥取出,在圈外另选地方堆成 2~3 m 宽,长度不限,高 1.5~2 m 的紧实肥堆,用泥浆或薄膜覆盖,在嫌气条件下堆制 6 个月,待厩肥完全腐熟后再利用。另一种为疏松堆积法,方法与紧密堆积法相似,但肥堆疏松,在好气条件下腐熟。此法类似于高温堆肥的方法,肥堆温度较高,有利于杀灭病原体,加速厩肥的腐熟。此外,还可以两种堆制方法交替使用,先进行高温堆制,待高温杀灭病原体后,再压紧肥堆,在嫌气条件下腐熟,此法厩肥完全腐熟需要 4~5 个月。

厩肥半腐熟特征可概括为"棕、软、霉",完全腐熟可概括为"黑、烂、臭",腐熟过劲则为"灰、粉、土"。

④ 厩肥的施用。未经腐熟的厩肥不宜直接施用,腐熟的厩肥可用作基肥和追肥。厩肥作基肥时,要根据厩肥的质量、土壤肥力、植物种类和气候条件等综合考虑。一般在通透性良好的轻质土壤上,可选择施用半腐熟的厩肥;在温暖湿润的季节和地区,可选择半腐熟的厩肥;在种植生育期较长的植物或多年生植物时,可选择腐熟程度较差的厩肥。而在黏重的土壤上,应选择腐熟程度较高的厩肥;在比较寒冷和干旱的季节和地区,应选择完全腐熟的厩肥;在种植生育期较短的植物时,则需要选择腐熟程度较高的厩肥。

(3) 堆肥 堆肥主要是以秸秆、落叶、杂草、垃圾等为主要原料,再配合定量的含氮丰富的有机物,在不同条件下积制而成的肥料。

① 堆肥的基本性质。堆肥的性质基本和厩肥类似,其养分含量因堆肥原料和堆制方法不同而有差别(表7-19)。堆肥一般含有丰富的有机质,碳氮比较小,养分多为速效态;堆肥还含有维生素、生长素及微量元素等。

表 7-19 堆肥的养分质量分数 %

种类	水分	有机质	氮(N)	磷(P_2O_5)	钾(K_2O)	C/N
高温堆肥	—	24~42	1.05~2.00	0.32~0.82	0.47~2.53	9.7~10.7
普通堆肥	60~75	15~25	0.4~0.5	0.18~0.26	0.45~0.70	16~20

② 堆肥的腐熟。堆肥的腐熟是一系列微生物活动的复杂过程。堆肥初期矿质化过程占主导地位,堆肥后期则是腐殖化过程占主导地位。普通堆肥因加入土多,发酵温度低,腐熟时间较长,需 3~5 个月。高温堆肥以纤维素多的原料为主,加入适量的人、畜粪尿,腐熟时间短,发酵温度高,有明显的高温过程,能杀灭病菌虫卵、草籽等。

其腐熟程度可从颜色、软硬程度及气味等特征来判断。半腐熟的堆肥材料组织变松软易碎,分解程度差,汁液为棕色,有腐烂味,可概括为"棕、软、霉"。腐熟的堆肥,堆肥材料完全变形,呈褐色泥状物,可捏成团,并有臭味,特征是"黑、烂、臭"。

③ 堆肥的施用。堆肥主要作基肥,施用量一般为 15 000~30 000 kg/hm^2。用量较多时,可以全耕层均匀混施;用量较少时,可以开沟施肥或穴施。在温暖多雨的季节或地区,或在土壤疏松通透性较好的条件下,或种植生育期较长的植物和多年生植物时,或当施肥与播种或插秧期相隔较远时,可以使用半腐熟或腐熟程度更低的堆肥。

堆肥还可以作种肥和追肥使用。作种肥时常与过磷酸钙等磷肥混匀施用,作追肥时应提早施用,并尽量施入土中,以利于养分的保持和肥效的发挥。堆肥和其他有机肥料一样,虽然是营养较为全面的肥料,氮养分含量相对较低,需要和化肥一起配合施用,以更好地发挥堆肥和化肥的肥效。

(4) 沤肥 沤肥是利用有机物料与泥土在淹水条件下,通过厌氧性微生物进行发酵积制的有机肥料。沤肥因积制地区、积制材料和积制方法的不同而名称各异,如江苏的草塘泥,湖南的卤肥,江西和安徽的窖肥,湖北和广西的垱肥,北方地区的坑沤肥等,都属于沤肥。

① 沤肥的基本性质。沤肥是在低温嫌气条件下进行腐熟的,腐熟速度较为缓慢,腐殖质积累较多。沤肥的养分含量因材料配比和积制方法的不同而有较大的差异,一般而言,沤肥的 pH 为 6~7,有机质质量分数为 3%~12%,全氮量为 2.1~4.0 g/kg,速效氮质量分数为 50~248 mg/kg,全磷量(P$_2$O$_5$)为 1.4~2.6 g/kg,速效磷(P$_2$O$_5$)质量分数为 17~278 mg/kg,全钾(K$_2$O)量为 3.0~5.0 g/kg,速效钾(K$_2$O)质量分数为 68~185 mg/kg。

② 沤肥的施用。沤肥一般作基肥施用,多用于稻田,也可用于旱地。在水田中施用时,应在耕作和灌水前将沤肥均匀施入土壤,然后进行翻耕、耙地,再进行插秧。在旱地上施用时,也应结合耕地作基肥。沤肥的施用量一般在 30 000~75 000 kg/hm^2,并注意配合化肥和其他肥料一起施用,以解决沤肥肥效长,但速效养分供应强度不大的问题。

(5) 沼气发酵肥 沼气发酵是用秸秆、粪尿、污泥、污水、垃圾等各种有机废弃物,在一定温度、湿度和隔绝空气条件下,由多种嫌气性微生物参与,在严格的无氧条件下进行嫌气发酵,并产生沼气(CH$_4$)的过程。沼气发酵产生的沼气可以缓解农村能源的紧张,协调农牧业的均衡发展,发酵后的废弃物(池渣和池液)还是优质的有机肥料,即沼气发酵肥料,也称作沼气池肥。

① 沼气发酵肥的成分。沼气发酵产物除沼气可作为能源使用、粮食储藏、沼气孵化和柑橘保鲜外,沼液(占总残留物 13.2%)和池渣(占总残留物 86.8%)还可以综合利用。

沼液含速效氮 0.03%~0.08%,速效磷 0.02%~0.07%,速效钾 0.05%~1.40%,同时还含有 Ca、Mg、S、Si、Fe、Zn、Cu、Mo 等各种矿质元素,以及各种氨基酸、维生素、酶和生长素等活性物质。

池渣含全氮 5~12.2 g/kg(其中速效氮占全氮的 82%~85%),速效磷 50~300 mg/kg,速效钾 170~320 mg/kg,以及大量的有机质。

② 沼气发酵肥的施用。沼液是优质的速效性肥料,可作追肥施用。一般土壤追肥施用量为 30 000 kg/hm²,并且要深施覆土。沼气池液还可以作叶面追肥,又以柑橘、梨、食用菌、烟草、西瓜、葡萄等经济植物最佳,将沼液和水按 1∶(1~2)稀释,7~10 d 喷施一次,可收到很好的效果。除了单独施用外,沼液还可以用来浸种,可以和池渣混合作基肥和追肥施用。

池渣可以和沼液混合施用,作基肥施用量为 30 000~45 000 kg/hm²,作追肥施用量 15 000~20 000 kg/hm²。池渣也可以单独作基肥或追肥施用。

(6) 秸秆还田　秸秆还田是指将植物收获后的残留物(秸秆)或经过处理后作为有机肥料施用。一般说的秸秆还田主要是指直接还田。秸秆直接还田不仅能直接提供植物养分,还有利于提高土壤有机质含量,改善土壤理化和生物学性状,促进团粒结构形成,提高土壤有机氮含量和促进土壤难溶性养分的溶解。秸秆直接还田还可以节省人力、物力。在还田时应注意:

① 秸秆预处理。一般在前茬收获后将秸秆预先切碎或撒施地面后用圆盘耙切碎翻入土中;或前茬留高茬 15~30 cm,收获后将根茬及秸秆翻入土中。

② 配施秸秆腐熟剂或氮磷化肥。一般每公顷施用 25~30 kg 秸秆腐熟剂,用干细土拌匀撒施秸秆上,并适当配施碳酸氢铵 150~225 kg 和过磷酸钙 225~300 kg。采用机械将秸秆翻入泥土中,并灌水 7~10 cm 深,15 d 后即可腐熟。

③ 耕埋时期和深度。一般来说,旱地要在播种前 20~25 d 还田为好,深度 17~22 cm;水田需要在插秧前 25~30 d 为好,深度 10~13 cm。

④ 还田量。稻草和麦秸的用量在 2 250~3 000 kg/hm²,玉米秸秆可适当增加,也可以将秸秆全部还田。

⑤ 水分管理。对于旱地土壤,应及时灌溉,保持土壤相对含水量在 60%~80%,以利于秸秆的分解腐熟。水田则要浅水勤灌,干湿交替。

⑥ 毒素。秸秆埋入土壤 5 d 后,开始产生毒素,20 d 后可达高峰,1 个月后逐渐下降而消失。因此酸性土壤配施适量石灰、水田浅水勤灌和干湿交替,利于对有害物质的及早排除。

⑦ 病害。染病秸秆和含有害虫虫卵的秸秆一般不能直接还田,应经过堆、沤或沼气发酵等处理后再施用。

(7) 绿肥　绿肥是指栽培或野生的植物,利用其植物体的全部或部分作为肥料。

① 绿肥的成分。绿肥适应性强,种植范围比较广,可利用农田、荒山、坡地、池塘、河边等种植,也可间作、套种、单种、轮作等。绿肥产量高,平均每公顷产鲜草 15~22.5 t。绿肥植物鲜草产量高,含较丰富的有机质,有机质质量分数(鲜基)一般在 12%~15%,而且养分含量较高(表 7-20)。

② 绿肥利用。目前,我国绿肥的主要利用方式有直接翻压、作为原材料积制有机肥料和用作饲料。以直接翻压为主。绿肥直接翻压(也叫压青)施用后的效果与翻压绿肥的时期、翻压深度、翻压量和翻压后的水肥管理密切相关。

表 7-20　主要绿肥植物养分质量分数 ％

绿肥品种	鲜草主要成分质量分数			干草主要成分质量分数		
	N	P_2O_5	K_2O	N	P_2O_5	K_2O
草木樨	0.52	0.13	0.44	2.82	0.92	2.42
毛叶苕子	0.54	0.12	0.40	2.35	0.48	2.25
紫云英	0.33	0.08	0.23	2.75	0.66	1.91
黄花苜蓿	0.54	0.14	0.40	3.23	0.81	2.38
紫花苜蓿	0.56	0.18	0.31	2.32	0.78	1.31
田菁	0.52	0.07	0.15	2.60	0.54	1.68
沙打旺	—	—	—	3.08	0.36	1.65
柽麻	0.78	0.15	0.30	2.98	0.50	1.10
肥田萝卜	0.27	0.06	0.34	2.89	0.64	3.66
紫穗槐	1.32	0.36	0.79	3.02	0.68	1.81
箭筈豌豆	0.58	0.30	0.37	3.18	0.55	3.28
水花生	0.15	0.09	0.57	—	—	—
水葫芦	0.24	0.07	0.11	—	—	—
水浮莲	0.22	0.06	0.10	—	—	—
绿萍	0.30	0.04	0.13	2.70	0.35	1.18

绿肥翻压时期:常见绿肥品种中紫云英应在盛花期;苕子和田菁应在现蕾期至初花期;豌豆应在初花期;柽麻应在初花期至盛花期。对翻压绿肥时期的选择,除了根据不同品种绿肥植物生长特性外,还要考虑农作物的播种期和需肥时期。一般应与播种和移栽期有一段时间间距,大约 10 d 左右。

绿肥翻压量与深度:绿肥翻压量一般根据绿肥中的养分含量、土壤供肥特性和植物的需肥量来考虑,应控制在 15 000~25 000 kg/hm²,然后再配合施用适量的其他肥料,来满足植物对养分的需求。绿肥翻压深度一般根据耕作深度考虑,大田应控制在 15~20 cm,不宜过深或过浅。而果园翻压深度应根据果树品种和果树需肥特性考虑,可适当增加翻压深度。

翻压后水肥管理:绿肥在翻压后,应配合施用磷、钾肥,既可以调整 N/P,还可以协调土壤中 N、P、K 的比例,从而充分发挥绿肥的肥效。对于干旱地区和干旱季节,还应及时灌溉,尽量保持充足的水分,加速绿肥的腐熟。

(8) 杂肥　杂肥类包括泥炭及腐殖酸类肥料、饼肥或菇渣、城市有机废弃物等,它们的养分含量及施用如表 7-21。

(9) 商品有机肥料　近年来,化肥的长期过量施用造成了土壤板结、环境污染、农产品品质下降,再加上化肥价格浮动较大,安全、环保、绿色的有机肥料再次引起人们的关注,市场需求不断增加。

表 7-21　杂肥类有机肥料的养分含量与施用

名称	养分含量	施用
泥炭	含有机质40%~70%,腐殖酸20%~40%;全氮0.49%~3.27%,全磷0.05%~0.6%,全钾0.05%~0.25%,多酸性至微酸性反应	多作垫圈或堆肥材料、肥料生产原料、营养钵无土栽培基质,一般较少直接施用
腐殖酸类	主要是腐殖酸铵(游离腐殖酸15%~20%、含氮3%~5%)、硝基腐殖酸铵(腐殖酸40%~50%、含氮6%)、腐殖酸钾(腐殖酸50%~60%)等,多黑色或棕色,溶于水	可作基肥和追肥,作追肥要早施;液体类可浸种、蘸根、浇根或喷施,质量分数0.01%~0.05%
饼肥	主要有大豆饼、菜籽饼、花生饼等,含有机质75%~85%、全氮1.1%~7.0%、全磷0.4%~3.0%、全钾0.9%~2.1%、蛋白质及氨基酸等	一般作饲料,不做肥料。若用作肥料,可作基肥和追肥,但需腐熟
菇渣	含有机质60%~70%、全氮1.62%、全磷0.454%、钾0.9%~2.1%、速效氮212 mg/kg、速效磷188 mg/kg,并含丰富微量元素	可作饲料、吸附剂、栽培基质。腐熟后可作基肥和追肥
城市垃圾	处理后垃圾肥含有机质2.2%~9.0%、全氮0.18%~0.20%、全磷0.23%~0.29%、全钾0.29%~0.48%	经腐熟并达到无害化后多作基肥施用

① 商品有机肥料内涵。与传统有机肥不同,商品有机肥有着自己独特的内涵。商品有机肥料是指工厂化生产,经过物料预处理、配方、发酵、干燥、粉碎、造粒、包装等工艺加工生产的有机肥料或有机无机复混肥料。商品有机肥包括精制有机肥料类、有机无机复混肥料、生物有机肥料。一般说的商品有机肥料是指精制有机肥料类,精制有机肥料类除了活性商品有机肥类外,还包括一些腐殖酸肥料和氨基酸肥料。

② 活性商品有机肥料。活性有机肥料是以作物秸秆、畜禽粪和农副产品加工下脚料为主要原料,经加入发酵微生物进行发酵脱水和无害化处理而成的优质有机肥料。

活性商品有机肥料特点主要表现在:一是养分齐全,含有丰富的有机质,可以全面提供作物氮磷钾及多种中微量元素,作物施用商品有机肥后,能明显提高农产品的品质和产量。二是改善地力,施用商品有机肥能改善土壤理化性状,增强土壤的透气、保水、保肥能力,防止土壤板结和酸化,显著降低土壤盐分对作物的不良影响,增强作物的抗逆和抗病虫害能力,缓解连作障碍。

不同种类作物活性商品有机肥料施用量不相同。这里以活性商品有机肥为例:设施瓜果、蔬菜,如西瓜、草莓、辣椒、西红柿、黄瓜等,基肥每季每公顷4 500~7 500 kg。露地瓜菜,如西瓜、黄瓜、土豆、毛豆及葱蒜类等,基肥每季每公顷4 500~6 000 kg;青菜等叶菜类,基肥每季每公顷3 000~4 500 kg;莲子,基肥每公顷7 500~11 250 kg。粮食作物,如小麦、水稻、玉米等,基肥每季每公顷3 000~3 750 kg。油料作物,如油菜、花生、大豆等,基肥每季每公顷4 500~7 500 kg。果树、茶叶、花卉、桑树等,根据树龄大小,基肥每季每公顷7 500~11 250 kg;新苗木基地,在育苗前每公顷基施11 250~15 000 kg。对于新平整后的生土田块,3~5年内每年每公顷增施11 250~15 000 kg,方可逐渐恢复提高土壤肥力。

活性商品有机肥料施用方法一般以做基(底)肥施用为主,在作物栽种前将肥料均匀撒施,耕翻入土,如采用条施或沟施,要注意防止肥料集中施用发生烧苗现象;要根据作物田间实际情况确定商品有机肥的施用量;精制有机肥做追肥使用时,一定要及时浇足水分。

技能训练

高温堆肥的积制

(1) 基本原理　利用温度变化和微生物繁殖的变化逐步将秸秆、绿肥或粪便中的粗纤维素、木质素等复杂有机物质分解转化成腐殖质和速效养分。

(2) 材料用具　秸秆、绿肥或粪便、铁锨等。

(3) 训练规程

① 场地选择和场地规划。根据选择原则在背风、向阳、靠近水源处,或学校基地空闲处,或其他闲置地块,或结合当地农业生产需要选择合适地点。选好地点后,根据堆肥材料的数量规划场地大小和形状,一般以长方形为佳。规划后,在地面画出相应平面图,以便于材料堆积。

② 备料配料。以秸秆为主的高温堆肥配料:风干作物秸秆 500 kg(需要切碎至 3~5 cm),鲜骡、马粪 300 kg(需破碎),人粪尿 100~200 kg,水 750~1 000 kg。若骡、马粪和人粪尿不足,可用 20% 左右的老堆肥和 1% 的过磷酸钙、2% 的硫铵代替。

以垃圾为原料堆肥的配料:垃圾与粪便之比为 7∶3 混合,或垃圾与污泥之比为 7∶3 混合,或垃圾、粪便与秸秆、杂草按 1∶1∶1 比例混合。

对材料的选择可根据当地具体情况考虑。选择好材料后,按上述比例计算材料 C/N,并进行适当调整,以达到堆肥所需的(20~35)∶1。

③ 材料堆制。将规划出的堆肥场地地面夯实,再将堆肥材料混合均匀,开始在场地中堆积,在材料堆积中适当压紧。当堆积物至 18~20 cm 高时,可用直径为 10 cm 的木棍,在堆积物表面达成“井”字形,并在木棍交叉点向上立木棍,然后再继续堆积材料至完成。在材料堆积完成后,在肥堆表面用泥封好,厚度为 4~8 cm。待泥稍干后,将木棍抽出,形成通气孔。如在堆制过程中没有木棍,也可以用长的玉米秸秆或高粱秸秆捆成直径为 10~15 cm 的秸秆束,代替木棍搭建通气孔,但封堆后秸秆束不用抽出,可留在肥堆中做通气孔。

④ 堆后管理。地面施堆肥一般在堆制 5~7 d 后,堆温就可以升高,再经过 2~3 d,肥堆温度就可达 70℃,待达到最高温度 10 d 后,肥堆温度开始下降,可以翻堆。翻堆时可适当补充人粪尿和一定水分,可利于第二次发热。翻堆后仍旧用泥封好肥堆,继续发酵。10 余天后,可再进行第二次翻堆。全部腐熟时间 2~3 个月(春冬季节),腐熟的堆肥呈黑褐色,汁液为浅棕色或无色,有 NH_3 的臭味,材料完全腐烂变形,极易拉断,体积减少 30%~50%,即出现“黑、烂、臭”特征,标志肥料已经腐熟。

任务巩固

1. 简述有机肥料种类和作用。

2. 简述人粪尿、厩肥的性质和合理施用技术。

3. 简述堆肥、沤肥、沼气发酵肥的性质和合理施用技术。

4. 简述秸秆直接还田的注意事项。

5. 怎样合理利用绿肥?

6. 简述商品有机肥料的合理施用。

任务 7.5　微生物肥料的科学施用

任务目标

■ 知识目标:熟悉根瘤菌肥料、固氮菌肥料、磷细菌肥料、钾细菌肥料、抗生菌肥料等常规微生物肥料的性质与使用;了解功能性微生物菌剂的主要功效;掌握复合微生物肥料、生物有机肥、有机物料腐熟剂的性质和合理施用。

■ 能力目标:能熟练利用有机物料腐熟剂进行有机肥积制。

知识学习

微生物肥料是指一类含有活微生物的特定制品,应用于农业生产中,能够获得特定的肥料效应。在这种效应的产生中,制品中活微生物起关键作用,符合上述定义的制品均归于微生物肥料。

1. 常规微生物肥料

主要有根瘤菌肥料、固氮菌肥料、磷细菌肥料、钾细菌肥料、抗生菌肥料等。

(1)根瘤菌肥料　根瘤菌能和豆科作物共生、结瘤、固氮,用人工选育出来的高效根瘤菌株,经大量繁殖后,用载体吸附制成的生物菌剂称为根瘤菌肥料。

① 基本性质。根瘤菌肥料按剂型不同分为固体、液体、冻干剂 3 种。固体根瘤菌肥料的吸附剂多为草炭,为黑褐色或褐色粉末状固体,湿润松散,含水 20%~35%,一般菌剂含活菌数 1 亿 /g~2 亿 /g,杂菌数小于 15%,pH6~7.5。液体根瘤菌肥料应无异臭味,含活菌数 5 亿 /L~10 亿 /L,杂菌数小于 5%,pH5.5~7。冻干根瘤菌肥料不加吸附剂,为白色粉末状,含菌量比固体型高几十倍,但在生产上应用很少。

② 科学施用。根瘤菌肥料多用于拌种,用量为每公顷种子用 450~600 g 菌剂加 56 kg 水混匀后拌种,或根据产品说明书施用。拌种时要掌握互接种族关系,选择与作物相对应的根瘤菌肥。作物出苗后,发现结瘤效果差时,可在幼苗附近浇泼兑水的根瘤菌肥料。

(2)固氮菌肥料　是指含有大量好气性自生固氮菌的生物制品。具有自生固氮作用的微生物种类很多,在生产上得到广泛应用的是固氮菌科的固氮菌属,以圆褐固氮菌应用较多。

① 基本性质。固氮菌肥料的剂型有固体、液体、冻干剂 3 种。固体剂型多为黑褐色或褐色粉末状,湿润松散,含水量 20%~35%,一般菌剂含活菌数 1 亿 /g 以上,杂菌数小于 15%,pH6~7.5。液体剂型为乳白色或淡褐色,浑浊,稍有沉淀,无异臭味,含活菌数 5 亿 /L 以上,杂菌数小于 5%,pH5.5~7。冻干剂型为乳白色结晶,无味,含活菌数 5 亿 /L 以上,杂菌数小于 2%,pH6.0~7.5。

② 科学施用。固氮菌肥料适用于各种作物,可作基肥、追肥和种肥,施用量按说明书确

定。也可与有机肥、磷肥、钾肥及微量元素肥料配合施用。

作基肥施用时可与有机肥配合沟施或穴施,施后立即覆土。也可蘸秧根或作基肥施在蔬菜菌床上、与棉花盖种肥混施。作追肥时把菌肥用水调成糊状,施于作物根部,施后覆土,一般在作物开花前施用较好。种肥一般作拌种施用,加水混匀后拌种,将种子阴干后即可播种。对于移栽作物,可采取蘸秧根的方法施用。固体固氮菌肥一般每公顷用量 3.75~7.5 kg、液体固氮菌肥每公顷 1.5 L、冻干剂固氮菌肥每公顷用 7 500 亿 ~15 000 亿个活菌。

(3) 磷细菌肥料　是指含有能强烈分解有机或无机磷化合物的磷细菌的生物制品。

① 基本性质。国内生产的磷细菌肥料有液体和固体两种剂型。液体剂型的磷细菌肥料,外观呈棕褐色浑浊液,含活细菌 5 亿 /mL~15 亿 /mL,杂菌数小于 5%,含水量 20%~35%,有机磷细菌≥1 亿 /mL,无机磷细菌≥2 亿 /mL,pH6.0~7.5。颗粒剂型的磷细菌肥料,外观呈褐色,有效活细菌数大于 3 亿 /g,杂菌数小于 20%,含水量小于 10%,有机质质量分数≥25%,粒径 2.5~4.5 mm。

② 科学施用。磷细菌肥料可作基肥、追肥和种肥。作基肥可与有机肥、磷矿粉混匀后沟施或穴施,一般每公顷用量为 22.5~30.0 kg,施后立即覆土。作追肥可将磷细菌肥料用水稀释后在作物开花前施用为宜,菌液施于根部。作种肥主要是拌种,可先将菌剂加水调成糊状,然后加入种子拌匀,阴干后立即播种,防止阳光直接照射。一般每公顷种子用固体磷细菌肥料 15.0~22.5 kg 或液体磷细菌肥料 4.5~9.0 kg,加水 4~5 倍稀释。

(4) 钾细菌肥料　又名硅酸盐细菌肥料、生物钾肥。钾细菌肥料是指含有能对土壤中云母、长石等含钾的铝硅酸盐及磷灰石进行分解,释放出钾、磷与其他灰分元素,改善作物营养条件的钾细菌的生物制品。

① 肥料性质。钾细菌肥料产品主要有液体和固体两种剂型。液体剂型外观为浅褐色浑浊液,无异臭,有微酸味,有效活菌数大于 10 亿 /mL,杂菌数小于 5%,pH5.5~7.0。固体剂型是以草炭为载体的粉状吸附剂,外观呈黑褐色或褐色,湿润而松散,无异味,有效活细菌数大于 1 亿 /g,杂菌数小于 20%,含水量小于 10%,有机质质量分数≥25%,粒径 2.5~4.5 mm,pH6.9~7.5。

② 科学施用。钾细菌肥料可作基肥、追肥、种肥。作基肥,固体剂型与有机肥料混合沟施或穴施,立即覆土,每公顷用量 45~60 kg,液体用 30~60 kg 菌液。对果树施用钾细菌肥料,一般在秋末或早春,根据树冠大小,在距树身 1.5~2.5 m 处环树挖沟(深、宽各 15 cm),每公顷用菌剂 22.5~37.5 kg 混细肥土 20 kg,施于沟内后覆土即可。作追肥,按每公顷用菌剂 15~30 kg 兑水 750~1 500 kg 混匀后进行灌根。作种肥,每公顷用 22.5~37.5 kg 钾细菌肥料与其他种肥混合施用。也可将固体菌剂加适量水制成菌悬液或液体菌加适量水稀释,然后喷到种子上拌匀,稍干后立即播种。也可将固体菌剂或液体菌稀释 5~6 倍,搅匀后,把水稻、蔬菜的根蘸入,蘸后立即插秧或移栽。

(5) 抗生菌肥料　是利用能分泌抗菌物质和刺激素的微生物制成的微生物肥料。常用的菌种是放线菌,我国常用的是 5406(细黄链霉菌),此类制品不仅有肥效作用,而且能抑制一些作物的病害,促进作物生长。

① 基本性质。抗生菌肥料是一种新型多功能微生物肥料,抗生菌在生长繁殖过程中

可以产生刺激物质、抗生素,还能转化土壤中的氮、磷、钾元素,具有改进土壤团粒结构等功能。有防病、保苗、肥地、松土以及刺激植物生长等多种作用。抗生菌生长的最适宜温度是28~32℃,超过32℃或低于26℃生长减弱,超过40℃或低于12℃生长近乎停止;适宜pH6.5~8.5,含水量适宜在25%左右,要求有充分的通气条件,对营养条件要求较低。

② 科学施用。抗生菌肥料适用于棉花、小麦、油菜、甘薯、高粱和玉米等作物,一般用作浸种或拌种,也可用作追肥。作种肥一般每公顷用抗生菌肥料112.5 kg,加入饼粉37.5~75 kg、细土7 500~15 000 kg、过磷酸钙75 kg,拌匀后覆盖在种子上,施用时最好配施有机肥料和化学肥料。浸种时,玉米种用1:(1~4)抗生菌肥浸出液浸泡12 h,水稻种子浸泡24 h。也可用1:(1~4)抗生菌肥浸出液浸根或蘸根。也可在作物移栽时每公顷用抗生菌肥150~375 kg穴施。作追肥,可在作物定植后,在苗附近开沟施用覆土。也可用抗生菌肥浸出液进行叶面喷施,主要适用于一些蔬菜和温室作物。

2. 功能性微生物菌剂

近几年来随着光合细菌、地衣芽孢杆菌、纤维分解菌剂、枯草芽孢杆菌等功能性微生物菌剂的应用,功能性微生物菌剂成为当前微生物肥料的发展方向之一。

(1) 农药降解微生物菌剂 2015年农业农村部制定了《到2020年农药使用量零增长行动方案》,力争到2020年,单位防治面积农药使用量控制在近三年平均水平以下,力争实现农药使用总量零增长。因此,果树、蔬菜等作物的农药残留已成为人们关注的焦点,应用微生物进行生物修复已成为土壤修复的一个重要内容。因此,研究农药的微生物降解菌剂已成为热点。

常见降解农药的微生物有细菌(假单胞菌、芽孢杆菌、黄杆菌、产碱菌、不动杆菌、红球菌和棒状杆菌等)、真菌(曲霉菌、青霉菌、根霉菌、木霉菌、白腐真菌和毛霉菌等)、放线菌(诺卡氏菌、链霉菌等)。随着分子生物学的迅猛发展,利用分子克隆技术构建"高效农药降解菌",提高降解菌降解农药的能力,增加降解菌净化环境的作用,已成为目前微生物降解技术的重点。主要方法有三种:构建"超级细菌"、原生质体融合、降解酶或降解基因的改良。

目前,在获得农药降解菌剂基础上,找到降解过程的关键酶,运用酶制剂或固定化酶的方法提高农药降解效率,显示了良好的应有前景。经多年研究,用于农药降解的酶主要有水解和氧化还原酶类。

目前,降解农药的微生物菌剂报道的主要要有:南京农业大学李顺鹏教授研制的"佰绿得"农药残留微生物降解菌剂,共有4种型号:Ⅰ号可降解有机类农药残留、Ⅱ号可降解氯氰菊酯类农药残留、Ⅲ号可降解氰戊菊酯类农药残留、Ⅳ号可降解除草剂残留,目前已在江西、江苏、福建等省的水稻、茶叶、枣、韭菜、蜜橘等作物上应用。中国农业科学院范云六院士、伍宁丰研究员从被有机农药污染的土壤中筛选出能够降解多种有机农药残留的细菌,从中克隆出有机磷降解酶的编码基因,并研制出"比亚蔬菜瓜果农药降解酶"产品,已经投放市场。

(2) 光合细菌菌剂 光合细菌是地球上最早出现具有原始光能合成体系的原核生物,包括两个菌种:紫细菌和绿硫细菌。光合细菌可有效净化高浓度有机废水,作为饲料添加剂广泛应用于水产养殖、畜禽饲养业中,减少鱼类病害,培养有益藻类等。

光合细菌也是一种优质生物肥料,可以改善植物营养。光合细菌肥料一般为液体菌液,用于作物的基肥、追肥、拌种、叶面喷施、秧菌蘸根等。

（3）防治土传病害的微生物菌剂　在生产上可将多种菌种复配成复合微生物菌剂,通过复合微生物菌群产生的抗菌物质和位点竞争、诱导抗性的作用方式,杀灭和控制土壤中的病原菌,从而有效防治细菌性和真菌性土传病害,可使植物根部的病害明显减少;同时,复合菌群分泌天然生长素,促进作物吸收根和侧根再生长,强化根系对营养的全面吸收,具有明显的促生长、增产作用。这类微生物菌剂可冲施、灌根、滴灌、喷灌使用,也可结合有机肥做底肥撒施。目前市场上销售的功能性微生物菌剂产品类型主要见表 7-22。

表 7-22　功能性微生物菌剂产品及主要功效

菌剂	主要功效
枯草芽孢杆菌	抑制土壤中病原菌的繁殖和对植物根部的侵袭,减少植物土传病害,预防多种害虫爆发;提高种子的出芽率和保苗率,预防种子自身的遗传病害,提高作物成活率,促进根系生长;改善土壤团粒结构,改良土壤,提高土壤蓄水、蓄能和地温,缓解重茬障碍;抑制生长环境中的有害菌的滋生繁殖,降低和预防各种菌类病害的发生;促使土壤中的有机质分解成腐殖质,极大地提高土壤肥效;促进作物生长,成熟,降低成本,增加产量;增强光合作用,提高肥料利用率;平衡土壤 pH,有益微生物调节植物根系生态环境,形成优势菌落,防止土传病虫害克服连作障碍;能提供细菌繁殖抑制病菌的生长环境,提高农作物抗病能力,使病菌、昆虫卵在土壤中自然地被除掉,尤其能防治根瘤病、寄生虫、土壤线虫病等
地衣芽孢杆菌	在抗病、杀灭有害菌方面功效显著;改良土壤:施入土壤后迅速繁殖增生,抑制有害病菌的生长,与共生的有益菌种能长期共存,可使土壤微生态平衡;促进生根,快速生长;在代谢过程中能产生大量的植物内源酶,可明显提高作物对氮磷钾及中微量元素等的相互协调和吸收率;调节生命活动,增产增收,可促进作物根系生长,须根增多。菌种代谢产生的植物内源酶和植物生长调节剂经由根系进入植物体内,促进叶片光合作用,调节营养元素往果实流动,膨果增产效果明显。与施用化肥相比,在等价投入的情况下可增产 15%~30%;分解有机质,防止重茬;根际环境保护屏障,在土壤及作物体内能迅速繁殖成为优势菌群,控制根际营养和资源,使重茬、根腐、立枯、流胶、灰霉等病菌丧失生存空间和条件;增强抗逆性,可增强土壤缓冲能力,保水保湿,增强作物抗旱、抗寒、抗涝能力
巨大芽孢杆菌	抑制土壤中病原菌的繁殖和对植物根部的侵袭,减少植物土传病害,预防多种害虫爆发;具有较强的固氮、解磷、解钾作用,减少化肥用量,可减少 80% 的氮肥使用量;改善土壤团粒结构,改良土壤,提高土壤蓄水、蓄能能力,有效增高地温,缓解重茬障碍;促进作物生长,提前开花,多开花,增加结果率,增产效果可达 10%~30%;提高作物品质,如提高蛋白质、糖分、维生素等含量
解淀粉芽孢杆菌	抗病抑菌,光谱高效。对番茄叶霉病菌、灰霉病菌、黄瓜枯萎病菌、炭疽病菌、甜瓜枯萎病菌、辣椒晚疫病菌、小麦水稻纹枯病菌、玉米小斑病菌、大豆根腐病菌等土传病害具有显著防效;抗逆防衰,促进生长,能诱导植物快速分泌内源生长素,促进作物快速生根,提高根系发育能力,促进植株健壮生长;改良土壤,增进肥力,能改善作物根际微生态,活化土壤中难溶的磷、钾等潜在养分,改良土壤,疏松板结,遏制土壤退化,提高土壤肥力;降低农残,优质增产,可降解土壤及果实中的残留农药,提高果蔬维生素和糖含量,改善农产品品质,提高作物产量,易贮藏运输,提高并延长肥效,减少化学肥料的用量

菌剂	主要功效
淡紫紫孢菌	南方根结线虫与白色胞囊线虫卵的有效寄生菌,对南方根结线虫的卵寄生率高达60%~70%,对多种线虫都有防治效能,其寄主有根结线虫、胞囊线虫、金色线虫、异皮线虫等;属于内寄生性真菌,是一些植物寄生线虫的重要天敌,能够寄生于卵,也能侵染幼虫和雌虫,可明显减轻多种作物根结线虫、胞囊线虫、茎线虫等植物线虫病的危害;与线虫卵囊接触后,在黏性基质中,生防菌菌丝包围整个卵,菌丝末端变粗,由于外源性代谢物和真菌几丁质酶的活动使卵壳表层破裂,随后真菌侵入并取而代之。也能分泌毒素对线虫起毒杀作用;促进植物生长,该菌能产生丰富的衍生物,其一是类似吲哚乙酸产物,它最显著的生理功效是低浓度时促进植物根系与植株的生长,促进植株营养器官的生长,同时对种子的萌发与生长也有促进作用;产生多种酶,几丁质酶能促进线虫卵的孵化,提高拟青霉菌对线虫的寄生率,同时还产生细胞裂解酶、葡聚糖酶与丝蛋白酶,促进作物细胞分裂
哈茨木霉	主要用于防治田间和温室内蔬菜、果树、花卉等农作物的白粉病、灰霉病、霜霉病、叶霉病、叶斑病等叶部真菌性病害;在植物根围生长并形成"保护罩",以防止根部病原真菌的侵染并保证植株能够健康地成长;改善根系的微环境,增强植物的长势和抗病能力,提高作物的产量和收益
多黏类芽孢杆菌	可有效防治植物细菌性和真菌性土传病害;对植物具有明显的促生长、增产作用
侧孢短芽孢杆菌	促进植物根系生长,增强根系吸收能力,从而提高作物产量;抑制植物体内外病原菌繁殖,减轻病虫害,降低农药残留;改良疏松土壤,解决土壤板结现象,从而活化土壤,提高肥料利用率;增强植物新陈代谢,促进光合作用和强化叶片保护膜,抵抗病原菌;增强光合作用,提高化肥利用率,降低硝酸盐含量;固化若干重金属,降低植物体内重金属含量
胶质芽孢杆菌	具有溶磷、释钾和固氮功能;由于菌体自身的代谢,生化反应的结果产生有机酸、氨基酸、多糖、激素等有利于植物吸收和利用的物质;增加营养元素的供应量,刺激作物生长,抑制有害微生物的活动,有较强的增产效果;有效抑制各种土传病害的发生,减少农药使用
胶冻样类芽孢杆菌	具有解磷、解钾的功能,能增加土壤有效磷质量分数90.5%~110.8%,增加速效钾的质量分数20%~35%;具有活化土壤中硅、钙、镁中量元素作用;具有提高铁、锰、铜、锌、钼、硼等微量元素供应的功效;提高或延长肥效,减少化肥用量,每公顷施用15 kg微生物菌剂增产效果与每公顷施225~300 kg过磷酸钙、每公顷施112.5~150 kg硫酸钾增产效果相当;有效提高作物抗逆性,预防或减轻病害,如小麦的白粉病、棉花立枯病、黄枯萎病等;增产效果明显
长枝木霉	抑制病原菌的侵染,使植株健康生长;改善根系的微环境,增强植物的长势和抗病能力,提高作物的产量和收益;提高农产品的品质,提高作物的产量;对多种线虫都有防治效能
酿酒酵母	针对秸秆腐熟剂中使用
绿色木霉	能够拮抗多种病原真菌,尤其对土传病原真菌具有显著的拮抗作用;绿色木霉菌能寄生的植物病原菌即拮抗对象包括丝核菌属、小核菌属、核盘菌属、长蠕孢属、镰刀菌属、毛盘孢属、轮枝孢属、黑星菌属、内座壳属、腐霉属、疫霉属、间座壳属和黑星孢属
乳酸菌	改良土壤性质,提高土壤肥力;加速土壤有机物的分解;抑制有害微生物的生存与繁殖,减轻并逐步消除土传病虫害和连作障碍;增强植物的代谢功能,提高光合作用,促进种子发芽,根系发达,早开花,多结实,成熟期提前10 d以上

任务7.5 微生物肥料的科学施用

菌剂	主要功效
复合木霉	木霉菌对多种重要植物病原真菌有拮抗作用;寄生的同时可产生各种抗生素和溶解酶,降低病原的抗药性,加强抑菌强度;木霉菌的几丁质酶基因可在细菌、真菌和植物中表达,对于防止植物真菌病害、促进农作物生长;可促进植株根部生长。适合与有机肥混拌增殖后使用,也以育苗期开始使用,效果更为显著;有效抑制农作物植物、花卉、果树的根腐病、立枯病、猝倒病、枯萎病等土传病害,抑制灰霉菌、腐霉菌、丝核菌、炭疽菌、镰刀菌、菌核病
放线菌	分枝状的菌丝体能够产生各种胞外水解酶,降解土壤中的各种不溶性有机物质以获得细胞代谢所需的各种营养,对有机物的矿化有着重要作用,改良土壤;促进植物自身的生长,并增强土壤肥力;对致病菌进行营养和空间的争夺
米曲霉	使秸秆中所含的有机质及磷、钾等元素成为植物生长所需的营养,并产生大量有益微生物,刺激作物生产,提高土壤有机质,改善土壤结构;补充土壤中有益微生物数量,进一步促进土壤中物质和能量转化,腐殖质的形成和分解,提高肥料利用率;产生有益代谢物,抑制和杀死有害菌
黑曲霉	黑曲霉在发酵生长过程中,产生大量草酸和柠檬酸等多种有机酸和植酸酶等多种酶,从而使有机磷和无机磷得以溶解并被作物吸收利用;黑曲霉添加的生物有机肥,可以部分替代磷化肥;能明显抑制土传病菌的传播,提高作物抗病、抗逆性能
沼泽红假单胞菌	作为植物的调理素和菌肥;将土壤中的氢分离出来,并以植物根部的分泌物、土壤中的有机物、有害气体(硫化氢等)及二氧化碳、氮等为基质,合成糖类、氨基酸类、维生素类、氮素化合物和生理性物质,供给植物营养并促进植物生长;光合菌群的代谢物质不仅可以被植物直接吸收,还可以成为其他微生物繁殖的养分,增加土壤中的有益菌;帮助植物发挥光合作用,吸收大气和土壤中氮、磷、钾等元素,因而减少农药、化肥的使用和残留,提高农副产品品质,提高经济效益
苏云金芽孢杆菌	是一种包括许多变种的产晶体的芽孢杆菌,可做微生物源低毒杀虫剂,以胃毒作用为主;该菌可产生两大类毒素,即内毒素(伴胞晶体)和外毒素,使害虫停止取食,最后害虫因饥饿而死亡;具有专一、高效和对人畜安全等优点

3. 复合微生物肥料

复合微生物肥料是指两种或两种以上的有益微生物或一种有益微生物与营养物质复配而成,能提供、保持或改善植物的营养,提高农产品产量或改善农产品品质的活体微生物制品。

(1) 复合微生物肥料性质　复合微生物肥料可以增加土壤有机质、改善土壤菌群结构,并通过微生物的代谢物刺激植物生长,抑制有害病原菌。目前按剂型主要有液体、粉剂和颗粒三种。粉剂产品应松散;颗粒产品应无明显机械杂质、大小均匀,具有吸水性。复合微生物肥料产品技术指标见表 7-23。

(2) 复合微生物肥料施用　复合微生物肥料要选择获得农业农村部登记的产品,选购时要注意产品是否经过严格的检测,并附有产品合格证;还要注意产品的有效期,最好选用当年的产品。复合微生物肥料主要适用于作物、大田作物和果树、蔬菜等作物。

表 7-23　复合微生物肥料产品技术指标(NY/T 798—2015)

项目	液体剂型	固体剂型
有效活菌数	≥0.50 亿 /mL	≥0.20 亿 /g
总养分（N+P_2O_5+K_2O）	6.0%~20.0%	8.0%~25.0%
有机质	—	≥20.0%
杂菌率	≤15.0%	≤30.0%
水分	—	≤30.0%
pH	5.5~8.5	5.5~8.5
细度	—	≥80.0%
有效期	≥3 个月	≥6 个月

注：① 含两种以上微生物的复合微生物肥料，每一种有效菌的数量不得少于 0.01 亿 /g 或 0.01 亿 /mL。

② 总养分应为规定范围内的某一确定值，其测定值与标明值正负偏差的绝对值不应大于 2.0%；各单一养分值应不少于总养分质量分数的 15.0%。

③ 此项仅在监督部门或仲裁双方认为有必要时才检测。

① 作基肥。每公顷用复合微生物肥料 450~750 kg，与有机肥料或细土混匀后沟施、穴施、撒施均可，沟施或穴施后立即覆土；结合整地可撒施，应尽快将肥料翻于土中。果树或林木施用，幼树每棵 200 g 环状沟施、成年树每棵 0.5~1 kg 放射状沟施。

② 蘸根或灌根。每公顷用肥 30~75 kg 兑水 5~20 倍，移栽时蘸根或干栽后适当增加稀释倍数灌于根部。

③ 拌苗床土。每平方米苗床土用肥 200~300 g 与之混匀后播种。花卉草坪可用复合微生物肥料 10~15 g/kg 盆土或作基肥。

④ 冲施。根据不同作物每公顷用 75~150 kg 复合微生物肥料与化肥混合，用适量水稀释后灌溉时随水冲施。

4. 生物有机肥

生物有机肥是指特定功能的微生物与经过无害化处理、腐熟的有机物料（主要是动植物残体，如畜禽粪便、农作物秸秆等）复合而成的一类肥料，兼有微生物肥料和有机肥料效应。

（1）生物有机肥料的技术标准　生物有机肥料的技术标准为 NY 884—2012（表 7-24）。

表 7-24　生物有机肥料产品技术要求

项目	粉剂	颗粒
有效活菌数(cfu)	≥0.20 亿 /g	≥0.20 亿 /g
有机质(以干基计)	≥40.0%	≥40.0%
水分	≤30.0%	≤15.0%
pH	5.5~8.5	5.5~8.5
粪大肠菌群数	≤100 个 /g 或 100 个 / mL	
蛔虫卵死亡率	≥95%	
有效期	≥6 月	

(2) 生物有机肥高效安全施用　生物有机肥根据作物的不同选择不同的施肥方法,常用的施肥方法有:

① 种施法。播种时,将颗粒生物有机肥与少量化肥混匀,随播种机施入土壤。一般每公顷施 300~750 kg。

② 撒施法。结合深耕或在播种时将生物有机肥均匀地施在根系集中分布的区域和经常保持湿润状态的土层中,做到土肥相融。一般每公顷施 3 000~7 500 kg。

③ 条状沟施法。条播作物或葡萄等果树,开沟后施肥播种或在距离果树 5 cm 处开沟施肥。一般每公顷施 3 000~7 500 kg。

④ 环状沟施法。苹果、桃、梨等幼年果树,距树干 20~30 cm,绕树干开一环状沟,施肥后覆土。一般每株施 10~60 kg。

⑤ 放射状沟施法。苹果、桃、梨等成年果树,距树干 30 cm 处,按果树根系伸展情况向四周开 4~5 个 50 cm 长的沟,施肥后覆土。一般每株施 10~60 kg。

⑥ 穴施法。点播或移栽作物,如玉米、棉花、西红柿等,将肥料施入播种穴,然后播种或移栽。一般每公顷施 450~900 kg。

⑦ 蘸根法。对移栽作物,如水稻、西红柿等,按生物有机肥加 5 份水配成肥料悬浊液,浸蘸苗根,然后定植。

⑧ 盖种肥法。开沟播种后,将生物有机肥均匀地覆盖在种子上面。一般每公顷施用量为 1 500~2 250 kg。

5. 有机物料腐熟剂

有机物料腐熟剂是指能够加速各种有机物料(包括农作物秸秆、畜禽粪便、生活垃圾及城市污泥等)分解、腐熟的微生物活体制剂,如腐秆灵、酵素菌等。按剂型可分为粉状、颗粒状、液体状等。

(1) 腐秆灵　腐秆灵是一种含有分解纤维素、半纤维素、木质素等多种微生物群的秸秆快速腐熟剂。用它处理水稻、小麦、玉米和其他作物秸秆,可通过上述微生物作用,加速其茎秆的腐烂,使之转化成优质有机肥。

(2) CM 菌　CM 菌是高效有益微生物菌群,主要由光合菌、酵母菌、醋酸杆菌、放线菌、芽孢杆菌等组成。光合菌利用太阳能或紫外线将土壤中的硫氢和碳氢化合物中的氢分离出来,变有害物质为无害物质,并和二氧化碳、氮等合成糖类、氨基酸、纤维素、生物发酵物质等,进而增肥土壤。醋酸杆菌从光合菌中摄取糖类固定氮,然后将固定氮的一部分供给植物,另一部分还给光合细菌,形成好气性和嫌气性细菌共生结构。放线菌将光合菌生产的氮素作为基质,就会使放线菌数量增加。放线菌产生的抗生物质,可增加植物对病害的抵抗力和免疫力。乳酸菌摄取光合菌生产的物质,分解在常温下不易被分解的木质素和纤维素,使未腐熟的有机物发酵,转化为植物容易吸收的养分。酵母菌可产生促进细胞分裂的生物发酵物质,同时还对促进其他有益微生物增殖起重要作用。芽孢杆菌可以产生生理发酵物质,促进作物生长。

(3) 催腐剂　催腐剂是根据微生物中的钾细菌、磷细菌等有益微生物的营养要求,以有机物为主要原料,选用适合有益微生物营养要求的化学药品、定量氮、磷、钾等营养的化学制剂。拌于秸秆等有机物中,能有效地改善有益微生物的生态环境,加速有机物分解腐烂的作用,故名催腐剂。它是化学、生物技术相结合的边缘科学产品。

(4) 酵素菌　酵素菌是一种多功能菌种,由能够产生多种酶的好气性细菌、酵母菌和霉菌组成的有益微生物群体。酵母菌能产生多种酶,如纤维素酶、淀粉、蛋白、脂酶、氧化还原酶等。它能够在短时间内将有机物分解,尤其能降解木屑等物质中的毒素。酵素菌作用于作物秸秆等有机质材料,利用其产生的水解酶的作用,在短时间内,对有机质成分进行糖化分解和氨化分解,产生低分子的糖、醇、酸,这些物质又是土壤中有益生物生长繁殖的良好培养基,能够促进堆肥中放线菌的大量繁殖,从而改善土壤的生态环境,创造农作物生长发育所需的良好环境。

技能训练

有机物料腐熟剂的应用

(1) 基本原理　有机物料腐熟剂能快速促进堆料升温,缩短物料腐熟时间;有效杀灭病虫卵、杂草种子、除水、脱臭;在腐熟过程中释放部分速效养分,产生大量氨基酸、有机酸、维生素、多糖、酶类、植物激素等多种促进植物生长的物质。

(2) 材料用具　有机物料腐熟剂,秸秆、粪便等;铁锹、翻耕机械等。

(3) 训练规程

① 腐秆灵。腐秆灵堆沤农家肥方法如下:

第一步,按每吨农家肥用腐秆灵 2 kg(如农家肥以秸秆杂草等植物残体为主的,每吨需另加尿素 8 kg)的配比用量加水配成菌液。水的分量依据农家肥的干湿情况而定,以菌液刚好淋过堆肥为度。

第二步,把秸秆、人畜粪便、土杂肥等按每 15~20 cm 一层上堆,并每堆一层均匀加入 5%~10% 的生土,再均匀泼洒一次用腐秆灵配成的菌液。

第三步,堆肥完成后用黑膜或稻草覆盖,以便保湿保温,在堆沤发酵过程中可产生 55~70℃的高温,可杀死肥料中的病原菌、虫卵和草籽等。堆沤中间若能翻堆 1~2 次,腐熟会更彻底,效果更好。堆沤时间为 15~30 d。

水田可在水稻收割时把脱粒后的稻秆均匀撒在田面,放水 7~10 cm 深,结合机耕时均匀施用腐秆灵。每公顷用量 30~45 kg,压耙后困水以防止菌随水流失。

② CM 菌。发酵沤制有机堆肥的办法和施用量:有机肥 1 m³(鸡粪、家禽粪便、作物秸秆和其他农作物副产物均可),用 CM 菌原液 0.5~1 kg,红糖 0.5~1 kg,35℃温水 5 kg 活化,然后拌入有机肥中,水分调节至35%。手握成团,轻触即散时,翻倒均匀,起堆后用大塑料布封严,绝氧发酵 15~30 d,中间翻堆一次。这就沤制好了有机菌肥。大棚菜每公顷施用 45~60 m³,果树施用 1~2 m³,其他作物酌情施用,最少不能低于 200 kg。

③ 催腐剂。水田在小麦收获后,将小麦、油菜秸秆平铺在田间,将 5 g 催腐剂用 0.5 kg 水浸泡 24 h 后,用 100 kg 水稀释,搅匀喷施或浇施于小麦、油菜秸秆上,整地或不整地均可,然后放水插秧(或抛秧),施肥水平按常规进行。若返青出现夺氮争磷现象,补施 5 kg 尿素、2 kg 磷酸一铵。

旱地将催腐剂每公顷75 g用 1 500~7 500 mL 水浸泡24 h后,用 1 500 kg 水稀释,加入 15 kg 尿素溶解、搅匀,喷施或浇施于拔离耕地倒置于耕地中的秸秆上,施肥水平按常规执行,经 40~50 d 秸秆基本腐烂。注意旱地水分稀少,注意秸秆保湿,湿度不低于 70%。为保持水分,可以适当增加用水量或在秸秆上覆盖少量土壤。

将其他如多年生植物枯枝落叶、干杂草置于耕地中,按比例:500 kg 秸秆 + 100 kg 水 + 5 kg 尿素 +10 g 催腐剂施用,将 10 g 催腐剂用 0.5 kg 水浸泡 24 h 后,用 100 kg 水稀释,搅匀喷施或浇施于植物枯叶杂草上,湿度≥70%。

按以上方法施用后,经过微生物 40~50 d 繁殖生长代谢发酵,腐熟即告完成。

④ 酵素菌。利用酵素菌加工有机肥的原料配方为:麦秸 1 000 kg、钙镁磷肥 20 kg、干鸡粪 300 kg、麸皮 100 kg、红糖 1.5 kg、酵素菌 15 kg、原料总重量 60% 的水分。先将麦秸摊成 50 cm 厚,用水充分泡透。将干鸡粪均匀撒在麦秸上,再将麸皮、红糖撒上,最后将酵素菌与钙镁磷肥混合均匀撒上,充分掺匀,堆成高 1.5~2 m,宽 2.5~3 m,长度不超过 4 m 的长形堆进行发酵。夏季发酵温度上升很快,一般第二天温度升至 60℃,维持 7 d,翻堆一次,前后共翻 4 次。在第四次翻堆后,注意观察温度变化,当温度日趋平稳且呈下降趋势时,表明堆肥发酵完成。

任务巩固

1. 简述固氮菌肥料、磷细菌肥料、钾细菌肥料的性质与施用。
2. 哪些功能性微生物菌剂有防治根结线虫作用?
3. 简述复合微生物肥料的合理施用。
4. 简述生物有机肥的合理施用。
5. 怎样利用有机物料腐熟剂进行秸秆腐熟利用?

任务 7.6　水溶肥料科学施用

任务目标

■ 知识目标:熟悉大量元素水溶肥料、微量元素水溶肥料和中量元素水溶肥料、含氨基酸水溶肥料、含腐植酸水溶肥料等的主要技术指标;掌握水溶肥料的施用方法。

■ 能力目标:熟练识别与选择水溶肥料。

知识学习

水溶性肥料是我国目前大量推广应用的一类新型肥料,多为通过叶面喷施或随灌溉施入的一类水溶性肥料。可分为营养型水溶性肥料和功能型水溶性肥料。

1. 水溶性肥料类型

(1) 营养型水溶性肥料　无机营养型包括微量元素水溶肥料、大量元素水溶肥料、中量元素水溶肥料等。

① 微量元素水溶肥料。这是由铜、铁、锰、锌、硼、钼微量元素按照所需比例制成的或单一微量元素制成的液体或固体水溶肥料。产品标准为 NY 1428—2010。外观要求为:均匀的液体或均匀、松散的固体。微量元素水溶肥料产品技术指标应符合表 7–25 的要求。

表 7-25　微量元素水溶肥料技术指标

项目	固体指标	液体指标
微量元素含量	≥10.0%	≥100 g/L
水不溶物含量	≤5.0%	≤50 g/L
pH(1∶250 倍稀释)	3.0~10.0	
水分(H_2O)	≤6.0%	—

注:微量元素含量指铜、铁、锰、锌、硼、钼元素含量之和。产品应至少包含一种微量元素。含量不低于 0.05%(0.5 g/L)的单一微量元素均应计入微量元素含量中。钼元素含量不高于 1.0%(10 g/L)(单质含钼微量元素产品除外)。

② 大量元素水溶肥料。这是以氮、磷、钾大量元素为主,按照适合植物生长所需比例,添加铜、铁、锰、锌、硼、钼等微量元素或钙、镁中量元素而制成的液体或固体水溶肥料。执行标准为 NY 1107—2010。大量元素水溶肥料主要有以下两种类型:

大量元素水溶肥料(中量元素型)分固体和液体两种剂型。产品技术指标应符合表 7-26 要求。

表 7-26　大量元素水溶肥料(中量元素型)技术指标

项目	固体指标	液体指标
大量元素含量	≥50.0%	≥500 g/L
中量元素含量	≥1.0%	≥10 g/L
水不溶物含量	≤5.0%	≤50 g/L
pH(1∶250 倍稀释)	3.0~9.0	
水分(H_2O)	≤3.0%	—

注:① 大量元素含量指 N、P_2O_5、K_2O 含量之和。产品应至少包含两种大量元素。单一大量元素含量不低于 4.0%(40 g/L)。
② 中量元素含量指钙、镁元素含量之和。产品应至少包含一种中量元素。单一中量元素含量不低于 0.1%(1 g/L)。

大量元素水溶肥料(微量元素型)分为固体和液体两种剂型。产品技术指标应符合表 7-27 要求。

表 7-27　大量元素水溶肥料(微量元素型)技术指标

项目	固体指标	液体指标
大量元素含量	≥50.0%	≥500 g/L
微量元素含量	0.2%~3.0%	2~30 g/L
水不溶物含量	≤5.0%	≤5 g/L
pH(1∶250 倍稀释)	3.0~9.0	
水分(H_2O)	≤3.0%	—

注:① 大量元素含量指 N、P_2O_5、K_2O 含量之和。产品应至少包含两种大量元素。单一大量元素含量不低于 4.0%(40 g/L)。
② 微量元素含量指铜、铁、锰、锌、硼、钼元素含量之和。产品应至少包含一种微量元素。含量不低于 0.05%(0.5 g/L)的单一微量元素均应计入微量元素含量中。钼元素含量不高于 0.5%(5 g/L)(单质含钼微量元素产品除外)。

③ 中量元素水溶肥料。这是以钙、镁中大量元素为主,按照适合植物生长所需比例,或添加铜、铁、锰、锌、硼、钼等微量元素而制成的液体或固体水溶肥料。执行标准为 NY 2266—2012。中量元素水溶肥料产品技术指标应符合表 7-28 要求。

表 7-28　中量元素水溶肥料技术指标

项目	固体指标	液体指标
中量元素含量	≥10.0%	≥100 g/L
水不溶物含量	≤5.0%	≤50 g/L
pH(1∶250 倍稀释)	3.0~9.0	
水分(H₂O)	≤3.0%	—

注:中量元素含量指钙含量、镁含量或钙镁含量之和。含量不低于 1.0%(10 g/L)的钙或镁均应计入中量元素含量中。硫元素含量不计入中量元素含量,仅在标识中标注。

(2) 功能型水溶肥料　功能型水溶肥料包括含氨基酸水溶肥料、含腐植酸水溶肥料、有机水溶肥料等。

① 含氨基酸水溶肥料。这是以游离氨基酸为主体的,按适合植物生长所需比例,添加适量钙、镁中量元素或铜、铁、锰、锌、硼、钼微量元素而制成的液体或固体水溶肥料。分微量元素型和中量元素型两种类型。产品执行标准为 NY 1429—2010。

含氨基酸水溶肥料(中量元素型),分固体和液体两种剂型。产品技术指标应符合表 7-29 要求。

表 7-29　含氨基酸水溶肥料(中量元素型)技术指标

项目	固体指标	液体指标
游离氨基酸含量	≥10.0%	≥100 g/L
中量元素含量	≥3.0%	≥30 g/L
水不溶物含量	≤5.0%	≤50 g/L
pH(1∶250 倍稀释)	3.0~9.0	
水分(H₂O)	≤4.0%	—

注:中量元素含量指钙、镁元素含量之和。产品应至少包含一种中量元素。含量不低于 0.1%(1 g/L)的单一中量元素均应计入中量元素含量中。

含氨基酸水溶肥料(微量元素型)分固体和液体两种剂型。产品技术指标应符合表 7-30 要求。

表 7-30　含氨基酸水溶肥料(微量元素型)技术指标

项目	固体指标	液体指标
游离氨基酸含量	≥10.0%	≥100 g/L
微量元素含量	≥2.0%	≥20 g/L
水不溶物含量	≤5.0%	≤50 g/L
pH(1∶250 倍稀释)	3.0~9.0	
水分(H₂O)	≤4.0%	—

注:微量元素含量指铜、铁、锰、锌、硼、钼元素含量之和。产品应至少包含一种微量元素。含量不低于 0.05%(0.5 g/L)的单一微量元素均应计入微量元素含量中。钼元素含量不高于 0.5%(5 g/L)。

② 含腐植酸水溶肥料。这是以适合植物生长所需比例的腐植酸,添加适量比例的氮、磷、钾大量元素或铜、铁、锰、锌、硼、钼微量元素而制成的液体或固体水溶肥料,分大量元素型和微量元素型两种类型。产品执行标准为 NY 1106—2010。

含腐植酸水溶肥料(大量元素型),分固体和液体两种剂型。产品技术指标应符合表 7-31 要求。

表 7-31　含腐植酸水溶肥料(大量元素型)技术指标

项目	固体指标	液体指标
游离腐植酸含量	≥3.0%	≥30 g/L
大量元素含量	≥20.0%	≥200 g/L
水不溶物含量	≤5.0%	≤50 g/L
pH(1∶250 倍稀释)	4.0~10.0	
水分(H_2O)	≤5.0%	—

注:大量元素含量指总 N、P_2O_5、K_2O 含量之和。产品应至少包含两种大量元素。单一大量元素含量不低于 2.0%(20 g/L)。

含腐植酸水溶肥料(微量元素型),只有固体剂型。产品技术指标应符合表 7-32 要求。

表 7-32　含腐植酸水溶肥料(微量元素型)技术指标

项目	指标
游离腐植酸含量	≥3.0%
微量元素含量	≥6.0%
水不溶物含量	≤5.0%
pH(1∶250 倍稀释)	4.0~10.0
水分(H_2O)	≤5.0%

注:微量元素含量指铜、铁、锰、锌、硼、钼元素含量之和。产品应至少包含一种微量元素。含量不低于 0.05% 的单一微量元素均应计入微量元素含量中。钼元素含量不高于 0.5%。

③ 有机水溶肥料。这是采用有机废弃物原料经过处理后提取有机水溶原料,再与氮、磷、钾大量元素以及钙、镁、锌、硼等中微量元素复配,研制生产的全水溶、高浓缩、多功能、全营养的增效型水溶肥料产品。目前,农业农村部还没有统一的登记标准,其活性有机物质一般包括腐植酸、黄腐酸、氨基酸、海藻酸、甲壳素等。目前,农业农村部登记有 100 多个品种,有机质含量均在 20~500 g/L 以上,水不溶物小于 20 g/L。

2. 水溶性肥料的施用

水溶性肥料不但配方多样而且使用方法十分灵活,一般有三种:

(1) 灌溉施肥或土壤浇灌　通过土壤浇水或者灌溉的时候,先行混合在灌溉水中,这样可以让植物根部全面地接触到肥料,通过根的呼吸作物把化学营养元素运输到植株的各个组织中。

利用水溶性肥料与节水灌溉相结合的方法施肥,即灌溉施肥或水肥一体化,水肥同施,以水带肥让作物根系同时全面接触水肥,水肥耦合,可以节水节肥、节约劳动力。灌溉施肥或水肥一体化适合用于极度缺水地区、规模化种植的农场,以及在高品质高附加值的作物上,是今后现代农业技术发展的重要措施之一。

水溶性肥料随同滴灌、喷灌施用,是目前生产中最为常见的方法。施用时应注意以下事项:

① 掐头去尾。先滴清水,等管道充满水后加入肥料,以避免前段无肥;施肥结束后立刻滴清水 20~30 min,将管道中残留的肥液全部排出(可用电导率仪监测是否彻底排出);如不洗管,可能会在滴头处生长青苔、藻类等低等植物或微生物,堵塞滴头,损坏设备。

② 防止地表盐分积累。大棚或温室长期用滴灌施肥,会造成地表盐分累积,影响根系生长。可采用膜下滴灌抑制盐分向表层迁移。

③ 做到均匀。注意施肥的均匀性,滴灌施肥原则上施肥越慢越好。特别是对在土壤中移动性差的元素(如磷),延长施肥时间,可以极大地提高难移动养分的利用率。在旱季滴灌施肥,建议施肥时间 2~3 h 完成。在土壤不缺水的情况下,在保证均匀度的前提下,越快越好。

④ 避免过量灌溉。以施肥为主要目的的灌溉,达到根层深度湿润即可。不同的作物根层深度差异很大,可以用铲随时挖开土壤了解根层的具体深度。过量灌溉不仅浪费水,还会使养分渗析到根层以下,作物不能吸收,浪费肥料;特别是尿素、硝态氮肥(如硝酸钾、硝酸铵钙、硝基磷肥及含有硝态氮的水溶性肥)极容易随水流失。

⑤ 配合施用。水溶肥料为速效肥料,只能作为追肥。特别是在常规的农业生产中,水溶肥是不能替代其他常规肥料的。因此,在农业生产中绝不能采取以水溶肥替代其他肥料的做法,而要采取基肥与追肥相结合、有机肥与无机肥相结合、水溶肥与常规肥相结合的做法,这有利于降低成本,发挥各种肥料的优势。

⑥ 安全施用,防止烧伤叶片和根系。水溶性肥料施用不当,特别是随同喷灌和微喷一同施用时,极容易出现烧叶、烧根的现象。根本原因就是肥料浓度过高。因此,在调配肥料浓度时,要严格按照说明书的浓度调配。但是,由于不同地区的水源盐分不同,同样的浓度在个别地区也可能发生烧伤叶片和根系的现象。生产中最保险的办法,就是通过肥料浓度试验,找到本地区适宜的肥料浓度。

(2) 叶面施肥　把水溶性肥料先行稀释溶解于水中进行叶面喷施,或者与非碱性农药一起溶于水中进行叶面喷施,肥料养分通过叶面气孔进入植株内部。一些幼嫩的植物或者根系不太好的作物出现缺素症状时,叶面施肥是最佳选择。叶面施肥极大地提高了肥料吸收利用效率,节约了植物营养元素在植物内部的运输过程。叶面喷施应注意以下几点:

① 喷施浓度。喷施浓度以既不伤害作物叶面,又可节省肥料,提高功效为目标。一般可参考肥料包装上推荐的浓度,每公顷喷施 600~750 kg 溶液。

② 喷施时期。喷施时期多数在苗期、花蕾期和生长盛期。溶液湿润叶面时间要求能维持 0.5~1 h,一般选择傍晚无风时喷施。

③ 喷施部位。应重点喷洒上、中部叶片,尤其是多喷洒叶片反面。若为果树则应重点喷洒新梢和上部叶片。

④ 增添助剂。为提高肥液在叶片上的黏附力,延长肥液湿润叶片时间,可在肥料溶液中加入助剂(如中性洗衣粉、肥皂粉等),提高肥料利用率。

⑤ 混合喷施。为提高喷施效果,可将多种水溶肥料混合或肥料与农药混合喷施,但应注意营养元素之间的关系、肥料与农药之间是否有害。

(3) 无土栽培　在一些沙漠地区或者极度缺水的地方,人们往往用滴灌和无土栽培技术来节约灌溉水并提高劳动生产效率。这时植物所需要的营养可以通过水溶性肥料来获得,即节约了用水,又节省了劳动力。

(4) 浸种蘸根　常用于浸种蘸根的水溶性肥料主要是微量元素水溶肥料、含氨基酸水溶肥料、含腐植酸水溶肥料。浸种浓度:微量元素水溶肥料为0.01%~0.1%;含氨基酸水溶肥料、含腐植酸水溶肥料0.01%~0.05%。水稻、甘薯、蔬菜等移栽作物可用含腐植酸水溶肥料进行浸根、蘸根等,浸根浓度:0.05%~0.1%;蘸根浓度:0.1%~0.2%。

技能训练

水溶肥料的科学选择与识别

(1) 基本原理　目前市场上水溶肥料品种繁多、鱼目混珠、假冒伪劣产品泛滥,怎样科学选择适合当地作物的水溶肥料,来提高作物产量、增加农户收入,是农户遇到的首要问题。在了解水溶性肥料类型的基础上,选择优质的水溶性肥料,并根据区域作物效益,结合不同的灌溉方式与作物经济效益,选择合理价位的水溶性肥料产品,进而实现作物全生育期的施肥套餐组合。

(2) 材料用具　各种类型的水溶肥料、当地作物类型。

(3) 训练规程

① 根据产品包装的规范性进行选择。对水溶性肥料产品的选择,首先需要根据其产品包装的规范性,选择优质的肥料产品,具体方法如下:

第一,要看包装袋上大量元素与微量元素养分的含量。对于符合农业农村部登记的水溶性肥料,以大量元素水溶肥料为例,依据其登记标准,氮、磷、钾三元素单一养分含量不能低于4%,三者之和不能低于50%;微量元素含量指铜、铁、锰、锌、硼、钼元素含量之和,产品应至少包含一种微量元素,含量不低于0.05%(0.5 g/L)的单一微量元素均应计入微量元素含量中,但微量元素总含量不低于0.2%(2 g/L),钼含量不高于0.5%(5 g/L)。符合以上标准的,才是正规产品。对于硝基复合肥产品,其包装上除了标注氮、磷、钾养分含量外,还应标注硝态氮的养分含量指标。

第二,要看包装袋上各种具体养分的标注。高品质的水溶性肥料保证成分标识都非常清楚,而且都是单一标注,这样养分含量明确,可以放心使用。

第三,看产品配方和登记作物。高品质的水溶性肥料,一般配方种类丰富,从苗期到采收期都能找到适宜的配方。正规的肥料登记作物是一种或几种,对于没有登记的作物需要各地使用经验说明。

第四,要看有无产品执行标准、产品通用名称和肥料登记证号。市场上通常说的全水溶性肥料,实际上产品通用名称是大量元素水溶肥料,通用的执行标准是 NY 1107—2010,

目前尚没有 GB 开头的标准。另外可通过农业农村部官网查询肥料登记证号的真假加以判断。

第五，要看有无防伪标志。一般正规厂家生产的全水溶肥料，在包装袋上都有防伪标识，它是肥料的身份证，每包肥料上的防伪标识都是不一样的，刮开后在网上或打电话输入数字后便可知道肥料真假。

第六，要看包装袋上是否标注重金属含量。正规生产厂家生产的水溶性肥料，重金属含量都低于农业农村部行业标准，且有明显的标注。

② 根据产品特性进行选择。在选择固体水溶性肥料产品时，可通过溶解性、颗粒外观及燃烧情况进行判别。通常将肥料放入水中溶解，高品质的水溶性肥料产品在水中溶解迅速，溶液澄清且无残渣及沉淀物。质量好的水溶性肥料产品，颗粒均匀，呈结晶状。

对液体水溶性肥料产品的选择：目前市场上液体水溶性肥料主要有含腐植酸水溶肥料、含氨基酸水溶肥料、大量元素水溶肥料、中量元素水溶肥料、微量元素水溶肥料、有机水溶肥料六种。主要从看、称、闻、冷冻和检验五个方面进行判别。

一是看产品物理状态。好的液体水溶性肥料，澄清透明，洁净无杂质，而悬浮肥料氨基酸、腐植酸等黑色溶液虽不透明，但仔细观察，好的产品倒置后没有沉淀。

二是称产品重量。行业标准，每种产品都有最低营养元素含量要求，液体肥料中每种营养元素含量以"g/L"为单位，因此可用比重大小进行衡量。合格的氨基酸、腐植酸、有机水溶肥料相对密度一般都在 1.25 以上，大、中、微量元素水溶肥料相对密度一般在 1.35 以上。

三是闻产品气味。好的产品没有明显气味。

四是通过冷冻，检验产品稳定性。好的产品放置在冰箱里速冻 24 h 不会分层、结晶。

五是检测产品性质。如用 pH 试纸检测酸度，好的产品 pH 接近中性或呈弱酸弱碱性。

③ 考虑市场效益需求与施肥技术水平。市场需求的构成要素有两个：一是消费者愿意购买，二是消费者有支付能力，两者缺一不可。市场需求是水溶性肥料产品配方设计最根本的出发点。分析新产品的市场需求，主要是估计市场规模大小及产品潜在需求量，因此必须了解：目标市场区域；目标范围市场内主要种植的作物；主要种植作物在生产中常见的问题、缺素症状；主要作物的肥料施用情况；主要作物的经济效益及其栽培过程中农民施用水溶性肥料的可能性及施用时期；目标市场已经在销售的水溶性肥料信息，包括品牌、价格、规格及推广作物等。

对于一些作物的小农户，由于作物的附加值高，农户舍得投入，针对这类农户，可以选择高度复合化的完全水溶性肥料产品，并根据作物不同生育期养分需求情况，选择高氮、高磷、高钾和平衡型水溶性肥料产品。

对于施肥技术水平较高、种植规模较大的农户，应该结合其生产需要，考虑其肥料高效化、施肥机械化、组合专业化、水肥一体化、配方简单化、产品差异化、功能多样化、生态环保化、成本节约化的需求，选择提供水溶性基础原料配方产品。

④ 根据灌溉施肥方式与作物产值进行套餐搭配。水溶性肥料主要用于生长期追肥，仅需针对作物生长后期的养分调控进行选择，基本原则是：以氮定磷、钾，主要考虑到氮在土壤

中非常活跃,容易发生淋洗、氨挥发、径流损失、硝化反硝化、土壤固持等现象,而磷、钾在土壤中比较稳定,因此常常根据基肥种类进行组合搭配(表 7-33)。

表 7-33　用作基肥和追肥不同肥料种类

基肥	追肥
生物有机肥 / 复合微生物肥料	水溶性肥料(根外追施、滴灌、冲施)
作物专用肥 / 缓控释肥	水溶性专用肥 / 复混肥
有机 – 无机复混肥	液体有机肥
土壤调理剂	硝基肥
普通有机肥	—

确定追肥种类后,需要结合不同作物的灌溉施肥方式进行水溶肥料的选择。如对滴灌、喷灌施肥,一般选择完全水溶性肥料产品;对于冲施和沟灌施肥,一般可以选择硝基肥或者水溶性基础原料肥;而对于叶面喷施,一般可以选择含氨基酸、腐植酸、有机水溶肥料等。在确定好可以选择的肥料产品种类之后,最后根据作物的产值情况,选择其能够承受价位的肥料产品(表 7-34)。

表 7-34　我国主要作物经济效益情况及适用的水溶性肥料品种

肥料品种	适宜作物	每公顷产值 / 万元
水溶性基础原料肥:尿素、硝酸铵钙、磷酸二铵、氯化钾等	大田作物:小麦、玉米、甘蔗、甜菜等	≤4.5
	大田作物:马铃薯、棉花等	4.5~9.0
	果树:苹果、葡萄、香蕉、菠萝、蜜柚等	9.0~18.0
	设施园艺作物:番茄、草莓、反季节设施蔬菜	≥18.0
水溶性硝基肥	大田作物:马铃薯、棉花等	4.5~9.0
	果树:苹果、葡萄、香蕉、菠萝、蜜柚等	9.0~18.0
	设施园艺作物:番茄、草莓、反季节设施蔬菜	≥18.0
营养型水溶肥料	果树:苹果、葡萄、香蕉、菠萝、蜜柚等	9.0~18.0
	设施园艺作物:番茄、草莓、反季节设施蔬菜	≥18.0
功能型水溶肥料	大田作物、蔬菜、果树等	均可

任务巩固

1. 简述营养型水溶肥料的主要技术指标。
2. 简述功能型水溶肥料的主要技术指标。
3. 简述水溶肥料的合理施用。

　　获得农业技术员、农作物植保员等中级资格证书,需具备以下知识和能力:

1. 常见化学肥料的性质与合理施用技术;

2. 常见有机肥料的性质与合理施用技术;

3. 常见微生物肥料的性质与合理施用技术;

4. 常见水溶肥料的性质与合理施用技术;

5. 当地常见化学肥料的识别与鉴定。

项目八　科学施肥新技术应用

项目导读

　　随着我国现代农业对农产品质量安全、农业生态环境的重视,测土配方施肥技术、水肥一体化技术、化肥减量增效技术等被大量推广利用。

任务 8.1　作物测土配方施肥技术

任务目标

　　■ 知识目标:了解测土配方施肥技术的目标和基本原则,熟悉测土配方施肥基本方法和主要内容。

　　■ 能力目标:根据案例能熟悉当地主要作物测土配方施肥技术。

知识学习

　　测土配方施肥技术是综合运用现代农业科技成果,以肥料田间试验和土壤测试为基础,根据作物需肥规律、土壤供肥性能和肥料效应,在合理施用有机肥料的基础上,科学提出氮、磷、钾及中、微量元素等肥料的施用品种、数量、施肥时期和施用方法的一套施肥技术体系。

　　1. 测土配方施肥技术的目标

　　有效全面实施测土配方施肥技术,能够达到 5 个方面的目标。

　　(1) 高产目标　即通过该项技术使作物单产水平在原有水平上有所提高,在当前生产条件下能最大限度地发挥作物的生产潜能。

　　(2) 优质目标　通过该项技术实施作物的营养均衡,使作物在产品品质上得到明显改善。

　　(3) 高效目标　即做到合理施肥、养分配比平衡、分配科学,提高肥料利用率,降低生产成本,提高产投比,施肥效益明显增加。

　　(4) 生态目标　即通过测土配方施肥技术,减少肥料的挥发、流失等损失,减轻对地下水、土壤、水源、大气等的污染,从而保护农业生态环境。

　　(5) 改土目标　即通过有机肥和化肥配合施用,实现耕地用养平衡,在逐年提高产量的同时,使土壤肥力得到不断提高,达到培肥土壤、提高耕地综合生产能力的目标。

2. 测土配方施肥技术的基本原则

推广测土配方施肥技术在遵循养分归还学说、最小养分律、报酬递减率、因子综合作用律、必需营养元素同等重要律和不可代替律、作物营养关键期等基本原理的基础上,还需要掌握以下基本原则。

(1) 氮、磷、钾相配合 氮、磷、钾相配合是测土配方施肥技术的重要内容。随着产量的不断提高,在土壤高强度消耗养分的情况下,必须强调氮、磷、钾相互配合,并补充必要的微量元素,才能获得高产稳产。

(2) 有机肥料与无机肥料相结合 实施测土配方施肥技术必须以有机肥料施用为基础。增施有机肥料可以增加土壤有机质含量,改善土壤理化性状,提高土壤保水保肥能力,增强土壤微生物的活性,促进化肥利用率的提高。因此,必须坚持多种形式的有机肥料投入,培肥地力,实现农业可持续发展。

(3) 大量、中量、微量元素配合 各种营养元素的配合是测土配方施肥技术的重要内容。随着产量的不断提高,在耕地高度集约利用的情况下,必须进一步强调氮、磷、钾肥的相互配合,并补充必要的中量、微量元素,才能获得高产稳产。

(4) 用地与养地相结合,投入与产出相平衡 要使作物—土壤—肥料形成物质和能量的良性循环,必须坚持用养结合,投入产出相平衡,维持或提高土壤肥力,增强农业可持续发展的能力。

3. 测土配方施肥技术的基本方法

我国测土配方施肥技术的方法归纳为三大类六种:第一类,地力分区(级)配方法;第二类,目标产量配方法,其中包括养分平衡法和地力差减法;第三类,田间试验配方法,其中包括养分丰缺指标法、肥料效应函数法和氮磷钾比例法。在确定施肥量的方法中以养分丰缺指标法、养分平衡法和肥料效应函数法应用较为广泛。

(1) 地力分区(级)配方法 地力分区(级)配方法是根据土壤肥力高低分成若干等级或划出肥力相对均等的田块,作为一个配方区,利用土壤普查资料和肥料田间试验成果,结合群众的实践经验估算出这一配方区内比较适宜的肥料种类及施用量。

(2) 目标产量配方法 包括养分平衡法和地力差减法。

① 养分平衡法是以作物目标产量所需养分量与土壤供应养分量的差额作为施肥的依据,以达到养分收支平衡的目的。

$$施肥量 = \frac{(目标产量所需养分总量 - 土壤供肥量)}{肥料中养分含量 \times 肥料当季利用率}$$

② 地力差减法是以目标产量减去地力产量,即施肥后增加的产量为依据,计算肥料需要量可按下列公式计算:

$$肥料需要量 = \frac{作物单位产量养分吸收量 \times (目标产量 - 空白田产量)}{肥料中所含养分 \times 肥料当季利用率}$$

(3) 田间试验配方法包括养分丰缺指标法、肥料效应函数法和氮磷钾比例法

① 肥料效应函数法是以田间试验为基础,采用回归分析,将不同处理得到的产量和相应的施肥量进行数理统计,求得在供试条件下作物产量与施肥量之间的数量关系,即肥料效

应函数或肥料效应方程式。从肥料效应方程式中不仅可以直观地看出不同肥料的增产效应和两种肥料配合施用的交互效应,而且还可以通过它计算出最大施肥量和最佳施肥量,作为配方施肥决策的重要依据。

② 养分丰缺指标法。在一定区域范围内,土壤速效养分的含量与作物吸收养分的数量之间有良好的相关性,利用这种关系,可以把土壤养分的测定值按照一定的级差划分养分丰缺等级,提出每个等级的施肥量。

③ 氮磷钾比例法。通过田间试验可确定在不同地区、不同作物、不同地力水平和产量水平下氮、磷、钾三要素的最适用量,并计算三者比例。实际应用时,只要确定其中一种养分用量,然后按照比例就可确定其他养分用量。

4. 测土配方施肥技术的主要内容

除在土壤样品采集中农民朋友可自行采集外,其余工作环节均需专业技术人员完成。

(1) 野外调查　资料收集整理与野外定点采样调查相结合,典型农户调查与随机抽样调查相结合,通过广泛深入的野外调查和取样地块农户调查,掌握耕地的地理位置、自然环境、土壤状况、生产条件、农户施肥情况以及耕作制度等基本信息,以便有的放矢地开展测土配方施肥技术工作。

(2) 田间试验　此试验是获得各种作物最佳施肥量、施肥时期、施肥方法的根本途径,也是筛选、验证土壤养分测试技术、建立施肥指标体系的基本环节。通过田间试验,掌握各个施肥单元不同作物的优化施肥量,基、追肥分配比例,以及施肥时期和施肥方法;摸清土壤养分校正系数、土壤供肥量、农作物需肥参数和肥料利用率等基本参数;构建作物施肥模型,作为施肥分区和肥料配方的依据。

(3) 土壤测试　此测试是肥料配方的重要依据之一。随着我国种植业结构不断调整,高产作物品种不断涌现,施肥结构和数量发生了很大的变化,土壤养分库也发生了明显改变。通过开展土壤氮、磷、钾及中、微量元素养分测试,了解土壤供肥能力状况。

(4) 配方设计　肥料配方设计是测土配方施肥技术的核心。通过总结田间试验、土壤养分数据等,划分不同施肥分区;同时,根据气候、地貌、土壤、耕作制度等的相似性和差异性,结合专家经验,提出不同作物的施肥配方。

(5) 校正试验　为保证肥料配方的准确性,最大限度地减少配方肥料批量生产和大面积应用的风险,在每个施肥分区单元设置配方施肥、农户习惯施肥、空白施肥三个处理,以当地主要作物及其主栽品种为研究对象,对比配方施肥的增产效果,校验施肥参数,验证并完善肥料施用配方,改进测土配方施肥技术参数。

(6) 配方加工　配方落实到农户田间是提高和普及测土配方施肥技术的关键环节。根据各地主要作物品种的面积、区划,对已研制的合理配方,按照"大配方、小调整"的原则,充分考虑批量化生产的可行性,优化肥料配方,指导企业生产供应配方肥,指导农民科学合理施用配方肥。

(7) 示范推广　为促进测土配方施肥技术能够落实到田间地点,怎样解决测土配方施肥技术市场化运作的难题,并让广大农民亲眼看到实际效果,是限制测土配方施肥技术推广的"瓶颈"。建立测土配方施肥示范区,为农民创建窗口,树立样板,全面展示测土配方施肥技术效果。将测土配方施肥技术物化成产品,打破技术推广"最后一千米"的"坚冰"。

(8) 宣传培训   测土配方施肥技术宣传培训是提高农民科学施肥意识,普及技术的重要手段。农民是测土配方施肥技术的最终使用者,因此,迫切需要向农民传授科学施肥方法和模式;同时还要加强对各级技术人员、肥料生产企业、肥料经销商的系统培训,逐步建立技术人员和肥料经销人员持证上岗制度。

(9) 数据库建设   运用计算机技术、地理信息系统和全球卫星定位系统,按照规范化测土配方施肥数据字典,以野外调查、农户施肥状况调查、田间试验和分析化验数据为基础,整理历年土壤肥料田间试验和土壤监测数据资料,建立不同层次、不同区域的测土配方施肥数据库。

(10) 效果评价   农民是测土配方施肥技术的最终执行者和落实者,也是最终受益者。检验测土配方施肥的实际效果,需要及时获得农民的反馈信息,不断完善管理体系、技术体系和服务体系。同时,为科学地评价测土配方施肥的实际效果,必须对一定的区域进行动态调查。

(11) 技术创新   这是保证测土配方施肥技术长效性的科技支撑。重点开展田间试验方法、土壤养分测试技术、肥料配制方法、数据处理方法等方面的创新研究工作,不断提升测土配方施肥技术水平。

5. 测土配方施肥技术的配方确定

根据当前我国采用测土配方施肥技术的经验,肥料配方设计的核心是对肥料用量的确定。肥料配方设计首先确定氮磷钾养分的用量,然后确定相应的肥料组合,通过提供配方肥料或发放配肥通知单,指导农民使用。肥料用量的确定方法主要包括土壤与植株测试推荐施肥方法、肥料效应函数法和养分平衡法。

(1) 土壤、植株测试推荐施肥方法   该技术综合了目标产量法、养分丰缺指标法和作物营养诊断法的优点。对于大田作物,在综合考虑有机肥、作物秸秆应用和管理措施的基础上,根据氮磷钾和中微量元素养分的不同特征,采取不同的养分优化调控与管理策略。其中,氮素推荐根据土壤供氮状况和作物需氮量,进行实时动态监测和精确调控,包括基肥和追肥的调控;磷钾肥通过土壤测试和养分平衡进行监控;中微量元素采用因缺补缺的矫正施肥策略。该技术包括氮素实时监控、磷钾养分衡量监控和中微量元素养分矫正施肥技术。

① 氮素实时监控施肥技术。根据目标产量确定作物需氮量,以需氮量的 30%~60% 作为基肥用量。具体基施比例根据土壤全氮含量,同时参照当地丰缺指标来确定。一般在全氮含量偏低时,采用需氮量的 50%~60% 作为基肥;在全氮含量居中时,采用需氮量的 40%~50% 作为基肥;在全氮含量偏高时,采用需氮量的 30%~40% 作为基肥。30%~60% 基肥比例可根据上述方法确定,并通过"3414"田间试验进行校验,建立当地不同作物的施肥指标体系。

氮肥追肥用量推荐以作物关键生育期的营养状况诊断或土壤硝态氮的测试为依据。这是实现氮肥准确推荐的关键环节,也是避免过量施氮或施氮不足、提高氮肥利用率和减少损失的重要措施。测试项目主要是土壤全氮、土壤硝态氮。此外,可以通过诊断小麦拔节期茎基部硝酸盐浓度、玉米最新展开叶脉中部硝酸盐浓度来了解作物氮素情况,水稻则采用叶色卡或叶绿素仪进行叶色诊断。

② 磷钾养分恒量监控施肥技术。根据土壤有效磷、速效钾含量水平,以土壤有效磷、速效钾养分不成为实现目标产量的限制因子为前提,通过土壤测试和养分平衡监控,使土壤有效磷、速效钾含量保持在一定范围内。对于磷肥,基本思路是根据土壤有效磷测试结果和养分丰缺指标进行分级,当有效磷水平处在中等偏上时,可以将目标产量需要量(只包括带出田块的收获物)的 100%~110% 作为当季磷用量;随着有效磷含量的增加,需要减少磷用量,直至不施;而随着有效磷的降低,需要适当增加磷用量;在极缺磷的土壤上,可以施到需要量的 150%~200%。在 2~4 年后再次测土时,根据土壤有效磷和产量的变化再对磷肥用量进行调整。钾肥首先需要确定施用钾肥是否有效,再参照上面方法确定钾肥用量,但需要考虑有机肥和秸秆还田带入的钾量。一般大田作物磷钾肥料全部做基肥。

③ 中微量元素养分矫正施肥技术。中微量元素养分的含量变幅大,作物对其需要量也各不相同。中微量元素养分的含量主要与土壤特性(尤其是母质)、作物种类和产量水平等有关。通过土壤测试评价土壤中微量元素养分的丰缺状况,进行有针对性的因缺补缺的矫正施肥。

(2) 肥料效应函数法

常以"3414"肥料试验为依据进行确定。根据"3414"方案田间试验结果建立当地主要作物的肥料效应函数,直接获得某一区域、某种作物的氮磷肥料的最佳施用量,为肥料配方和施肥推荐提供依据。其具体操作参照有关试验设计与统计技术资料。

(3) 养分平衡法 根据作物目标产量需肥量与土壤供肥量之差估算目标产量的施肥量,通过施肥实践土壤供应不足的那部分养分。施肥量(kg/hm²)的计算公式为:

$$施肥量 = \frac{目标产量所需养分总量 - 土壤供肥量}{肥料中养分含量 \times 肥料当季利用率}$$

养分平衡法涉及目标产量、作物需肥量、土壤供肥量、肥料利用率和肥料中有效养分含量五大参数。土壤供肥量为"3414"方案中处理 1 的作物养分吸收量。目标产量确定后因土壤供肥量的确定方法不同,可用目标产量与基础产量之差来计算需要养分量,如下:

$$施肥量 = \frac{(目标产量 - 基础产量) \times 单位经济产量养分吸收量}{肥料中养分含量 \times 肥料利用率}$$

基础产量即为"3414"方案中处理 1 的产量。

也可以通过土壤有效养分校正系数来计算施肥量。其计算公式为:

$$施肥量 = \frac{(作物单位产量养分吸收量 - 目标测试值) \times 有效养分校正系数}{肥料中养分含量 \times 肥料利用率}$$

① 目标产量(kg)可采用平均单产法来确定。平均单产法是利用施肥区前 3 年平均单产和年递增率为基础确定目标产量,其计算公式是:

$$目标产量 = (1 + 递增率) \times 前 3 年平均单产$$

一般粮食作物的递增率以 10%~15% 为宜,蔬菜、果树等经济作物的递增率以 15% 为宜。

② 作物需肥量通过对正常成熟的农作物全株养分的化学分析,测定各种作物 100 kg 经济产量所需养分量(kg),即可获得作物需肥量。

$$作物目标产量所需养分量 = \frac{目标产量}{100} \times 100\,kg\,产量所需养分$$

如果没有试验条件,常见作物平均100 kg经济产量吸收的养分量也可参考表8-1、表8-2、表8-3进行确定。

③土壤供肥量可以通过测定基础产量、土壤有效养分校正系数两种方法估算。

表8-1　不同大田作物形成100 kg经济产量所需养分　　　　　　kg

大田作物	收获物	N	P$_2$O$_5$	K$_2$O
水稻	稻谷	2.1~2.4	1.25	3.13
冬小麦	籽粒	3.00	1.25	2.50
春小麦	籽粒	3.00	1.00	2.50
大麦	籽粒	2.70	0.90	2.20
荞麦	籽粒	3.30	1.60	4.30
玉米	籽粒	2.57	0.86	2.14
谷子	籽粒	2.50	1.25	1.75
高粱	籽粒	2.60	1.30	3.00
甘薯	块根	0.35	0.18	0.55
马铃薯	块茎	0.50	0.20	1.06
大豆	豆粒	7.20	1.80	4.00
豌豆	豆粒	3.09	0.86	2.86
花生	荚果	6.80	1.30	3.80
棉花	籽棉	5.00	1.80	4.00
油菜	菜籽	5.80	2.50	4.30
芝麻	籽粒	8.23	2.07	4.41
烟草	鲜叶	4.10	0.70	1.10
大麻	纤维	8.00	2.30	5.00
甜菜	块根	0.40	0.15	0.60

表8-2　不同果树形成100 kg经济产量所需养分　　　　　　kg

果树名称	收获物	N	P$_2$O$_5$	K$_2$O
苹果树	果实	0.30~0.34	0.08~0.11	0.21~0.32
梨树	果实	0.4~0.6	0.1~0.25	0.4~0.6
桃树	果实	0.4~1.0	0.2~0.5	0.6~1.0
枣树	果实	1.5	1.0	1.3
葡萄	果实	0.75	0.42	0.83
猕猴桃	果实	1.31	0.65	1.50
板栗树	果实	1.47	0.70	1.25

果树名称	收获物	N	P₂O₅	K₂O
杏树	果实	0.53	0.23	0.41
核桃树	果实	1.46	0.19	0.47
李子树	果实	0.15~0.18	0.02~0.03	0.3~0.76
石榴树	果实	0.3~0.6	0.1~0.3	0.3~0.7
樱桃树	果实	1.04	0.14	1.37
柑橘	果实	0.12~0.19	0.02~0.03	0.17~0.26
脐橙	果实	0.45	0.23	0.34
荔枝	果实	1.36~1.89	0.32~0.49	2.08~2.52
龙眼	果实	1.3	0.4	1.1
芒果	果实	0.17	0.02	0.20
枇杷	果实	0.11	0.04	0.32
菠萝	果实	0.38~0.88	0.11~0.19	0.74~1.72
香蕉	果实	0.95~2.15	0.45~0.6	2.12~2.25
西瓜	果实	0.29~0.37	0.08~0.13	0.29~0.37
甜瓜	果实	0.35	0.17	0.68
草莓	果实	0.6~1.0	0.25~0.4	0.9~1.3

表 8-3 不同蔬菜形成 100 kg 经济产量所需养分

kg

蔬菜名称	收获物	N	P₂O₅	K₂O
大白菜	叶球	1.8~2.2	0.4~0.9	2.8~3.7
小油菜	全株	2.8	0.3	2.1
结球甘蓝	叶球	3.1~4.8	0.5~1.2	3.5~5.4
花椰菜	花球	10.8~13.4	2.1~3.9	9.2~12.0
芹菜	全株	1.8~2.6	0.9~1.4	3.7~4.0
菠菜	全株	2.1~3.5	0.6~1.8	3.0~5.3
莴苣	全株	2.1	0.7	3.2
番茄	果实	2.8~4.5	0.5~1.0	3.9~5.0
茄子	果实	3.0~4.3	0.7~1.0	3.1~4.6
辣椒	果实	3.5~5.4	0.8~1.3	5.5~7.2
黄瓜	果实	2.7~4.1	0.8~1.1	3.5~5.5
冬瓜	果实	1.3~2.8	0.5~1.2	1.5~3.0
南瓜	果实	3.7~4.8	1.6~2.2	5.8~7.3
架芸豆	豆荚	3.4~8.1	1.0~2.3	6.0~6.8
豇豆	豆荚	4.1~5.0	2.5~2.7	3.8~6.9
胡萝卜	肉质根	2.4~4.3	0.7~1.7	5.7~11.7

蔬菜名称	收获物	N	P₂O₅	K₂O
萝卜	肉质根	2.1~3.1	0.8~1.9	3.8~5.1
大蒜	鳞茎	4.5~5.1	1.1~1.3	1.8~4.7
韭菜	全株	3.7~6.0	0.8~2.4	3.1~7.8
大葱	全株	1.8~3.0	0.6~1.2	1.1~4.0
洋葱	鳞茎	2.0~2.7	0.5~1.2	2.3~4.1
生姜	块茎	4.5~5.5	0.9~1.3	5.0~6.2
马铃薯	块茎	4.7	1.2	6.7

通过基础产量估算(处理 1 产量):不施养分区作物所吸收的养分量作为土壤供肥量(kg)。

$$土壤供肥量 = \frac{不施养分区农作物产量}{100} \times 100 \, kg \, 产量所需养分量$$

通过土壤有效养分校正系数估算:将土壤有效养分测定值乘一个校正系数,以表达土壤"真实"供肥量。该系数称为土壤有效养分校正系数(%)。

$$土壤有效养分校正系数 = \frac{缺素区作物地上部分吸收该元素量}{该元素土壤测定值 \times 0.15}$$

④ 肥料利用率。一般通过差减法来计算:利用施肥区作物吸收的养分量减去不施肥区农作物吸收的养分量,其差值视为肥料供应的养分量,再除以所用肥料养分量就是肥料利用率。

$$肥料利用率 = \frac{施肥区农作物吸收养分量 - 缺素区农作物吸收养分量}{肥料施用量 \times 肥料中养分含量} \times 100\%$$

上述公式以计算氮肥利用率为例来进一步说明。施肥区(NPK 区)农作物吸收养分量(kg/hm²):"3414"方案中处理 6 的作物总吸氮量;缺氮区(PK 区)农作物吸收养分量(kg/hm²):"3414"方案中处理 2 的作物总吸氮量;肥料施用量(kg/hm²):施用的氮肥肥料用量;肥料中养分含量(%):施用的氮肥肥料所标明的含氮量。如果同时使用了不同品种的氮肥,应计算所用的不同氮肥品种的总氮量。

如果没有试验条件,常见肥料的利用率也可参考表 8-4。

表 8-4 肥料当年利用率　　　　　　　　　　　　　　　　　　　　%

肥料	利用率	肥料	利用率
堆肥	25~30	尿素	60
一般圈粪	20~30	过磷酸钙	25
硫酸铵	70	钙镁磷肥	25
硝酸铵	65	硫酸钾	50
氯化铵	60	氯化钾	50
碳酸氢铵	55	草木灰	30~40

项目八　科学施肥新技术应用

⑤ 肥料养分含量。供施肥料包括无机肥料和有机肥料。无机肥料、商品有机肥料含量按其标明量,不明养分含量的有机肥料,其养分含量可参照当地不同类型有机肥养分平均含量获得。

技能训练

分别以水稻、黄瓜、苹果为例来说明测土配方施肥应用。其他作物可参考有关书籍或当地农业技术部门的资料。

1. 湖北省双季稻测土配方施肥技术

(1) 湖北省双季稻的测土施肥配方

① 双季稻氮素推荐用量。基于目标产量和地力产量,氮肥用量推荐见表 8-5,基、追肥比例确定见表 8-6。

表 8-5　湖北省双季稻早、晚稻推荐氮肥施用总量　　　　　　　　　　　　　　kg·hm⁻²

地力产量	目标产量 6 000	目标产量 7 500	目标产量 9 000
3 500	150	—	—
4 500	90	150	—
5 500	30	120	225
6 500	—	75	180

表 8-6　湖北省双季稻不同时期氮肥施用比例　　　　　　　　　　　　　　　　　%

氮肥施用时期	早稻	晚稻
基肥	40	45
分蘖肥	25 ± 10	25 ± 10
幼穗分化肥	35 ± 10	30 ± 10
全生育期	80~120	80~120

注:如果叶色卡(LCC)或 SPAD 测定值大于最大临界值,在施肥基数上减去 10%;若低于最小临界值,则在施肥基数上增加 10%;介于最小临界值与最大临界值之间时,按表中列出的基数。叶色卡(LCC)的最小临界值为 3.5,最大临界值为 4;SPAD 的最小临界值为 35,最大临界值为 39。

② 双季稻磷、钾肥恒量监控技术,双季稻磷肥用量的确定见表 8-7,钾肥用量的确定见表 8-8。

表 8-7　湖北省双季稻土壤磷分级及磷肥用量

产量水平 /(kg·hm⁻²)	肥力等级	Olsen-P/(mg·kg⁻¹)	磷肥用量 /(kg·hm⁻²)
4 500	低	<7	60
	较低	7~15	45
	较高	15~20	30
	高	>20	—

产量水平/(kg·hm^{-2})	肥力等级	Olsen-P/(mg·kg^{-1})	磷肥用量/(kg·hm^{-2})
	低	<7	75
6 750	较低	7~15	60
	较高	15~20	45
	高	>20	30
	低	<7	90
7 500	较低	7~15	60
	较高	15~20	30
	高	>20	—
	低	<7	105
9 000	较低	7~15	82.5
	较高	15~20	60
	高	>20	—

表 8-8　湖北省双季稻土壤钾分级机钾肥用量

产量水平/(kg·hm^{-2})	肥力等级	速效钾/(mg·kg^{-1})	钾肥用量/(kg·hm^{-2})
	低	<70	45
4 500	中	70~100	30
	高	>100	0
	低	<70	60
6 000	中	70~100	45
	高	>100	30
	低	<70	90
7 500	中	70~100	60
	高	>100	45
	低	<70	105
9 000	中	70~100	90
	高	>100	75

③ 微量元素推荐用量。缺锌、缺硼地区,在基肥上每公顷补施15 kg硫酸锌和15 kg硼砂。

(2) 湖北省双季稻施肥模式

① 施肥原则。湖北省双季稻施肥主要存在问题包括氮肥用量偏高、前期氮肥用量过大,钾肥用量偏少,有机肥施用少等。基于以上问题,建议施肥原则:控制氮肥总量,调整基、追肥比例,减少前期氮肥用量,强调氮肥分次施用;适当增加钾肥施用;增加有机肥施用。

② 施肥建议。在缺锌、缺硼的地区,在基肥上每公顷增施锌肥和硼肥各 15 kg。基肥施

用比例为：有机肥的 100%，氮肥的 40%~45%，磷肥的 100%，钾肥的 50%~60%。追肥比例为：氮肥的 15%~35%、钾肥的 40%~50% 作为分蘖肥；氮肥的 20%~45% 作为穗肥。

2. 设施黄瓜测土配方施肥技术

（1）施肥量推荐　陈清（2009 年）针对设施黄瓜主产区施肥现状，提出在保证有机肥施用的基础上，氮肥推荐采用总量控制、分期调控技术，磷钾肥推荐采取恒量监控技术。

① 有机肥推荐。一般根据黄瓜目标产量水平及有机肥种类来确定有机肥的施用数量（表 8-9）。

表 8-9　设施黄瓜有机肥推荐用量　　　　　　　　　　　　　　　　　　t·hm^{-2}

种类	目标产量					
	<40	40~80	80~120	120~160	160~200	200~225
畜禽粪等（鲜基）	18~20	20~22	22~25	25~28	28~30	30~32
畜禽粪等（干基）	10~12	12~18	18~20	20~22	22~25	25~28

② 氮肥推荐。设施黄瓜氮肥推荐根据种植前土壤硝态氮含量结合目标产含量确定（表 8-10）。在底肥施足有机肥的基础上（N>300 kg/hm^2）可不基施氮肥，而按生育期追施，每次追肥量范围 60~75 kg/hm^2；结瓜期每 7~10 d 结合灌水追肥一次，不同土壤质地和种植茬口可根据土壤质地和气候条件适当调整（表 8-11）。

表 8-10　不同目标产量设施黄瓜氮肥推荐用量　　　　　　　　　　　kg·hm^{-2}

土壤硝态氮 /(mg·kg^{-1})		目标产量 /(t·hm^{-2})					
		<40	40~80	80~120	120~160	160~200	>200
<60	极低	150~200	200~250	350~400	450~500	550~600	700~750
60~100	低	100~150	150~200	300~350	350~400	500~550	650~700
100~140	中	50~100	100~150	250~300	300~350	450~500	600~650
140~180	高	0~50	50~100	200~250	250~300	350~400	550~600
>180	极高	0	50	150	200	300	450

表 8-11　不同土壤质地黄瓜生育期氮肥追肥推荐次数

土壤质地	1~2 个月	2~3 个月	3~6 个月	10 个月
黏土、黏壤土	1~2 次	1~2 次	2~4 次	6~8 次
壤土	1~2 次	2~4 次	6~10 次	10~12 次
沙壤土	2 次	3~5 次	8~12 次	12~14 次
沙土	2~4 次	8~12 次	12~20 次	14~16 次

③ 磷肥推荐。设施黄瓜磷肥推荐主要考虑土壤磷素供应水平及目标产量（表 8-12）。在基施有机肥的基础上，按磷肥推荐用量底施，或按总量的 2/3 底施，其余在气温较低时期进行追肥。当有机肥施用量 >30 t/hm^2 时，且有效磷处于高和极高水平时，基肥磷肥用量可减少一半，如果条施，其推荐量可相应减少 1/5~1/4。

表 8–12 设施黄瓜磷肥（P_2O_5）推荐用量   kg·hm^{-2}

土壤有效磷 /(mg·kg^{-1})		目标产量 /(t·hm^{-2})					
		<40	40~80	80~120	120~160	160~200	>200
<30	极低	120~150	120~160	200~240	250~320	—	—
30~60	低	90~120	100~120	150~200	200~250	—	—
60~100	中	60~90	60~120	100~150	150~250	200~250	250~300
100~130	高	30~60	40~60	60~90	100~150	150~250	200~250
>130	极高	—	—	—	60~100	100~150	150~250

④ 钾肥推荐。设施黄瓜钾肥推荐主要考虑土壤钾素供应水平及目标产量（表 8–13）。钾肥推荐原则：20%~30% 作基肥，其余在初花期和结瓜期分次追施。当有机肥施用量 >30 t/hm^2 或土壤交换性钾含量高时，不再施用钾肥。当有机肥施用量 <30 t/hm^2 或土壤交换性钾含量低时，则按 20%~30% 作基肥，其余在养分需求关键期分次追施。

表 8–13 设施黄瓜钾肥（K_2O）推荐用量   kg·hm^{-2}

土壤交换性钾 /(mg·kg^{-1})		目标产量 /(t·hm^{-2})					
		<40	40~80	80~120	120~160	160~200	>200
<120	极低	120~210	200~270	435~660	550~700	—	—
120~160	低	45~120	120~200	300~435	510~550	650~800	—
160~200	中	—	45~120	210~300	390~450	510~650	600~700
200~240	高	—	—	120~210	260~350	480~510	420~600
>240	极高	—	—	50	80	100	150

⑤ 中微量元素。设施黄瓜中微量元素采用因缺补缺的方式，对于设施黄瓜而言特别是钙、镁、硼的施用（表 8–14）。

表 8–14 设施黄瓜中微量元素丰缺指标及对应用肥量

元素	提取方法	临界指标 /(mg·kg^{-1})	施用量 /(kg·hm^{-2})
交换性 Ca	醋酸铵	800	石灰 180~225
交换性 Mg	醋酸铵	120	碱性土壤施硫酸镁 100~225 酸性土壤施硫酸镁 105~165
B	沸水	0.5	基施硼砂 7.5~11.25

（2）施肥建议　设施黄瓜用全部有机肥和磷肥作基肥，初花期以控为主，全部的氮肥和钾肥按生育期养分需求定期分 6~8 次追施；每次追施氮肥数量不超过 75 kg/hm^2；秋冬茬和冬春茬的氮钾肥分 6~7 次追肥，越冬长茬的氮钾肥分 8~11 次追肥。如果采用滴灌施肥技术，可采取少量多次的原则，灌溉施肥次数在 15 次左右。

3. 苹果测土配方施肥技术

（1）氮肥总量控制、磷钾肥恒量监控技术　姜远茂等人（2009年）针对苹果主产区施肥现状，提出在保证有机肥施用的基础上，氮肥推荐采用总量控制、分期调控技术，磷钾肥推荐采取恒量监控技术，中微量元素采用因缺补缺技术。

① 有机肥推荐。考虑到果园有机肥水平、产量水平和有机肥种类，苹果树有机肥推荐用量参考表8-15。

表8-15　苹果树有机肥推荐用量　　　　　　　　　　　　　　　t·hm^{-2}

有机质含量/(g·kg^{-1})	产量水平			
	30	45	60	75
>15	15	30	45	60
10~15	30	45	60	75
5~10	45	60	75	—
<5	60	75	—	—

② 氮肥推荐。考虑到土壤供氮能力和苹果产量水平，苹果树氮肥推荐用量参考表8-16。

表8-16　苹果树氮肥推荐用量（N）　　　　　　　　　　　　　kg·hm^{-2}

有机质含量/(g·kg^{-1})	产量水平/(t·hm^{-2})			
	30	45	60	75
<7.5	350~500	450~600	—	—
7.5~10	250~400	350~500	450~600	—
10~15	150~300	250~400	350~500	450~600
15~20	50~150	150~300	250~400	350~500
>20	<50	50~150	150~300	250~400

③ 磷肥推荐。考虑到土壤供磷能力和苹果产量水平，苹果树磷肥推荐用量参考表8-17。

表8-17　苹果树磷肥推荐用量（P$_2$O$_5$）　　　　　　　　　　kg·hm^{-2}

土壤有效磷/(mg·kg^{-1})	产量水平/(t·hm^{-2})			
	30	45	60	75
<15	120~150	150~195	180~240	—
15~30	90~120	120~165	150~210	180~255
30~50	60~90	90~135	120~180	150~225
50~90	30~60	60~105	90~150	120~195
>90	<30	<60	<90	<120

④ 钾肥推荐。考虑到土壤供钾能力和苹果产量水平，苹果树钾肥推荐用量参考表8-18。

表 8-18 苹果树钾肥推荐用量（K₂O） kg·hm⁻²

表 8-18 苹果树钾肥推荐用量(K_2O) kg·hm^{-2}

土壤交换钾 /(mg·kg⁻¹)	产量水平 /(t·hm⁻²)			
	30	45	60	75
<50	300~450	350~600	400~650	—
50~100	250~300	300~450	350~600	400~650
100~150	150~200	250~300	300~450	350~600
150~200	100~150	150~200	250~300	300~450
>200	<100	100~150	150~200	250~300

⑤ 中微量元素因缺补缺。根据土壤分析结果,对照临界指标,如果缺乏则予以矫正(表8-19)。

表 8-19 苹果产区中微量元素丰缺指标及对应肥料用量

元素	提取方法	临界指标 /(mg·kg⁻¹)	基施用量 /(kg·hm⁻²)
锌	DTPA	0.5	硫酸锌:37.5~75.0
硼	沸水	0.5	硼砂:37.5~75.0
钙	醋酸铵	450	硝酸钙:150~300

(2) 施肥建议 化肥分 3~6 次施用,第一次在果实套袋前后(5 月下旬),氮磷钾配合施用,建议施用苹果配方肥(17-10-18);6 月中旬以后建议追肥 2~5 次,前期以氮钾肥为主,增加钾肥用量,建议施用配方肥(20-5-20);后期以钾肥为主,配合少量氮肥。干旱区域建议采用窄沟多沟施肥方法,多雨区域可采用放射沟法或撒施。

土壤缺锌、硼和钙的果园,萌芽前后施用硫酸锌 15~22.5 kg/hm²、硼砂 7.5~15.0 kg/hm²、硝酸钙 300 kg/hm²;在开花期和幼果期可于叶面喷施 0.3% 硼砂、果实套袋前喷 3 次 0.3% 的钙肥。土壤酸化的果园,施用石灰 2 250~3 000 kg/hm² 或硅钙镁肥 750~1 500 kg/hm² 等。

任务巩固

1. 简述测土配方施肥技术的目标和基本原则。
2. 简述测土配方施肥技术的基本方法有哪些?
3. 简述测土配方施肥技术的主要内容有哪些?

任务 8.2 作物水肥一体化技术

任务目标

■ 知识目标:了解水肥一体化技术的优缺点和系统组成,熟悉水肥一体化技术的操作。

■ 能力目标:根据案例能熟悉当地主要作物水肥一体化技术。

2013年农业农村部(原农业部)下发《水肥一体化技术指导意见》,把水肥一体化列为"一号技术"加以推广。水肥一体化技术也称为灌溉施肥技术,是借助压力系统(或地形自然落差),根据土壤养分含量和作物的需肥规律及特点,将可溶性固体或液体肥料配制成的肥液,与灌溉水一起,通过可控管道系统均匀、准确地输送到作物根部土壤,浸润作物根系发育生长区域,使主根根系土壤始终保持疏松和适宜的含水量。通俗地讲,就是将肥料溶于灌溉水中,通过管道在浇水的同时施肥,将水和肥料均匀、准确地输送到作物根部土壤。

1. 水肥一体化技术的优缺点

(1) 优点 水肥一体化技术与传统地面灌溉和施肥方法相比,具有以下优点:一是节水效果明显。如在保护地栽培条件下,滴灌与畦灌相比,每公顷大棚一季节水 1 200~3 600 m^3,节水率为 30%~40%。二是节肥增产效果显著。在作物产量相近或相同的情况下,水肥一体化技术与常规施肥技术相比可节省化肥 30%~50%,并增产 10% 以上。三是减轻病虫草害发生。水肥一体化技术可抑制病菌、害虫的产生、繁殖和传播,并抑制杂草生长,与常规施肥相比每公顷农药用量可减少 15%~30%。四是降低生产成本。水肥一体化技术可明显节省施肥劳力,减少了用于除草和防治病虫害、喷药等的劳动力,大大减轻了水利建设的工程量。五是改善作物品质,可促进作物增产,提高农产品的外观品质和营养品质;通过对水肥的控制可以根据市场需求提早供应市场或延长供应市场。六是便于农作管理。水肥一体化技术只湿润作物根区,其行间空地保持干燥,因而即使是在灌溉的同时,也可以进行其他农事活动,减少了灌溉与其他农作的相互影响。此外还能改善土壤微生态环境、便于精确施肥和标准化栽培、有助于作物适应恶劣环境、适合多种作物。

(2) 缺点 水肥一体化技术在实施过程中还存在如下诸多缺点:易引起堵塞,系统运行成本高;引起盐分积累,污染水源;限制根系发展,降低作物抵御风灾能力;工程造价高,维护成本高。

2. 水肥一体化技术系统组成

水肥一体化技术系统主要有微灌系统和喷灌系统。这里以常用的微灌为例。微灌就是利用专门的灌水设备(滴头、微喷头、渗灌管和微管等),将有压水流变成细小的水流或水滴,湿润作物根部附近土壤的灌水方法。因其灌水器的流量小而称之为微灌,主要包括滴灌、微喷灌、脉冲微喷灌、渗灌等。目前在生产实践中应用广泛且具有比较完整理论体系的主要是滴灌和微喷灌技术。微灌系统主要由水源工程、首部枢纽工程、输水管网、灌水器 4 部分组成(图 8-1)。

(1) 水源工程 在生产中可能的水源有河流水、湖泊、水库水、塘堰水、沟渠水、泉水、井水、水窖(窖)水等,只要水质符合要求,均可作为微灌的水源,但这些水源经常不能被微灌工程直接利用,或流量不能满足微灌用水量要求,此时需要根据具体情况修建一些相应的引水、蓄水或提水工程,统称为水源工程。

(2) 首部枢纽工程 首部枢纽是整个微灌系统的驱动、检测和控制中枢,主要由水泵及动力机、过滤器(水质净化设备)、施肥装置、控制阀门、进排气阀、压力表、流量计等设备组成。

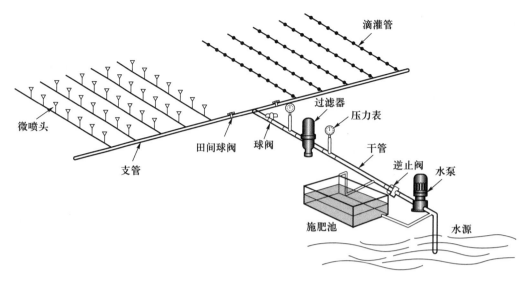

图 8-1　微灌系统组成示意图

其作用是从水源中取水经加压过滤后输送到输水管网中去,并通过压力表、流量计等测量设备监测系统运行情况。

（3）输配水管网　输配水管网的作用是将首部枢纽处理过的水按照要求输送分配到每个灌水单元和灌水器。包括干、支管和毛管三级管道。毛管是微灌系统末级管道,其上安装或连接灌水器。

（4）灌水器　灌水器是微灌系统中的最关键的部件,是直接向作物灌水的设备,其作用是消减压力,将水流变为水滴、细流或喷洒状施入土壤,主要有滴头、滴灌带、微喷头、渗灌滴头、渗灌管等。微灌系统的灌水器大多数用塑料注塑成型。

3. 水肥一体化系统操作

水肥一体化系统操作包括运行前的准备、灌溉操作、施肥操作和结束运行前的操作等。

（1）运行前的准备　运行前的准备工作主要是检查系统是否按设计要求安装到位,检查系统主要设备和仪表是否正常,对损坏或漏水的管段及配件进行修复。

（2）灌溉操作　水肥一体化系统包括单户系统和组合系统。组合系统需要分组轮灌。系统的简繁不同,灌溉作物和土壤条件不同都会影响到灌溉操作。

① 管道充水试运行。在灌溉季节首次使用时,必须进行管道充水冲洗。充水前应开启排污阀或泄水阀,关闭所有控制阀门,在水泵运行正常后缓慢开启水泵出水管道上的控制阀门,然后从上游至下游逐条冲洗管道。充水中应观察排气装置工作是否正常,管道冲洗后应缓慢关闭泄水阀。

② 水泵启动。要保证动力机在空载或轻载下启动。启动水泵前,首先关闭总阀门,并打开准备灌水的管道上所有排气阀排气,然后启动水泵向管道内缓慢充水。启动后观察和倾听设备运转是否有异常声音,在确认启动正常的情况下,缓慢开启过滤器及控制田间所需灌溉的轮灌组的田间控制阀门,开始灌溉。

③ 观察压力表和流量表。观察过滤器前后的压力表读数差异是否在规定的范围内,压

差读数达到 7 m 水柱,说明过滤器内堵塞严重,应停机冲洗。

④ 冲洗管道。新安装的管道(特别是滴灌管)在第一次使用时,要先放开管道末端的堵头,充分放水冲洗各级管道系统,把安装过程中集聚的杂质冲洗干净后,封堵末端堵头,然后才能开始使用。

⑤ 田间巡查。要到田间巡回检查轮灌区的管道接头和管道是否漏水,各个灌水器是否正常。

(3)施肥操作　施肥过程是伴随灌溉同时进行的,施肥操作在灌溉进行 20~30 min 后开始,并确保在灌溉结束前 20 min 以上的时间内结束,这样可以保证对灌溉系统的冲洗和尽可能地减少化学物质对灌水器的堵塞。在施肥操作前要按照施肥方案将肥料准备好,对于溶解性差的肥料可先将肥料溶解在水中。不同的施肥装置在操作细节上有所不同。

(4)轮灌组更替　根据水肥一体化灌溉施肥制度,观察水表水量确定达到要求的灌水量时,更换下一轮灌组地块,注意不要同时打开所有分灌阀。首先打开下一轮灌组的阀门,再关闭第一个轮灌组的阀门,进行下一轮灌组的灌溉,操作步骤同以上重复。

(5)结束灌溉　所有地块灌溉施肥结束后,先关闭灌溉系统水泵开关,然后关闭田间的各开关。对过滤器、施肥罐、管路等设备进行全面检查,达到下一次正常运行的标准。注意冬季灌溉结束后要把田间位于主支管道上的排水阀打开,将管道内的水尽量排净,以避免管道留有积水冻裂管道,此阀门冬季不必关闭。

技能训练

以新疆棉花、春早熟番茄、华北地区葡萄为例来说明水肥一体化技术的应用,其他当地作物,可查阅有关图书和咨询当地农业技术部门的资料。

1. 新疆棉花膜下滴灌水肥一体化技术应用

(1)新疆膜下滴灌棉花测土施肥配方　棉花采用膜下滴灌技术,可以在每次滴灌时分次追肥,能够有效减少氮素损失,且肥料集中施在棉株根部,吸收利用效率很高,可提高肥料利用率。

① 氮素实时监控。基于目标产量和土壤硝态氮含量的棉花氮肥基肥用量如表 8-20,棉花氮肥追肥用量如表 8-21。

表 8-20　棉花氮肥基肥推荐用量　　　　　　　　　　　　　kg·hm^{-2}

土壤硝态氮 /(mg·kg^{-1})	目标产量 /(kg·hm^{-2})				
	1 800	2 100	2 400	2 700	3 000
90	45.5	60.0	72.0	84.0	96.0
120	40.5	54.0	67.5	81.0	94.5
150	31.5	46.5	60.0	73.5	87.0
180	22.5	37.5	52.5	66.0	81.0
210	12.0	27.0	42.0	58.5	73.5

表 8-21　棉花氮肥追肥推荐用量　　　　　　　　　　　　　　　　　　　　　kg·hm^{-2}

土壤硝态氮 /(mg·kg^{-1})	目标产量 /(kg·hm^{-2})				
	1 800	2 100	2 400	2 700	3 000
90	185	235	285	335	385
120	160	215	270	325	375
150	125	180	240	290	350
180	90	150	205	265	325
210	50	110	170	230	290

② 对磷肥恒量的监控。基于目标产量和土壤有效磷含量的棉花膜下滴灌磷肥推荐用量如表 8-22。

表 8-22　土壤磷素分级及棉花膜下滴灌薯磷肥（五氧化二磷）推荐用量

产量水平 /(kg·hm^{-2})	肥力等级	Olsen-P/(mg·kg^{-1})	磷肥用量 /(kg·hm^{-2})
1 500	极低	<10	120
	低	10~15	110
	中	15~25	95
	高	25~40	85
	极高	>40	70
1 950	极低	<10	150
	低	10~15	135
	中	15~25	120
	高	25~40	110
	极高	>40	90
2 400	极低	<10	170
	低	10~15	160
	中	15~25	140
	高	25~40	120
	极高	>40	100

③ 钾肥恒量监控。基于土壤有交换性钾含量的棉花膜下滴灌钾肥推荐用量如表 8-23。

表 8-23　土壤交换性钾含量的棉花膜下滴灌钾肥（氧化钾）推荐用量

肥力等级	交换性钾 /(mg·kg^{-1})	钾肥用量 /(kg·hm^{-2})
极低	<90	150
低	90~180	90
中	180~250	60
高	250~350	30
极高	>350	0

④ 中微量元素。主要是锌、硼等微量元素(表 8-24)。

表 8-24　棉花膜下滴灌微量元素丰缺指标及推荐用量

元素	提取方法	临界指标 /(mg·kg^{-1})	基施用量 /(kg·hm^{-2})
锌	DTPA	0.5	硫酸锌:15~30
硼	沸水	1	硼砂:7.5~11.25

(2) 棉花水肥一体化技术滴肥方式　采用膜下滴灌技术后,对棉花所施化肥,全部随水滴施,实施水肥同步,"少吃多餐",按棉花生长发育各阶段对养分需要,合理供应,使化肥通过滴灌系统直接进入棉花根区,达到高效利用的目的。在滴水进行 1 h 以后开始,滴水进行到离结束半小时前完成。

① 苗期管理阶段。此期间给水 1~2 次,总定额 300~400 m^3/hm^2(注意:一膜二灌水原则为少量多次,一膜一管较之则多量少次)。随水施肥总定额氮(N) 9~12 kg/hm^2,磷(P$_2$O$_5$) 3~4.5 kg/hm^2,钾(K$_2$O) 4.5~9 kg/hm^2(可折施尿素、磷酸二氢钾,或喷滴灌专用肥,要保证可溶)。

② 蕾期管理阶段。蕾期营养体生长较快,干物质积累多,叶面蒸腾加快,因此要加强水肥的供给。此期滴水 2~3 次,总定额 750~900 m^3/hm^2。随水施肥总定额氮(N) 22.5~37.5 kg/hm^2,磷(P$_2$O$_5$) 9~10.5 kg/hm^2,钾(K$_2$O)12~18 kg/hm^2。

③ 花铃期管理阶段。此期间棉株正处于营养生殖生长旺盛时期,植株蒸腾快,缩短灌水周期,隔 7~8 d 滴一次,共滴水 4~6 次,总定额 1 500~1 800 m^3/hm^2。随水施肥总定额氮(N)135~165 kg/hm^2,磷(P$_2$O$_5$)45~52.5 kg/hm^2,钾(K$_2$O)90~120 kg/hm^2。

④ 吐絮期管理。此期间棉株吸收养分较少,但为防止早衰,应适时补水补肥,灌水 1~2 次定额 225~450 m^3/hm^2。随水施肥总定额氮(N)3~4.5 kg/hm^2,磷(P$_2$O$_5$)6~9 kg/hm^2,钾(K$_2$O)9~10.5 kg/hm^2。

(3) 水肥一体化技术棉花采收　大面积收获棉花基本在每年 9 月 10 日左右,棉花收完后进行一次荐灌,保证平整土地顺利。在灌水结束后将滴灌系统的支管、辅管、闸阀拆收。干支管及配件拆收后及时冲洗干净,盘卷入库以备下年使用。

2. 春早熟设施栽培番茄水肥一体化技术

番茄春早熟设施栽培一般利用塑料大棚或日光温室。利用日光温室栽培多在 2 月上旬至 3 月上中旬定植,4 月上旬至 6 月上旬收获;利用塑料大棚一般在 2 月下旬至 3 月中旬定植,5 月上旬至 6 月中旬收获。

春早熟设施栽培番茄,可用滴灌等设备结合灌水进行追肥。如果采取灌溉施肥,生产上常用氮磷钾含量总和为 50% 以上的水溶性肥料进行灌溉施肥,选择适合设施番茄的配方主要有:(16-20-14)+TE、(22-4-24)+TE、(20-5-25)+TE 等水溶肥配方。不同生育期灌溉施肥次数及用量可参考表 8-25。

表 8-25　春早熟设施番茄灌溉施肥水肥推荐方案

生育期	养分配方	每次施肥量 / (kg·hm⁻²)		施肥次数	生育期总用量 /(kg·hm⁻²)		每次灌溉水量 /m³	
		滴灌	沟灌		滴灌	沟灌	滴灌	沟灌
开花坐果	(16-20-14)+TE	195~210	210~225	1	195~210	210~225	180~225	225~300
果实膨大	(22-4-24)+TE	165~180	180~195	4	660~720	720~780	180~225	225~300
采收初期	(22-4-24)+TE	90~105	105~120	4	360~420	420~480	180~225	225~300
采收盛期	(20-5-25)+TE	150~165	165~180	8	1 200~1 320	1 320~1 440	180~225	225~300
采收末期	(20-5-25)+TE	90~105	105~120	2	180~210	210~240	180~225	225~300

应用说明：

① 本方案适用于春早熟日光温室越冬番茄栽培，轻壤或中壤土质，土壤 pH 为 5.5~7.6，要求土层深厚，排水条件较好，土壤磷素和钾素含量中等水平。目标产量 150 t/hm²。

② 定植前施基肥，定植前 3~7 d 结合整地，撒施或沟施基肥。施生物有机肥 6~7.5 t/hm² 或无害化处理过的有机肥 60~75 t/hm²、番茄有机型专用肥 1 050~1 350 kg/hm²；施生物有机肥 6~7.5 t/hm² 或无害化处理过的有机肥 60~75 t/hm²、尿素 225~300 kg/hm²、过磷酸钙 750~900 kg/hm²、大粒钾肥 300~450 kg/hm²。第一次灌水用沟灌浇透，以促进有机肥的分解和沉实土壤。

③ 番茄是连续开花和结果的蔬菜，分别在开花结果期、果实膨大期、采收期多次进行滴灌施肥。肥料品种也可选用尿素、工业级磷酸一铵和氯化钾进行折算。

④ 采收后期可进行叶面追肥。选择晴天傍晚或雨后晴天喷施 0.2%~0.3% 磷酸二氢钾或尿素。若发生脐腐病可及时喷施 0.5% 氯化钙，连喷数次，防治效果明显。

⑤ 参照灌溉施肥制度表提供的养分数量，可以选择其他的肥料品种组合，并换算成具体的肥料数量。

3. 华北地区葡萄水肥一体化施肥技术

(1) 葡萄水肥一体化技术灌溉类型　葡萄最适合采用滴灌施肥系统。近些年来，为防止杂草生长、春季保湿，并降低夏季果园的湿度，葡萄膜下滴灌技术也在大力推广。当土壤为中壤或黏壤土时，通常一行葡萄铺设一条毛管，毛管间距一般在 0.5~1 m。有些葡萄园也铺设两条毛管，种植行左右各铺设一条管。当土壤为沙壤土，葡萄的根系稀少时，可采用一行铺设两条毛管的方式。此外也可考虑在葡萄栽培沟另铺设一条毛管。还有一些葡萄园将毛管固定在离地 1 m 左右的主蔓上，主要的目的是方便除草等田间作业。土壤质地、作物种类及种植间距是决定滴头类型、滴头间距和滴头流量的主要因素。一般沙土要求滴头间距小，壤土和黏土滴头间距大。沙土的滴头间距可设为 30~40 cm，滴头流量为 2~3 L/h；壤土和黏土的滴头间距为 50~70 cm，黏土取大值，滴头流量在 1~2 L/h。滴灌时间一般持续 3~4 h。

滴灌施肥灌水器可选择有固定滴头间距的内镶式滴灌管或滴灌带，如迷宫式和边缝式滴灌带。当葡萄栽植不规则时，一般选择管上式滴头，在安装过程中，根据作物间距确定滴头间距。常用的加肥或注肥设备有文丘里施肥器、压差式施肥灌（旁通灌）、计量泵等。具体选用哪种注肥设备应根据实际条件,结合注肥设备的特点确定。

（2）华北地区丘陵坡地葡萄水肥一体化方案 表8-26为华北地区丘陵坡地葡萄水肥一体化制度。

表 8-26 华北地区葡萄水肥一体化制度

生育时期	灌溉次数	灌水定额 / $(m^3 \cdot hm^{-2} \cdot 次^{-1})$	每次灌溉加入的纯养分量 /$(kg \cdot hm^{-2})$				备注
			N	P_2O_5	K_2O	$N+P_2O_5+K_2O$	
收获后落叶前	1	450	72.0	90.0	66.0	228.0	沟灌
休眠期	1	225	0	0	0	0	滴灌
萌芽期	1	180	24.0	10.5	24.0	58.5	滴灌
萌芽期	2	150	24.0	10.5	24.0	58.5	滴灌
开花初期	1	150	24.0	10.5	24.0	58.5	滴灌
坐果初期	1	180	34.5	10.5	30.0	75.0	滴灌
幼果至硬核期	1	180	22.5	10.5	30.0	63.0	滴灌
浆果着色前期	1	180	15.0	13.5	54.0	82.5	滴灌
浆果着色后期	1	180	0	13.5	54.0	67.5	滴灌
合计	10	1 725	240.0	180.0	330.0	750.0	

应用说明:

① 本方案适用于华北地区丘陵坡地,棕壤性土、沙壤或轻壤土,土壤 pH 为 5.4~6.5,有机质含量中等,有效磷和速效钾含量低。密度 6 675 株 /hm²,目标产量为 22.5 t/hm²。

② 收获后落叶前基施有机肥 15~22.5 t/hm²,氮（N）72 kg/hm²、磷（P_2O_5）96 kg/hm²、钾（K_2O）66 kg/hm²。钾肥使用硫酸钾。灌溉时采用沟灌,用水量 450 m³/hm²。冬前可根据土壤墒情决定是否浇冻水。浇冻水时采用滴灌,一般不施肥。

③ 萌芽前滴灌 1 次,萌芽期滴灌 3 次,每次加入肥料。每次肥料品种可选用尿素 31.5 kg/hm²、工业级磷酸一铵（N 12%,P_2O_5 61%）18 kg/hm²、硝酸钾（N 13.5%,K_2O 44.5%）54 kg/hm²。

④ 开花后至浆果着色前期是果树快速生长期,滴灌施肥 2 次。其中,快速生长前期肥料可选用尿素 51 kg/hm²、工业级磷酸一铵 18 kg/hm²、硝酸钾 67.5 kg/hm²。快速生长后期肥料可选用尿素 24 kg/hm²、工业级磷酸一铵 18 kg/hm²、硝酸钾 67.5 kg/hm²。

⑤ 浆果着色前期和后期各滴灌施肥 1 次,其中浆果着色前期肥料可用工业级磷酸一铵 22.5 kg/hm²、硝酸钾 121.5 kg/hm²。浆果着色后期一般不施氮肥,只施入磷、钾肥。

⑥ 进入雨季后,根据气象预防选择无雨时机注肥灌溉。在遇到连续降雨时,即使土壤含水量没有下降至灌溉始点,也要注肥灌溉,可适当减少灌溉水量。

⑦ 在开花前 3~5 d 喷施 0.2%~0.3% 硼砂溶液,提高结果率。浆果着色期叶面喷施 0.3% 磷酸二氢钾溶液。

⑧ 参照灌溉施肥制度表提供的养分数量,可以选择其他的肥料品种组合,并换算成具体

的肥料数量。不要使用含氯化肥。黄土母质或石灰岩风化母质地区参考本方案时可适当降低钾肥用量。

任务巩固

1. 水肥一体化技术有哪些优点和缺点？
2. 简述水肥一体化技术的系统组成。
3. 简述水肥一体化技术的操作过程。

任务 8.3 化肥减量增效新技术

任务目标

- 知识目标：了解化肥减量增效的目标和基本原则，熟悉化肥减量增效的任务和路径。
- 能力目标：根据案例能熟悉当地主要作物有机肥替代化肥技术。

知识学习

1. 化肥减量增效的总体目标

初步建立科学施肥管理和技术体系，科学施肥水平明显提升。2015 年到 2019 年间，逐步将化肥使用量年增长率控制在 1% 以内；2020 年，主要农作物化肥使用量实现零增长。

（1）施肥结构进一步优化　氮、磷、钾和中微量元素等养分结构趋于合理，有机肥资源得到合理利用。测土配方施肥技术覆盖率达到 90% 以上；畜禽粪便养分还田率达到 60%；农作物秸秆养分还田率达到 60%。

（2）施肥方式进一步改进　盲目施肥和过量施肥现象基本得到遏制，传统施肥方式得到改变。机械施肥占主要农作物种植面积的 40% 以上；水肥一体化技术推广面积 22.5 亿 hm^2。

（3）肥料利用率稳步提高　从 2015 年起，主要农作物肥料利用率平均每年提升 1 个百分点以上，2020 年主要农作物肥料利用率达到 40% 以上。

2. 化肥减量增效的基本原则

（1）保障生产、节本增效　在减少化肥不合理投入的同时，通过转变肥料利用方式，提高肥料利用率，确保粮食稳定增产、农民持续增收、农业可持续发展。

（2）因地制宜、循序渐进　根据不同区域、不同作物生产实际和施肥需要，加强分类指导，制定分阶段、分区域、分作物控肥目标任务，稳步推动各项措施落实。

（3）统筹兼顾、综合施策　统筹考虑土肥水种等生产要素和耕作制度，按照农机农艺结合的要求，综合运用行政、经济、技术、法律等手段，有效推进科学施肥。

（4）政府主导、多方参与　坚持政府主导、农民主体、企业主推、社会参与，创新实施方式，充分调动推广、科研、教学及企业和农民积极性，构建合力推进的长效机制。

3. 化肥减量增效的重点任务

（1）推进测土配方施肥 一是拓展实施范围。基本实现主要作物测土配方施肥全覆盖。二是强化农企对接。筛选一批信誉好、实力强的企业深入开展合作，按照"按方抓药""中成药""中草药代煎""私人医生"等四种模式推进配方肥进村入户到田。三是创新服务机制。积极探索公益性服务与经营性服务结合、政府购买服务的有效模式，支持专业化、社会化服务组织发展，向农民提供统测、统配、统供、统施"四统一"服务。

（2）推进施肥方式转变 一是推进机械施肥。按照农艺农机融合、基肥追肥统筹的原则，加快施肥机械研发，因地制宜推进化肥机械深施、机械追肥、种肥同播等技术，减少养分挥发和流失。二是推广水肥一体化。结合高效节水灌溉，示范推广滴灌施肥、喷灌施肥等技术。三是推广适期施肥技术。合理确定基肥施用比例，推广因地、因苗、因水、因时分期施肥技术。因地制宜推广小麦、水稻叶面喷施和果树根外施肥技术。

（3）推进新肥料新技术应用 一是加强技术研发。组建一批产、学、研、推相结合的研发平台，重点开展农作物高产高效施肥技术研究，研发速效与缓效、大量与中微量元素、有机与无机、养分形态与功能融合的新产品及装备。二是加快新产品推广。示范推广缓释肥料、水溶性肥料、液体肥料、叶面肥料、生物肥料、土壤调理剂等高效新型肥料，不断提高肥料利用率，推动肥料产业转型升级。三是集成推广高效施肥技术模式。按照土壤养分状况和作物需肥规律，分区域、分作物制定科学施肥指导手册，集成推广一批高产、高效、生态施肥技术模式。

（4）推进有机肥资源利用 一是推进有机肥资源化利用。支持规模化养殖企业利用畜禽粪便生产有机肥，推广规模化养殖＋沼气＋社会化出渣运肥模式，支持农民积造农家肥，施用商品有机肥。二是推进秸秆养分还田。推广秸秆粉碎还田、快速腐熟还田、过腹还田等技术，研发具有秸秆粉碎、腐熟剂施用、土壤翻耕、土地平整等功能的复式作业机具，使秸秆取之于田、用之于田。三是因地制宜种植绿肥。充分利用南方冬闲田和果茶园的土肥水光热资源，推广种植绿肥。在有条件的地区，引导农民施用根瘤菌剂，促进花生、大豆和苜蓿等豆科作物固氮肥田。

（5）提高耕地质量水平 加快高标准农田建设，完善水利配套设施，改善耕地基础条件。实施耕地质量保护与提升行动，改良土壤、培肥地力、控污修复、治理盐碱、改造中低产田，普遍提高耕地地力等级。2020 年，耕地基础地力提高 0.5 个等级以上，土壤有机质质量分数提高 0.2 个百分点，耕地酸化、盐渍化、污染等问题得到有效控制。通过加强耕地质量建设，提高耕地基础生产能力，确保在减少化肥投入的同时，保持粮食和农业生产稳定发展。

4. 化肥减量增效的技术路径

要立足国情，按照"增产施肥、经济施肥、环保施肥"的要求，开展化肥使用量零增长行动，推行"精、调、改、替"四字方针，逐步将过量、不合理施肥的面貌改正过来。

（1）精，即是推进精准施肥 根据不同区域土壤条件、作物产量潜力和养分综合管理要求，合理制定各区域、作物单位面积施肥限量标准。测土配方施肥数十万个试验证明，精确施肥可以实现每公顷粮食作物减肥 75 kg、增产 5%~8%、增收 1 500 元的效果，而果、菜、茶等作物可以减肥 300~1 350 kg、增产 10%~20%，增收超过 3 万元。

（2）调，即是调整化肥使用结构　要优化氮、磷、钾配比，增强大量元素与中微量元素的配合增效作用，让土壤作物营养更高效；要针对我国不同土壤条件和作物需要，发展适宜的高效肥料产品，并确保这些产品能用到地里。这就需要肥料工业切合农业需求升级产品、肥料营销系统货真价实服务用户、农业领域深入创新本地化技术。

（3）改，即是改进施肥方式　要加快研发推广适用的施肥设备，推动施肥方式转变。例如，氮肥表施养分挥发会超过20%，而深施覆土就可以降低到5%以内。设施蔬菜以及部分大田肥料是随水冲施，可逐步改为水肥一体化、叶面喷施等。施肥方式的改变需要肥料产品、农机、农艺、设施的紧密配合。

（4）替，即是有机肥部分替代化肥　通过合理利用有机养分资源，特别是在水果、设施蔬菜、茶叶上用有机肥替代部分化肥，推进有机、无机结合，可以在提升耕地基础地力的同时，实现增产增效与提质增效。

技能训练

以苹果、柑橘、设施蔬菜（番茄、黄瓜、辣椒）、茶等作物有机肥替代化肥技术为例，其他作物可参考当地农业技术部门有关资料。

1. 苹果有机肥替代化肥技术

（1）"有机肥＋配方肥"模式

① 基肥。基肥施用最适宜的时间是9月中旬到10月中旬，对于红富士等晚熟品种，可在采收后马上施用、越快越好。基肥施肥类型包括有机肥、土壤改良剂、中微肥（中微量元素复合肥）和复合肥等。有机肥的类型及用量为：农家肥（腐熟的羊粪、牛粪等）30 t/hm²，或优质生物肥7 500 kg/hm²，或饼肥3 000 kg/hm²，或腐殖酸1 500 kg/hm²。土壤改良剂和中微肥建议采用硅、钙、镁、钾肥750~1 500 kg/hm²、硼肥15 kg/hm²、锌肥30 kg/hm²。复合肥建议采用平衡型如15-15-15（或相近配方），用量750~1 125 kg/hm²。

基肥施用方法为沟施或穴施。沟施时沟宽30 cm左右、长度50~100 cm、深40 cm左右，分为环状沟、放射状沟以及株（行）间条沟。穴施时根据树冠大小，每株树4~6个穴，穴的直径和深度为30~40 cm。每年交换位置挖穴，穴的有效期为3年。施用时要将有机肥等肥料与土充分混匀。

② 追肥。追肥建议施用3~4次。第一次在3月中旬~4月中旬，建议施一次硝酸铵钙（或25-5-15硝基复合肥），施肥量450~900 kg/hm²；第二次在6月中旬，建议施一次平衡型复合肥（15-15-15或相近配方），施肥量450~900 kg/hm²；第三次在7月中旬到8月中旬，施肥类型以高钾配方为主（10-5-30或相近配方），施肥量375~450 kg/hm²。配方和用量要根据果实大小灵活掌握，如果个头够大则要减少氮素比例和用量，否则可适当增加。

（2）"果－沼－畜"模式

① 沼渣沼液发酵。根据沼气发酵技术要求，将畜禽粪便、秸秆、果园落叶、粉碎枝条等物料投入沼气发酵池中，按1∶10的比例加水稀释，再加入复合微生物菌剂，对其进行腐熟和无害化处理，充分发酵后经干湿分离，分沼渣和沼液直接施用。

② 基肥。沼渣施用45~75 t/hm²、沼液750~1 500 m³/hm²；苹果专用配方肥选用平衡

型(15-15-15 或相近配方),用量 750~1 125 kg/hm^2;另外施入硅钙镁钾肥 750 kg/hm^2、硼肥 15 kg/hm^2、锌肥 30 kg/hm^2。秋施基肥最适时间在 9 月中旬到 10 月中旬,对于晚熟品种如红富士,建议在采收后马上施肥,越快越好。采用条沟(或环沟)法施肥,施肥深度在 30~40 cm,先将配方肥撒入沟中,然后将沼渣施入,沼液可直接施入或结合灌溉施入。

③ 追肥。同"有机肥 + 配方肥"模式中追肥方法。

(3)"有机肥 + 生草 + 配方肥 + 水肥一体化"模式

① 果园生草。一般在果树行间,可人工种植,也可自然生草后人工管理。人工种草可选择三叶草、小冠花、早熟禾、高羊茅、黑麦草、毛叶苕子和鼠茅草等,播种时间以 8 月中旬到 9 月初最佳,早熟禾、高羊茅和黑麦草也可在春季 3 月初播种。播种深度为种子直径的 2~3 倍,土壤墒情要好,播后喷水 2~3 次。自然生草果园行间不进行中耕除草,由马唐、稗、光头稗、狗尾草等当地优良野生杂草自然生长,及时拔除豚草、苋菜、藜、苘麻、葎草等恶性杂草。不论人工种草还是自然生草,当草长到 40 cm 左右时要予以刈割,割后保留 10 cm 左右,割下的草覆于树盘下,每年刈割 2~3 次。

② 基肥。基肥施用最适宜的时间是 9 月中旬到 10 月中旬,对于红富士等晚熟品种,可在采收后马上施用,越快越好。农家肥(腐熟的羊粪、牛粪等)22.5 t/hm^2,或优质生物肥 6 t/hm^2,或饼肥 2 250 kg/hm^2,或腐殖酸 1 500 kg/hm^2。土壤改良剂和中微肥建议施用硅钙镁钾肥 750~1 500 kg/hm^2、硼肥 15 kg/hm^2 左右、锌肥 30 kg/hm^2 左右。复合肥建议采用平衡型如 15-15-15(或相近配方),用量 750~1 125 kg/hm^2。

基肥施用方法同"有机肥 + 配方肥"模式。

③ 水肥一体化。产量为 45 t/hm^2 的苹果园中水肥一体化追肥量一般为:纯氮(N)135~225 kg/hm^2,磷(P_2O_5)67.5~112.5 kg/hm^2,钾(K_2O)150~262.5 kg/hm^2,各时期氮、磷、钾施用比例如表 8-27。对黄土高原地区,应采用节水灌溉模式,总灌水定额在 2 250~2 550 m^3/hm^2。

表 8-27 盛果期苹果树灌溉施肥计划

生育时期	灌水定额 /(m^3·hm^{-2}·次$^{-1}$)	灌溉加入养分占总量比例 /%		
		N	P_2O_5	K_2O
萌芽前	375	20	20	0
开花前	300	10	10	10
开花后 2~4 周	375	15	10	10
开花后 6~8 周	375	10	20	20
果实膨大期	225	5	0	10
	225	5	0	10
	225	5	0	10
采收前	225	0	0	10
采收后	300	30	40	20
封冻前	450	0	0	0
合计	3 075	100	100	100

(4) "有机肥＋覆草＋配方肥"模式

① 果园覆草。果园覆草的适宜时期为3月中旬到4月中旬。覆盖材料因地制宜，作物秸秆、杂草、花生壳等均可采用。覆草前要先整好树盘，浇一遍水，施一次速效氮肥(每公顷约75 kg)。覆草厚度以常年保持在15~20 cm为宜。覆草适用于山丘地、沙土地，土层薄的地块效果尤其明显，黏土地覆草由于易使果园土壤积水、引起旺长或烂根，不宜采用。另外，树干周围20 cm左右不覆草，以防积水影响根茎透气。冬季较冷地区深秋覆一次草，可保护根系安全越冬。覆草果园要注意防火。风大地区可零星地在草上压土和石块、木棒等防止草被大风吹走。

② 基肥。基肥施用最适宜的时间是9月中旬到10月中旬，对于红富士等晚熟品种，可在采收后马上施用基肥，越快越好。农家肥(腐熟的羊粪、牛粪等)22.5 t/hm²，或优质生物肥6 t/hm²，或饼肥2 250 kg/hm²，或腐殖酸1 500 kg/hm²。土壤改良剂和中微肥建议采用硅钙镁钾肥750~1 500 kg/hm²、硼肥15 kg/hm²左右、锌肥30 kg/hm²左右。复合肥建议采用平衡型如15-15-15(或相近配方)，用量750~1 125 kg/hm²。

基肥施用方法同"有机肥＋配方肥"模式。

③ 追肥。追肥建议3~4次。第一次在3月中旬~4月中旬，建议施一次硝酸铵钙(或25-5-15硝基复合肥)，施肥量375~750 kg/hm²；第二次在6月中旬，建议施一次平衡型复合肥(15-15-15或相近配方)，施肥量375~750 kg/hm²；第三次在7月中旬到8月中旬，施肥类型以高钾配方为主(10-5-30或相近配方)，施肥量375~450 kg/hm²。配方和用量要根据果实大小灵活掌握，如果个头够大则要减少氮素比例和用量，否则可适当增加。

2. 柑橘有机肥替代化肥技术

(1) "有机肥＋配方肥"模式

① 秋冬季施肥。目标产量为30~45 t/hm²的柑橘园中，施用商品有机肥(含生物有机肥)4 500~7 500 kg/hm²，或牛粪、羊粪、猪粪等经过充分腐熟的农家肥10 500~18 000 kg/hm²；同时配合施用45%(14-16-15或相近配方)配方肥450~525 kg/hm²。赣南—湘南—桂北柑橘带和浙—闽—粤柑橘带注意补充镁、钙肥，施用硅钙镁肥或者钙镁磷肥450~750 kg/hm²(或者施用硫酸镁450 kg/hm²，同时用石灰改良酸性土)；长江上游柑橘带注意补充锌和硼肥，施用硫酸锌30 kg/hm²、硼砂15 kg/hm²。于9月下旬到11月下旬施用(中熟品种采收后施用，晚熟或越冬品种在果实转色期或套袋前后施用)，采用条沟或穴施，施肥深度20~30 cm或结合深耕施用。

② 春季施肥。2月下旬至3月下旬施用。建议选用45%(20-13-12或相近配方)的高氮中磷中钾型配方肥，施用量525~600 kg/hm²；施肥方法采用条沟、穴施，施肥深度10~20 cm。注意补充硼肥。

③ 夏季施肥。在6月至8月果实膨大期分次施用。建议选择45%(18-5-22或相近配方)配方肥，施用量600~750 kg/hm²。施肥方法采用条沟、穴施或兑水浇施，施肥深度在10~20 cm。

(2) "绿肥＋自然生草"模式

① 柑橘园生草栽培。秋季在柑橘园播种苕子、山藜豆、箭笘豌豆等豆科绿肥，每公顷播

种量 45 kg 左右，于 9 月至 10 月在降雨后土壤湿润的情况下均匀撒播于行间（一般在距离树基 0.5 m 以外种植绿肥），于翌年春天 3~4 月刈割翻压后作为肥料，或者让绿肥自然枯萎覆盖于柑橘园。5 至 8 月橘园自然生草，当草生长到 40 cm 左右或季节性干旱来临前，适时刈割后覆盖在行间和树盘上，起到保水、降温、改土培肥等作用。

② 春季施肥。3 月在绿肥翻压的同时配合施用配方肥。建议选用高氮中磷中钾型配方肥 45%（20−13−12 或相近配方），施用量 450 kg/hm² 左右；施肥方法采用条沟、穴施，施肥深度 10~20 cm。注意补充硼肥。

③ 夏季施肥。同"有机肥 + 配方肥"模式。

④ 秋冬季施肥。于 9 月下旬至 11 月下旬施用，建议选择 45%（14−16−15 或相近配方）配方肥，施用量 450~525 kg/hm²。种植绿肥鲜草达到 30 t/hm² 以上的柑橘园，可以不施用其他有机肥。绿肥产量较小的柑橘园适量施用有机肥，施用商品有机肥（含生物有机肥）3 000~4 500 kg/hm²，或牛粪、羊粪、猪粪等经过充分腐熟的农家肥 4 500~9 000 kg/hm²。采用条沟或穴施，施肥深度在 20~30 cm，或结合深耕施用。

（3）"果 – 沼 – 畜"模式

① 沼渣沼液发酵。根据沼气发酵技术要求，将畜禽粪便归集于沼气发酵池中，进行腐熟和无害化处理，后经干湿分离，分沼渣和沼液施用。沼液采用机械化或半机械化灌溉技术直接入园施用，沼渣于秋冬季做基肥施用。

② 春季施肥。2 月下旬至 3 月下旬施用。建议选用 45%（20−13−12 或相近配方）高氮中磷中钾型配方肥，施用量 450~600 kg/hm²；采用条沟法施用，施肥深度为 15~20 cm，同时结合灌溉追入沼液 450~600 m³/hm²。

③ 夏季施肥。在 6 月至 8 月果实膨大期分次施用。建议选择 45%（18−5−22 或相近配方）配方肥，施用量 525~675 kg/hm²。施肥方法采用条沟施用法，同时结合灌溉追入沼液 300~450 m³/hm²。

④ 秋冬季施肥。施用沼渣 45~75 t/hm²。同时配合施用 45%（14−16−15 或相近配方）配方肥 450~525 kg/hm²。于 9 月下旬到 11 月下旬施用，采用条沟或环沟法施肥，施肥深度在 20~30 cm。将沼渣施入沟中，再撒入配方肥，混匀后覆土。

（4）"有机肥 + 水肥一体化"模式

① 秋冬季施肥。施用商品有机肥（含生物有机肥）4 500~7 500 kg/hm²，或牛粪、羊粪、猪粪等经过充分腐熟的农家肥 9~18 t/hm²；于 9 月下旬到 11 月下旬施用，采用条沟或穴施，施肥深度 20~30 cm 或结合深耕施用。

② 水肥一体化。在盛果期柑橘园中，肥料供应量主要依据目标产量和土壤肥力而定，水肥一体化通过提高肥料利用率比常规施肥节约肥料。目标产量为 30~45 t/hm² 的柑橘园中，氮磷钾肥需求量分别为 N 225~270 kg/hm²、P_2O_5 120~150 kg/hm² 和 K_2O 225~270 kg/hm²。灌溉施肥各时期氮、磷、钾肥施用比例如表 8−28。

表 8-28　盛果期柑橘树灌溉施肥计划

生育时期	灌溉次数	灌水定额 /(m³·hm⁻²·次⁻¹)	灌溉加入养分占总量比例 /%		
			N	P_2O_5	K_2O
萌芽前	1	135	15	20	10
初花期	1	90	10	10	5
幼果期	1	90	5	10	5
夏稍萌动期	1	90	5	5	10
果实膨大期	1	135	15	5	15
	1	135	15	5	15
	1	135	15	5	15
转色期	1	90	5	15	15
采收后	1	135	15	25	10
合计	9	1 035	100	100	100

3. 设施蔬菜有机肥替代化肥技术

（1）"有机肥 + 配方肥"模式

① 设施番茄。基肥:移栽前,基施猪粪、鸡粪、牛粪等经过充分腐熟的优质农家肥 22.5~36 t/hm²,或商品有机肥(含生物有机肥)4 500~9 000 kg/hm²,同时基施 45%(18-18-9 或相近配方)的配方肥 450~600 kg/hm²。

追肥:每次追施 45%(15-5-25 或相近配方)的配方肥 105~150 kg/hm²,分 7~11 次随水追施。施肥时期为苗期、初花期、坐果期、果实膨大期,根据收获情况,每收获 1~2 次追施 1 次肥。

② 设施黄瓜。基肥:移栽前,基施猪粪、鸡粪、牛粪等经过充分腐熟的优质农家肥 31.5~45 t/hm²,或施用商品有机肥(含生物有机肥)6 000~12 000 kg/hm²,同时基施 45%(18-18-9 或相近配方)的配方肥 450~600 kg/hm²。

追肥:每次追施 45%(17-5-23 或相近配方)的配方肥 150~225 kg/hm²。追肥时期为三叶期、初瓜期、盛瓜期,初花期以控为主,盛瓜期根据收获情况每收获 1~2 次追施 1 次肥。秋冬茬和冬春茬共分 7~9 次追肥,越冬长茬共分 10~14 次追肥。每次追肥控制纯氮用量不超过 60 kg/hm²。

③ 设施辣椒。基肥:移栽前,基施猪粪、鸡粪、牛粪等经过充分腐熟的优质农家肥 18~27 t/hm²,或施用商品有机肥(含生物有机肥)4 500~7 500 kg/hm²,同时基施 45%(18-18-9 或相近配方)的配方肥 450~600 kg/hm²。

追肥:每次追施45%(15-5-25 或相近配方)的配方肥 150~225 kg/hm²,分 3~5 次随水追施。追肥时期为苗期、初花期、坐果期、果实膨大期。果实膨大期根据收获情况每收获 1~2 次追施 1 次肥。每次追肥控制纯氮用量不超过 60 kg/hm²。

④ 设施草莓。基肥:移栽前,基施猪粪、鸡粪、牛粪等经过充分腐熟的优质农家肥 18~27 t/hm²,或施用商品有机肥(含生物有机肥)4 500~7 500 kg/hm²,同时基施 45%(14-16-15

或相近的配方)的配方肥 450~600 kg/hm²。

追肥:苗期和花期每次追施 51%(17–17–17 或相近的配方)的配方肥 150~225 kg/hm²,分 3~4 次随水追施。果期每次追施 45%(15–5–25 或相近配方)的配方肥 120~150 kg/hm²,分 6~8 次随水追施。

(2)"菜 – 沼 – 畜"模式

① 沼渣沼液发酵:将畜禽粪便、蔬菜残茬和秸秆等物料投入沼气发酵池中,按 1∶10 的比例加水稀释,再加入复合微生物菌剂,对畜禽粪便、蔬菜残茬和秸秆等进行无害化处理生产沼气,充分发酵后的沼渣、沼液直接作为有机肥施用在设施菜田中。

② 设施番茄。基肥:施用沼渣 22.5~36 t/hm²,或用猪粪、鸡粪、牛粪等经过充分腐熟的优质农家肥 22.5~36 t/hm²,或商品有机肥(含生物有机肥)4 500~9 000 kg/hm²,同时根据沼渣用量,基施 45%(14–16–15 或相近配方)的配方肥 450~600 kg/hm²。

追肥:在番茄苗期、初花期,结合灌溉分别冲施沼液 13.5~18 t/hm²。在坐果期和果实膨大期,结合灌溉将沼液和配方肥分 5~8 次追施。其中,沼液每次追施 13.5~18 t/hm²,45%(15–5–25 或相近配方)的配方肥每次施用 120~150 kg/hm²。

③ 设施黄瓜。基肥:施用沼渣 27~36 t/hm²,或用猪粪、鸡粪、牛粪等经过充分腐熟的优质农家肥 31.5~45 t/hm²,或商品有机肥(含生物有机肥)6 000~12 000 kg/hm²,同时根据沼渣用量,基施 45%(14–16–15 或相近配方)的配方肥 450~600 kg/hm²。

追肥:在黄瓜的苗期、初花期,结合灌溉分别冲施沼液 13.5~18 t/hm²。在初瓜期和盛瓜期,结合灌溉将沼液和配方肥分 8~12 次追施。其中,每次追施沼液 13.5~18 t/hm²、45%(17–5–23 或相近配方)的配方肥 120~180 kg/hm²。

④ 设施辣椒。基肥:施用沼渣 22.5~36 t/hm²,或用猪粪、鸡粪、牛粪等经过充分腐熟的优质农家肥 18~27 t/hm²,或商品有机肥(含生物有机肥)4 500~7 500 kg/hm²,同时根据沼渣用量,基施 45%(14–16–15 或相近配方)的配方肥 450~600 kg/hm²。

追肥:在辣椒苗期、初花期,结合灌溉分别冲施沼液 9~13.5 t/hm²。在坐果期和果实膨大期,结合灌溉将沼液和配方肥分 4~6 次追施。其中,沼液每次追施 13.5~18 t/hm²,45%(15–5–25 或相近配方)的配方肥每次施用 120~150 kg/hm²。

⑤ 设施草莓。基肥:施用沼渣 13.5~22.5 t/hm²,或用猪粪、鸡粪、牛粪等经过充分腐熟的优质农家肥 18~27 t/hm²,或商品有机肥(含生物有机肥)4 500~7 500 kg/hm²,同时根据沼渣用量,基施 45%(14–16–15 或相近的配方)的配方肥 450~600 kg/hm²。

追肥:在草莓苗期、初花期,结合灌溉冲施沼液 18~22.5/hm²,分 3~4 次施用。果实膨大期,结合灌溉将沼液和配方肥分 6~8 次追施。其中,沼液每次追施 22.5~27 t/hm²,45%(15–5–25 或相近配方)的配方肥每次施用 90~120 kg/hm²。

(3)"有机肥 + 水肥一体化"模式

① 设施番茄。基肥:移栽前基施猪粪、鸡粪、牛粪等经过充分腐熟的优质农家肥 22.5~27 t/hm²,或商品有机肥(含生物有机肥)用量 4 500~9 000 kg/hm²,同时根据有机肥用量,基施 45%(18–18–9 或相近配方)的配方肥 450~600 kg/hm²。

追肥:定植后前两次只灌水,不施肥,灌水量为 225~300 m³/hm²。苗期推荐每次施用

50%（20-10-20 或相近配方）的水溶肥 45~75 kg/hm²，每隔 5~10 天灌水施肥一次，灌水量为每次 150~225 m³/hm²，共 3~5 次。开花期、坐果期和果实膨大期每次施用 54%（19-8-27 或相近配方）水溶肥 45~75 kg/hm²，灌水量为 75~225 m³/hm²，每隔 7~10 天一次，共 10~15 次。注意秋冬茬前期（8 至 9 月份）灌水施肥频率较高，而冬春茬在果实膨大期（4 至 5 月份）灌水施肥频率较高。

② 设施黄瓜。基肥：移栽前，基施猪粪、鸡粪、牛粪等经过充分腐熟的优质农家肥 31.5~45 t/hm²，或商品有机肥（含生物有机肥）6 000~12 000 kg/hm²，同时根据有机肥用量，基施 45%（18-18-9 或相近配方）的配方肥 450~600 kg/hm²。

追肥：定植后前两次只灌水，不施肥，每次灌水量为 225~300 m³/hm²。苗期推荐 50%（20-10-20 或相近配方）的水溶肥，每次用量为 30~45 kg/hm²，每隔 5~6 天灌水施肥一次，每次灌水量为 150~225 m³/hm²，共 3~5 次。在开花坐果后，每次采摘结合灌溉施用 49%（18-6-25 或相近配方）的水溶肥一次，每次用量为 45~75 kg/hm²，每次灌水量为 150~225 m³/hm²，共 8~15 次。

③ 设施辣椒。基肥：移栽前，基施猪粪、鸡粪、牛粪等经过充分腐熟的优质农家肥 18~27 t/hm²，或商品有机肥（含生物有机肥）4 500~7 500 kg/hm²，同时根据有机肥用量，基施 45%（18-18-9 或相近配方）的配方肥 450~600 kg/hm²。

追肥：定植后前两次只灌水，不施肥，每次灌水量为 225~300 m³/hm²。苗期、开花期推荐 55%（21-10-24 或相近的配方）的水溶肥，每次用量为 45~75 kg/hm²，每隔 5~10 天灌水施肥一次，灌水量为 150~225 m³/hm²，共 2~3 次。在坐果期、果实膨大期推荐 51%（16-8-27 或相近的配方）的水溶肥，每次用量为 75~120 kg/hm²，每次灌水量为 150~225 m³/hm²，共 3~5 次。

④ 设施草莓。基肥：移栽前，基施猪粪、鸡粪、牛粪等经过充分腐熟的优质农家肥 18~27 t/hm²，或商品有机肥（含生物有机肥）4 500~7 000 kg/hm²，同时根据有机肥用量，基施 45%（14-16-15 或相近的配方）的配方肥 450~600 kg/hm²。

追肥：定植后前两次只灌水，不施肥，每次灌水量为 30~45 m³/hm²。苗期和花期推荐 50%（24-8-18 或相近的配方）的水溶肥，每次用量为 30~45 kg/hm²，每隔 7~10 d 灌水施肥一次，每次每公顷灌水量为 450~675 m³/hm²，共 5~7 次。在果期推荐配方为 55%（18-6-31 或相近配方）的水溶肥，每次用量为 450~675 kg/hm²，每隔 5~7 天灌水施肥一次，每次灌水量为 340~450 m³/hm²，共 25~30 次。

（4）"秸秆生物反应堆"模式

① 秸秆生物反应堆构建。操作时间：晚秋、冬季、早春构建行下内置反应堆，如果不受茬口限制，最好在作物定植前 10~20 d 做好，浇水、打孔待用。晚春和早秋可现建现用。

行下内置式反应堆：在小行（定植行）位置，挖一条略宽于小行宽度（一般 70 cm）、深 20 cm 的沟，把秸秆填入沟内，铺匀、踏实，填放秸秆高度为 30 cm，两端让部分秸秆露出地面（以利于往沟里通氧气），然后把 150~200 kg 饼肥和用麦麸拌好的菌种均匀地撒在秸秆上，再用铁锨轻拍一遍，让部分菌种漏入下层，覆土 18~20 cm。然后在大行内浇大水湿透秸秆，水面高度达到垄高的四分之三。浇水 3~4 d 后，在垄上用 14 号钢筋打 3 行孔，行距 20~25 cm，孔距 20 cm，孔深以穿透秸秆层为准，等待定植。

行间内置式反应堆:在大行间,挖一条略窄于小行宽度(一般 50~60 cm)、深 15 cm 的沟,将土培放在垄背上,或放在两端,把提前准备好的秸秆填入沟内,铺匀、踏实,高度为 25 cm,南北两端让部分秸秆露出地面,然后把用麦麸拌好的菌种均匀地撒在秸秆上,再用铁锨轻拍一遍,让部分菌种漏入下层,覆土 10 cm。浇水湿透秸秆,然后及时打孔即可。

注意事项:一是秸秆用量要和菌种用量搭配好,每 500 kg 秸秆用菌种 1 kg。二是浇水时不冲施化学农药,尤其禁冲杀菌剂,仅可在作物上喷农药预防病虫害。三是浇水浇大行,浇水后 4~5 d 及时打孔,用 14 号钢筋每隔 25 cm 打一个孔,打到秸秆底部,浇水后孔被堵死再打孔,地膜上也打孔。每次打孔要与前次打的孔错位 10 cm,生长期内保持每月打一次孔。四是减少浇水次数,一般常规栽培浇 2~3 次水的,用该项技术只浇 1 次水即可。有条件的,用微灌控水增产效果最好。在第一次浇水湿透秸秆的情况下,定植时不再浇大水,只浇小缓苗水。

② 设施番茄。基肥:基肥采用 45%(18–18–9 或相近配方)的配方肥,施用量为 450~600 kg/hm²,施用方式为穴施。

追肥:追肥采用 45%(15–5–25 或相近配方)的配方肥,每次施用 150~300 kg/hm²,分 7~11 次随水追施。施肥时期为苗期、初花期、初果期、盛果期,盛果期根据收获情况,每收获 1~2 次追施 1 次肥,结果期每次追施氮肥(N)不超过 60 kg/hm²。

③ 设施黄瓜。基肥:基肥采用 45%(18–18–9 或相近配方)的配方肥,施用量为 450~600 kg/hm²,施用方式为穴施。

追肥:追肥采用 45%(17–5–23 或相近的配方)的配方肥,每次施用 225~300 kg/hm²。初花期以控为主,秋冬茬和冬春茬分 7~9 次追肥,越冬长茬分 10~14 次追肥。每次追施氮肥数量不超过 60 kg/hm²。追肥时期为三叶期、初瓜期、盛瓜期,盛瓜期根据收获情况每收获 1~2 次追施 1 次肥。

④ 设施辣椒。基肥:基肥采用 45%(18–18–9 或相近配方)的配方肥,施用量为 450~600 kg/hm²,施用方式为穴施。

追肥:追肥采用 45%(15–5–25 或相近的配方)的配方肥,每次施用 225~300 kg/hm²,分 3~5 次随水追施。追肥时期为苗期、初花期、坐果期、果实膨大期,果实膨大期根据收获情况,每收获 1~2 次追施 1 次肥,每次追施氮肥(N)不超过 60 kg/hm²。

4. 茶树有机肥替代化肥技术

(1)"有机肥 + 配方肥"模式

① 名优绿茶茶园。基肥:9 月底至 10 月中旬,腐熟饼肥 1 500~2 250 kg/hm² 或商品畜禽粪有机肥 2 250~3 000 kg/hm²,茶树专用肥(18–8–12 或相近配方)450 kg/hm²,有机肥和专用肥拌匀后开沟 15~20 cm 或结合深耕施用。

第一次追肥:春茶开采前 40~50 d,尿素 120~150 kg/hm²,开浅沟 5~10 cm 施用,或表面撒施 + 施后浅旋耕(5~8 cm)混匀。

第二次追肥:春茶结束重修剪前或 6 月下旬,尿素 120~150 kg/hm²,开浅沟 5~10 cm 施用,或表面撒施 + 施后浅旋耕(5~8 cm)混匀。

② 大宗绿茶、黑茶。基肥:9 月底至 10 月中旬,商品畜禽粪有机肥 3 000~4 500 kg/hm²、

茶树专用肥(18-8-12 或相近配方)450~750 kg/hm²，有机肥和专用肥拌匀后开沟 15~20 cm 或结合深耕施用。

第一次追肥：春茶开采前 30~40 d，尿素 120~150 kg/hm²，开浅沟 5~10 cm 施用，或表面撒施 + 施后浅旋耕(5~8 cm)混匀。

第二次追肥：春茶结束后，尿素 120~150 kg/hm² 开浅沟 5~10 cm 施用，或表面撒施 + 施后浅旋耕(5~8 cm)混匀。

第三次追肥：夏茶结束后，尿素 120~150 kg/hm²，开浅沟 5~10 cm 施用，或表面撒施 + 施后浅旋耕(5~8 cm)混匀。

③ 乌龙茶茶园。基肥：10 月中下旬，腐熟饼肥 1 500~3 000 kg/hm² 或商品畜禽粪有机肥 3 000~4 500 kg/hm²，茶树专用肥(18-8-12 或相近配方)450 kg/hm²，有机肥和专用肥拌匀后开沟 15~20 cm 或结合深耕施用。

第一次追肥：春茶开采前 20~30 d，尿素 120~150 kg/hm²，开浅沟 5~10 cm 施用，或表面撒施 + 施后浅旋耕(5~8 cm)混匀。

第二次追肥：春茶结束后，尿素 120~150 kg/hm²，开浅沟 5~10 cm 施用，或表面撒施 + 施后浅旋耕(5~8 cm)混匀。

第三次追肥：夏茶结束后，尿素 120~150 kg/hm²，开浅沟 5~10 cm 施用，或表面撒施 + 施后浅旋耕(5~8 cm)混匀。

④ 红茶茶园。基肥：10 月中下旬，腐熟饼肥 1 500~2 250 kg/hm² 或商品畜禽粪有机肥 2 250~3 000 kg/hm²，茶树专用肥(18-8-12 或相近配方)450 kg/hm²，有机肥和专用肥拌匀后开沟 15~20 cm 或结合深耕施用。

第一次追肥：春茶开采前 30~40 d，尿素 90~120 kg/hm²，开浅沟 5~10 cm 施用，或表面撒施 + 施后浅旋耕(5~8 cm)混匀。

第二次追肥：春茶结束后，尿素 90~120 kg/hm²，开浅沟 5~10 cm 施用，或表面撒施 + 施后浅旋耕(5~8 cm)混匀。

第三次追肥：夏茶结束后，尿素 90~120 kg/hm²，开浅沟 5~10 cm 施用，或表面撒施 + 施后浅旋耕(5~8 cm)混匀。

(2) "茶 – 沼 – 畜"模式

① 名优绿茶茶园。基肥：9 月底至 10 月中旬，腐熟饼肥 1 500~2 250 kg/hm² 或商品畜禽粪有机肥 2 250~3 000 kg/hm² 或沼渣 15~30 t/hm²，开沟 15~20 cm 施用或结合深耕施用。

沼液追肥：共浇 4 次，每次沼液 6 000~7 500 kg/hm²(沼液和水 1：1 稀释)、掺入尿素 60~75 kg/hm²，浇入茶树根部，分别为春茶采前 30~40 d、开采前、春茶结束、6 月底或 7 月初。

② 大宗绿茶、黑茶。基肥：9 月底至 10 月中旬，商品畜禽粪有机肥 3 000~4 500 kg/hm² 或沼渣 30~45 t/hm²，茶树专用肥(18-8-12 或相近配方)300~450 kg/hm²，拌匀后开沟 15~20 cm 或结合深耕施用。

沼液追肥：共浇 6 次，每次沼液 6 000~7 500 kg/hm²(沼液和水 1：1 稀释)、掺入尿素 60~75 kg/hm²，浇入茶树根部，分别为春茶采前 1 个月、开采前、春茶结束、6 月初、7 月初和 8 月初。

③ 乌龙茶茶园。基肥：10月中下旬，腐熟饼肥 1 500~2 250 kg/hm^2 或商品畜禽粪有机肥 2 250~3 000 kg/hm^2 或沼渣 15~30 t/hm^2，开沟 15~20 cm 施用或结合深耕施用。

沼液追肥：共浇 6 次，每次沼液 6 000~7 500 kg/hm^2（沼液和水 1∶1 稀释）、掺入尿素 60~75 kg/hm^2，浇入茶树根部，沼液期分别为春茶采前 30 d、开采前、春茶结束、7 月初、8 月初和 9 月初。

④ 红茶茶园。基肥：10月中下旬，腐熟饼肥 1 500~2 250 kg/hm^2 或商品畜禽粪有机肥 2 250~3 000 kg/hm^2 或沼渣 15~30 t/hm^2，开沟 15~20 cm 施用或结合深耕施用。

沼液追肥：共浇 6 次，每次沼液 6 000~7 500 kg/hm^2（沼液和水 1∶1 稀释）、掺入尿素 45~60 kg/hm^2，浇入茶树根部，沼液期分别为春茶采前 30 d、开采前、春茶结束、7 月初、8 月初和 9 月初。

（3）"有机肥 + 水肥一体化"模式

① 名优绿茶茶园。基肥：9月底至10月中旬，腐熟饼肥 1 500~2 250 kg/hm^2 或商品畜禽粪有机肥 2 250~3 000 kg/hm^2，开沟 15~20 cm 施用或结合深耕施用。

水肥一体化追肥：分 5~6 次，每次水溶性肥料按 N、P$_2$O$_5$、K$_2$O 用量 22.5 kg/hm^2、4.5 kg/hm^2、6.0 kg/hm^2，追肥期分别为春茶采前 30~40 d、开采前、春茶结束、6 月初、7 月初和 8 月初。

② 大宗绿茶、黑茶。基肥：9月底至10月中旬，商品畜禽粪有机肥 3 000~4 500 kg/hm^2，开沟 15~20 cm 施用或结合深耕施用。

水肥一体化追肥：分 5~6 次，每次水溶性肥料按 N、P$_2$O$_5$、K$_2$O 用量 34.5 kg/hm^2、7.5 kg/hm^2、10.5 kg/hm^2，追肥期分别为春茶采前 1 个月、开采前、春茶结束、7 月初、8 月初和 9 月初。

③ 乌龙茶茶园。基肥：10月中下旬，腐熟饼肥 1 500~3 000 kg/hm^2 或商品畜禽粪有机肥 3 000~4 500 kg/hm^2，开沟 15~20 cm 施用或结合深耕施用。

水肥一体化追肥：分 5~6 次，每次水溶性肥料按 N、P$_2$O$_5$、K$_2$O 用量 30.0 kg/hm^2、4.5 kg/hm^2、6.0 kg/hm^2，追肥期分别为春茶采前 30 d、开采前、春茶结束、7 月初、8 月初和 9 月初。

④ 红茶茶园。基肥：10月中下旬，腐熟饼肥 1 500~2 250 kg/hm^2 或商品畜禽粪有机肥 2 250~3 000 kg/hm^2，开沟 15~20 cm 施用或结合深耕施用。

水肥一体化追肥：分 5~6 次，每次水溶性肥料按 N、P$_2$O$_5$、K$_2$O 用量 22.5 kg/hm^2、4.5 kg/hm^2、6.0 kg/hm^2，追肥期分别为春茶采前 1 个月、开采前、春茶结束、7 月初、8 月初和 9 月初。

任务巩固

1. 简述化肥减量增效的基本原则。
2. 简述化肥减量增效的重点任务。
3. 简述化肥减量增效的基本路径。

通过本校图书馆借阅有关土壤肥料、作物测土配方施肥技术、水肥一体化技术、化肥减量增效技术等方面的书籍。

参 考 文 献

［1］宋志伟.植物生长与环境［M］.北京:中国农业出版社,2014.

［2］宋志伟.植物生产与环境［M］.3 版.北京:高等教育出版社,2013.

［3］宋志伟.土壤肥料［M］.北京:高等教育出版社,2009.

［4］姚运生.农业气象［M］.北京:高等教育出版社,2009.

［5］叶珍,张树生.植物生长与环境实训教程［M］.2 版.北京:化学工业出版社,2016.

［6］张明丽.植物生长与环境［M］.北京:机械工业出版社,2017.

［7］邹良栋.植物生长与环境［M］.2 版.北京:高等教育出版社,2015.

［8］米志鹏,陈刚,张秀花.植物生长环境［M］.北京:化学工业出版社,2018.

［9］李晨程,李静.植物生长环境［M］.武汉:华中科技大学出版社,2016.

［10］黄凌云.植物生长环境［M］.杭州:浙江大学出版社,2012.

［11］王孟宇.作物生长与环境［M］.北京:化学工业出版社,2009.

［12］卓开荣,逯昀.园林植物生长环境［M］.北京:化学工业出版社,2010.

［13］宋志伟.种植基础［M］.北京:中国农业出版社,2012.

［14］闫凌云.农业气象［M］.3 版.北京:中国农业出版社,2010.

［15］包云轩.农业气象［M］.2 版.北京:中国农业出版社,2013.

［16］姜会飞.农业气象学［M］.2 版.北京:科学出版社,2013.

［17］李亚敏,杨凤书.农业气象［M］.2 版.北京:化学工业出版社,2013.

［18］李建明.设施农业概论［M］.北京:化学工业出版社,2010.

［19］张乃明.设施农业理论与实践［M］.北京:化学工业出版社,2010.

［20］张承林,邓兰生.水肥一体化技术［M］.北京:中国农业出版社,2012.

［21］李有,任中兴,崔日群.农业气象学［M］.北京:化学工业出版社,2012.

［22］宋志伟.农业节肥节药技术［M］.北京:中国农业出版社,2016.

［23］宋志伟,杨首乐.无公害经济作物配方施肥［M］.北京:化学工业出版社,2017.

［24］宋志伟,杨净云.无公害果树配方施肥［M］.北京:化学工业出版社,2017.

［25］宋志伟,杨首乐.无公害设施蔬菜配方施肥［M］.北京:化学工业出版社,2017.

［26］宋志伟,张德君.粮经作物水肥一体化实用技术［M］.北京:化学工业出版社,2018.

［27］宋志伟,邓忠.果树水肥一体化实用技术［M］.北京:化学工业出版社,2018.

［28］宋志伟,翟国亮.蔬菜水肥一体化实用技术［M］.北京:化学工业出版社,2017.

［29］宋志伟,程道全.肥料质量鉴别［M］.北京:机械工业出版社,2019.

郑重声明

　　高等教育出版社依法对本书享有专有出版权。任何未经许可的复制、销售行为均违反《中华人民共和国著作权法》,其行为人将承担相应的民事责任和行政责任;构成犯罪的,将被依法追究刑事责任。为了维护市场秩序,保护读者的合法权益,避免读者误用盗版书造成不良后果,我社将配合行政执法部门和司法机关对违法犯罪的单位和个人进行严厉打击。社会各界人士如发现上述侵权行为,希望及时举报,本社将奖励举报有功人员。

反盗版举报电话　　(010)58581999　58582371　58582488
反盗版举报传真　　(010)82086060
反盗版举报邮箱　　dd@hep.com.cn
通信地址　北京市西城区德外大街4号
　　　　　高等教育出版社法律事务与版权管理部
邮政编码　100120

责任编辑邮箱:zhangqb@hep.com.cn